小高层/高层/超高层

现状突破与稀释（上）

住宅式公寓－融入新的结构设计

高层公寓的现状突破与稀释

—王煊 · 水石国际—

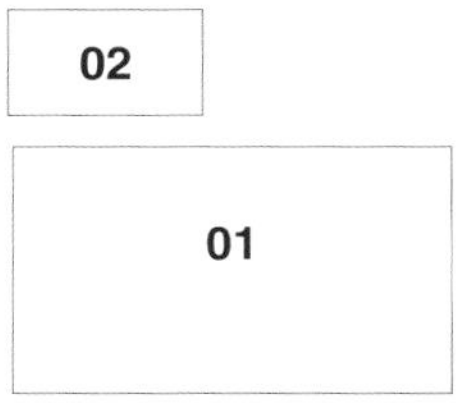

01 NIEUW CROOSWIJK C06-1
02 NIEUW CROOSWIJK C06-2

02

01

对于一个城市人来说，公寓这种建筑类型并不陌生，但不论百度搜索，还是词典、辞海，"公寓"一词所代表的物业范围还是很难界定清楚。作为一名建筑设计从业者，我还是希望从建筑学领域或城市规划学领域的其他类型建筑中差异化地理释"公寓"，我认为公寓就是介于住宅和酒店之间的一种以居住为主要功能的建筑类型，正是由于在两种功能之间的宽泛的存在空间，使得公寓的功能以及形态丰富多彩，仅在开发和设计领域非常具有难度和挑战。不论是国家以及地方的法律法规还是市场的理解反映，公寓都是模糊的、边缘的、充满争议的建筑类型，甚至在很多项目中公寓产品的成败决定了项目的成败。总结一下来说，住宅和酒店是两种清晰的建筑类型，但公寓是一种范围，是前面两者之间的多种可能的集合。

如前所述，公寓在类型上虽然丰富多变，但始终介于住宅和酒店之间，所以公寓在发展和进化上明显地分为接近住宅的住宅公寓和接近酒店的酒店公寓两种大的倾向，而且，随着市场的成熟和需求的稳定，这两种倾向类型会更加地清晰和定型，那就是住宅公寓最大化地接近住宅；酒店公寓最大化地接近酒店。如今酒店公寓占有市场份额越来越高，这既软化了政策的刚性又满足了市场的多样性需求。

首先，跟大家聊聊住宅公寓，这类公寓其实就是住宅。只是由于政策法规的界定没有办法称为住宅，比如，项目的土地性质是非居住类的；或者在居住用地上由于种种原因没有满足住宅规范的某些界定（日照、功能空间面积等），不论是平面功能还是配套设施，都是按照居住的体系和要求建设的，仅以公寓的名义进入市场销售而已。这类公寓在未来会有较大比例的增量，主要原因有两条：一是由于国家对非居住用地的持续放量；二是城市土地使用强度越来越大。这些都与住宅供应的持续相对短缺的现状相矛盾，所以，公寓这种带有明显功能和性质弹性的产品必会受到追捧。

众所周知，目前，国内的地产开发对于住宅产品的依赖是非常明显的，开发商在非居住类土地上的资金运转很多都需要有公寓这样的"类住宅"产品出现，并消化容积率。目前，地产商以类住宅公寓产品进入市场销售，快速回笼资金的同时有效降低大量非居住类产品的未规避操盘风险。这样的做法虽然有打

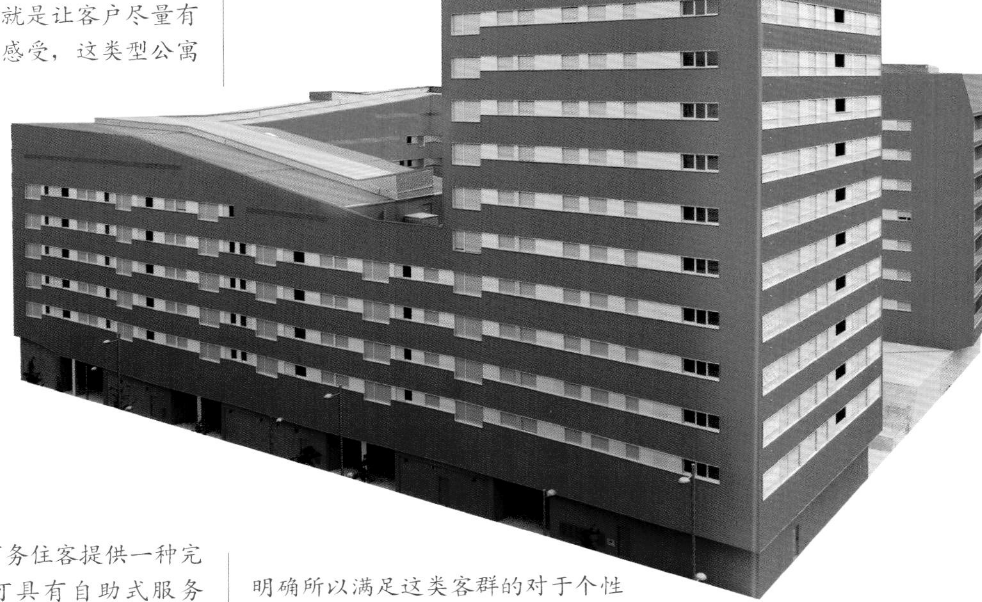

01

02

01 242 SOCIAL HOUSING UNITS IN SALBURÚA-1
02 242 SOCIAL HOUSING UNITS IN SALBURÚA-2

政策“擦边球”的嫌疑，但不可否认，这样的操作可以使更多的非居住项目在目前市场环境中成立，为城市配套的完善提供有效的支持。同时，也可以避免我们国家土地控制性规划中的很多机械操作带来的城市建设问题，例如，过于生硬的土地类型划分，经常是一大片的商业或工业用地，或一大片的住宅用地，实际情况是城市的发展和产业形态的变化要求城市和社区更多地融合和复合。在非居住用地上配套建设住宅在政策上也许还不可行，但在实际市场需求上和城市发展上已经有了支撑。因此，住宅公寓的出现至少是有效解决这类问题的途径之一，但不可否认这类公寓的产权仅为40-50年与住宅的70年相比有一定劣势，而且相应的生活成本与比住宅要高，所以这类公寓虽然是以住宅的目标去运营的。但一般面积较小，而且有些城市还不可以设置煤气厨房，这类缺憾都让这样的公寓还只能是公寓，是只能解决一部分人群对住的简单需求，一般是满足年轻人的首次置业或过渡性要求。住宅公寓在形态上也没有定式，或者公建化，或者住宅化，因市场和需求而变。这也是建筑师发挥设计才能的理想空间。

另一类公寓是接近酒店的服务式公寓，这类公寓更强调“服务”和“品质”其实就是让客户尽量有住酒店的体验和感受，这类型公寓需要为中长期商务住客提供一种完整、独立，或可具有自助式服务功能的住宿设施，服务式公寓的客群以中高端的商务人士为主，也包含一部分驻外技术支持服务的专业人士，或分子公司中的高管以及某些特殊职业群体如演艺、会展、培训等需要在外地驻留一段时间的人群。这类客群多集中于一二线城市和一些较发达的省会城市，而且有一定经济承受力，对区位、品质有要求；还有一类典型的服务公寓是度假类的物业，以中短期度假为主，大多周边有丰富的旅游或景观资源。

服务式公寓总的特点是接近酒店的形式，包括各种级别酒店，以及青年自助酒店等都是这类公寓模式的模仿对象，实际运作中大多服务式公寓就和酒店毗邻，甚至属酒店统一管理运营，服务式公寓由于客群比较高端，并且使用性质比较明确所以满足这类客群的对于个性和品质的需求是未来明显趋势。

住客一般来讲不会对服务公寓这样的空间作为真正的住宅居所来要求，住服务公寓的客人就是以工作或商务为主要内容，除了基本的住宿功能满足舒适、安静的要求外，需要提供方便周到的生活配套服务，这些服务的核心是高效。随着城市中产阶层的壮大，中高端服务公寓的形式也在多元化和精致化，有的强调与旁边高级酒店服务的同步、同质；有的强调私人管家、保姆；还有的可以多城市连锁，到哪里都可以保证标准化服务和预约租赁，应该说服务公寓更像是标准的公寓，也是城市发展的标志之一，是住宅和酒店业态的有效补充和延伸。

城市发展必然会带动阶级分工产生，公寓从诞生到现在，还在不断涌现阶级运营模式和千变万化的空间形态，这都是源于人们对生活质量要求的不断提高。

我们相信，多样的需求会推动公寓的发展变化，核心是公寓容纳了我们一段的时间，一段不断的时间。它能够雕琢出怎样的美好与温馨，装点我们在家和酒店以外的一段生活，不仅仅是建筑师的事，也是每一个热爱生活、享受时光的人的事。期待能够看到更多更富有创意，更精致的公寓，因为那也是一段生命中的“家”。

融入新的结构设计，满足新的生活需求，开拓新的居住模式

Wouter Bolsius & Onno van Welzen
contexture architects

01 K.I.S.S-1
02 K.I.S.S-2

绿色建筑、生态建筑、可持续建筑以及节能省地型建筑等，虽侧重点有些区别，但所坚持的原则是一致的，都反映了人们对居住环境的新思考，强调建筑应以人为本、与自然相和谐，形成社会、经济、自然三者可持续发展的人类理想的居住地。

农村向城市的全球移民主流浪潮已风行了多年，并将一直持续下去。而大自然应该体现在高楼林立的雅致中的观点，也已公认。因此，城市化发展密集化下，创建一个可持续的未来生活模式刻不容缓。

高度密集化是可持续发展世界不可避免的，而作为实现工具之一，建立高楼大厦无疑是最简易高效的了。然而，以高度的责任感及可持续发展的方式，来达成这种密集方案也是极其重要的。一个可持续发展城市的崛起，并不只是有效地使用了建筑材料或考虑了能源消耗问题，更是源自为人们创造了一个适合居住的迷人环境。这不仅要求考虑人员规模，还需在高楼、街道、周围环境、区域和城市间的各方面寻求和谐一致。

于是，高密度社区成为主流。为了跟上经济高速发展的脚步，现代建筑泰斗人物勒·柯布西耶的高层建筑和立体交叉的设想得以贯彻，并成为大多数国际大都市解决城建问题的良药。勒·柯布西耶主张全新的城市规划，认为在现代技术条件下，完全可以既保持人口的高密度，又形成安静卫生的城市环境。从现代建筑采用框架结构这一条件出发，他提出了“新建筑的五个特色”：①房屋底层采用独立支柱；②屋顶花园；③自由的平面；④横向长窗；⑤自由的立面。社会生理和环境引起的弊端，促使建立高楼，从而达到高密度化，从某种意义上也是空间对经济效益的让步。地标性的摩天大楼能展现一个个人、一个团体、甚至一个城市的地位与威望。但是因此建设的高楼，从历史的角度来说，最多只是个“密闭空调箱”。从固有规章制度和以经济为首要目的的桎梏中解放出来的城市规划使其成为可能，但同时也付出了代价——20世纪风格的建筑泛滥，内部环境被人为约束了。空中庭院、空中花园及天桥应运而生。这些越来越多的建筑装置，减轻了建筑间的拥挤，为住户提供了更多便利的生活环境及社会活动空间。

随着技术限制的日益减少和技术方法在全球范围的推广，技术条件不再像以前那样引领着高楼大厦的设计方向。

新的技术促使公寓建筑从节地、节水、节材、节能、空气品质

一个可持续发展城市的崛起，并不只是有效地使用了建筑材料或考虑了能源消耗问题，更是源自于它为人们创造了一个适合居住的迷人环境。

01 K.I.S.S-3
02 K.I.S.S-4
03 K.I.S.S-5

和运营管理等方面进行系统集成，走向可持续化。绿色建筑、生态建筑、可持续建筑以及节能省地型建筑等，虽侧重点有些区别，但所坚持的原则是一致的，都反映了人们对居住环境的新思考，强调建筑应以人为本、与自然相和谐，形成社会、经济、自然三者可持续发展的人类理想的居住地。高性能混凝土、饰面混凝土、智能混凝土的研发与应用，包括耐火耐候钢、新型防水防渗材料的使用，大大提升了公寓建筑的环境友好性。利用太阳能、自然通风、人工湿地、生态补偿、环保材料等多项绿色建筑技术，更使得建筑被赋予了生命力，同时人们的居住环境也得以真正的改善。

由于科技在全球的传播，以及全球财富的重新划分，在发展中国家日益发掘的市场里，城市发展和密集化会逐渐赶上西方国家，有些甚至已经居于领先地位。然而由于西方国家在前几个世纪的缓慢发展，发展中国家的市场正在以史无前例的规模和速度向上发展。

尤其在中国，这种规模与速度成为了一个巨大的挑战。当今，在十多年来极其集中的建造情况下，数量似乎远重于质量。显而易见，中国挣扎在城市规模和人口规模的斗争中，急需获得两全其美的答案。在缺乏城市组织的情况下，大量新城在中国发展起来，这也需要在城市规划设计中投入大量精力。如今新城中兴起很多像独立岛屿般的项目，其中含有道路网，却缺少良好的环境质量。这些小岛里的模块通常功能单一，复制性强却缺乏特色，对人口规模及和谐一致缺少关注。这也直接导致居住环境更不适宜居住。

城市的发展需要全局的眼光，房地产仍然是举足轻重的力量。作为一个城市的概念，住宅产业是城市底蕴和规模的基石，而城市的壮大与腾飞，离不开商业的扩张和投入。如何在城市规划与区域发展的思考中，平衡从住宅到商业的转型与布局，是中国需要思考的问题，也是世界需要思考的问题。

在本书中，您将发现许多来自世界各地的新颖混合居住设计，他们十分精妙地诠释了人口规模与良好的城市环境质量之间的关系，并希望借此启发很多中国的决策者及专家，以改善城市化发展的进程。

住宅式公寓又称公寓式住宅、普通公寓、居住型公寓，最早是舶来品，相对于独院独户的别墅，更为经济实用。这类公寓，其内部特点是一套单元内房间多，通常3-4间；面积大，每间14-18平方米；净空高达3-3.4米，厨房等功能全。

当今的住宅式公寓，讲究建筑的个性，顾名思义就是其与众不同之处，即一幢建筑与其它建筑的差异性。若是一幢建筑的平面排布及内部空间富于个性，人们在穿行其间的过程，就能获得丰富新奇的建筑体验，身心为之一振；若是一幢建筑的立面外观及体量造型富于个性，其可识别性就强，人们在观看这类建筑时能获得强烈的视觉冲击。

公寓建筑能否给人以深刻的印象正是取决于它是否富于个性。经过上个世纪现代建筑运动的涤荡，国际式建筑在全球范围流行开来，没有个性特征、呆板、不易识别的方盒子式建筑导致了千篇一律的城市形象。对于当今的建筑设计师来说，塑造建筑的个性、保持公寓的差异性是一个一直以来都要面对和研究的重要课题。

或是通过最基本的几何形体，方、圆、三角形、圆柱体、球体等组成，简洁干净、构图严谨；或是让各部分之间联系紧密，大小适度、主次分明、虚实结合，和谐妥帖；或是以几条主要的水平线脚交接，使各部呈现出有机性，杜绝生硬之感。在建筑的色彩上，住宅式公寓遵循“能级跃迁”原则。既能变化多端又能协调统一，所以，在设计时通常先确定主色，然后根据色温和色差变化建立一个专门的色彩体系表作为参照。总之，在住宅式公寓的营造上，设计师需要考虑的是城市和谐的天际轮廓线和城市文脉的对接。

尽管外观创新对公寓的使用功能影响不大，但却是开发商吸引购房者眼球、实现心理价值的外在表现。外观新颖独特的公寓建筑，常常容易让人对其内部的居住结构产生无限遐想，对追求新潮的新新人类而言，永远具有不可抵挡的魅力。

当然，实用功能也必不可少。建筑的实质是空间，空间的本质是为人服务。当代社会节奏快，人的生活方式多元而易变，居住建筑作为承载人们生活的容器，其物质实体的老化期能达到一百年，而使用功能仅用二十年左右便趋于老化，实体与功能这二者的老化过程愈来愈不同步。所以住宅式公寓，更应该从功能的多样性和灵活性上着手，从而使实体与功能二者能够实现一定程度的平衡。

甚至，当今的住宅式公寓，更讲究附加值，没有人文价值的小区无疑是缺乏生机的。从细节去满足不断上升的居住审美需求，也是很重要的。营造者们应该为人们提供安定、美好的生活的氛围，一个交流、活动的场所。这对设计师来说，则意味着要花更多的心血和工夫。

空中庭院，是楼市近些年涌现出来的新鲜事物，它存在于挑空的楼层之中，是一个悬空的、露天的花园概念。这种悬空的、露天的花园突破了以往阳台，露台的形式，因为后者终究是私密空间，并不能促进人们进行交流。空中花园营造了一个与外界隔开且相对安全的空间，一个宁静自我的活动天地，院落带来归属感。在空中庭院里，老人们能不用下楼就聚在一起娱乐；孩子们在一起玩耍而不用让家长担心迷失。

“当今的住宅式公寓更讲究附加值，没有人文价值的小区无疑是缺乏生机的，从细节去满足不断上升的居住审美需求很重要，营造者们应该为人们提供安定、美好的生活的氛围，一个交流、活动的场所。”

另外，市场供求的巨大变化，催生出开发商、设计团队在户型设计上的无穷无尽的创新激情。可变空间、百变户型、挑高空间、创意阳台等创新手法，使得户型的均好性、功能性、灵活性得以协调，弥补了空间的不足，也大大降低了功能性贬值。为了充分利用空间，“借空不借地”，可采用类似“S”形、“弓”形和“工”形，以及勺子形、“山”字形等多种形式的隔断，以形成大小不同、厚薄不一的各类壁橱空间，既能增加分门别类的多种储存空间，又能节省占地，提高空间利用率。且又能保持分隔墙面的平整和完整，提高隐蔽性。虽说相似的隔断在常规房型的二房、三房中已有运用，但尚未普及。

服务式公寓建筑设计在未来将朝着以下几个方向发展：

住宅式公寓越来越重视绿色建筑的设计理念。设计尽可能的做到节约能源，减少空调和采暖设备的使用，利用太阳能来满足住户的采暖需要。此外，设计还应注意建筑的方向，确保建筑能够合理的利用夏季的主导风，从而满足住户的通风需要，减少通风系统的使用量，从而节约大量能源。要想在建筑建设过程中节约资源，就要从建筑设计阶段开始合理的分配和使用资源，增加可再生资源的使用比重。

如今，随着住户品位的提升，第二个趋势便是回归自然。现代建筑不再提倡特例独行，反而更重视与周围的环境融为一体。所以，在建筑设计会更注重对建筑周围生态环境的保护，与周围环境更加和谐，营造出健康舒适的生活环境。在建设过程中，不使用那些对人体有害的建筑材料，并保证建筑周围的空气质量和湿度。

于是，新型城市花园公寓开始出现。它最重要的变化是重归城市，出现在已建城市的中心地带，增加建筑高度和密度，涵盖了城市、社区和花园等概念。新型城市花园公寓规划内容主要包括沿街道步行导向的住宅建筑、功能混合的社区中心以及新型的社区园林景观等。住宅面向街道，住宅入口直接放在街道上，强调与街道的互动，把停车场转入地下，地面营造步行街道环境。新型城市社区花园与传统的花园公寓的不同之处在于花园在城市建筑的围合中产生，需要建筑的体量来界定。在社区建筑体量的围合之下，花园与社区中心和活动空间结合，除了绿化景观之外，也是构成社区生活的物质元素。花园的根本目的是帮助形成城市社区，形成一系列公共空间、公园和景观步行街。新社区融入城市的网状道路成为城市的一部分，社区公园绿化融入城市绿化，形成相互连接的公园系统。

另一个趋势是以人为本。建筑的本质就是为人服务，所以要充分考虑人的因素，以提高建筑的实用性和舒适程度。因此必定要讲舒适性，也就是说住宅建筑要寻求一种在符合面积、户型的基础上，使得各功能空间能够合理有效的安排，各得其所，分区明确。此外，还要保证各功能空间有适宜的尺度和比例，方便家具的布置和人的活动。与此同时，还要保证各功能空间的相对私密性。满足室内环境质量，各

01

02

01 MIRADOR-1
02 MIRADOR-2

功能空间要采光充足，通风良好，使用率高，并体现一定的艺术性和超前性。

运用高科技是住宅式公寓未来发展的第四个趋势。建筑是时代的产物，同时又是时代的一面镜子。随着科学技术的高度发展和计算机网络技术的广泛应用，人类依托于建筑之上、对于生活与工作的许多梦想和蓝图现已逐渐变成了现实。人们足不出户便可以在家中实现工作、休闲、购物的学习等意愿。

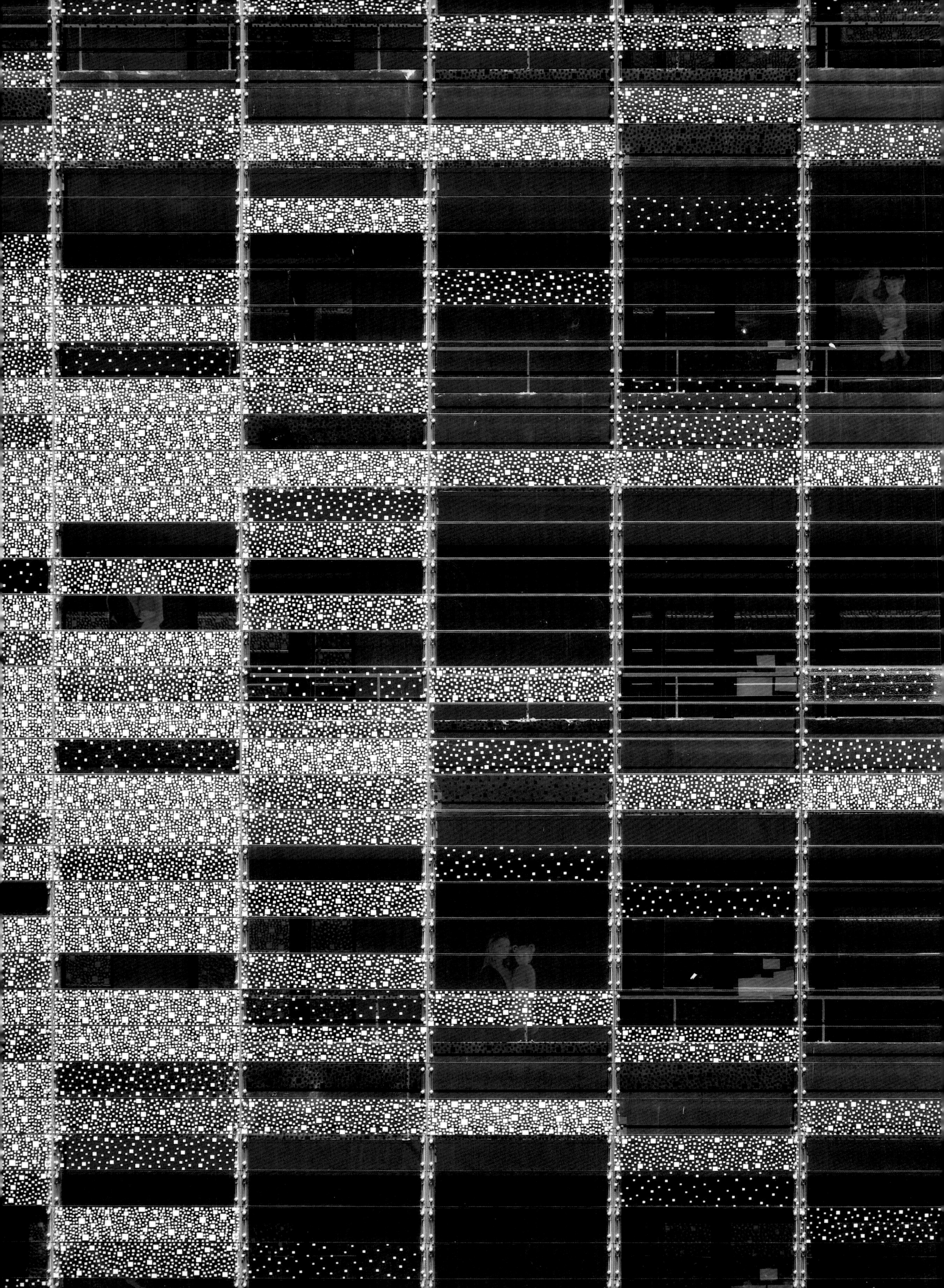

安居是人类在大地上的存在方式。建筑并不仅仅是通向安居的一种手段和道路，建筑本身就是安居。

——马丁·海德格尔

风格是原则的和谐，它赋予一个时代所有的作品以生命，它来自富有个性的精神。我们的时代正每天确立著自己的风格。

——勒·柯布西耶

阳台组织

阳台是建筑物室内的延伸，其设计兼顾实用与美观的原则。一般有悬挑式、嵌入式、转角式三类。

1. JUJUY REDUX 公寓 -122
立面上三角形开口呼应了阳台的几何形状

4. VILLIOT RÂPÉE 公寓 -110
隔板将看似廊道的空间分割成独立的拐角式阳台

9. K.I.S.S-36
色彩斑斓的阳台设计感极佳

5. 篮子公寓 -52
随机变化的阳台体块丰富了外立面

6. 峻弦 -280
不同格局的阳台分散了垂直承重

廊道结构

其运用是目前高层公寓创新的主要手法。这些纵横交错于内外空间的新意，补充了功能上的不足，带来了视觉上的全新体验。类型上分为敞开式、半封闭式或封闭式。

10. VILLIOT RÂPÉE 公寓 -110
半封闭式的廊道引进采光的同时保证了单位的私密性

2. 城市方块 -200

抽屉式的阳台综合了悬挑和嵌入的双重优势

3. THE SILVERLING-144

宽敞的波浪状阳台外面包裹着镀锌铝带

7. STELLA ZWEI 公寓 -88

嵌入式阳台加强了整体的光影效果

8. APARTMENT BLOCKS IN NANTERRE -100

隐蔽式的阳台减少了太阳直射

项目诠释上本书分为四个部分——景观、建筑、室内、设施，并引领读者探寻设计突破和商业突破。

11.

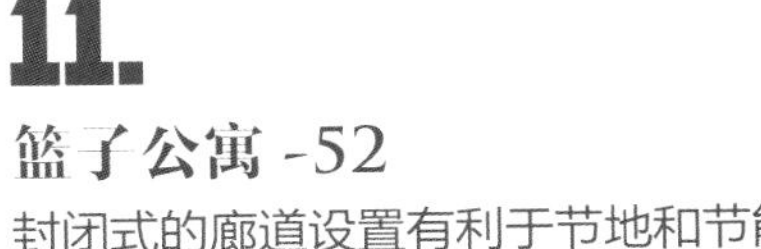

篮子公寓 -52

封闭式的廊道设置有利于节地和节能

12. REBIÈRE 公寓 -190

结构简明且透光性强

13. SALAINO 10 -180

敞开式的廊道常常视作楼体间的桥梁

296 融创御景

270 常州绿地外滩壹号

280 峻弦

016 SALBURÚA 公寓

100 APARTMENT BLOCKS IN NANTERRE

288 小仓大厦

136 茉莉亚公寓

172 斯卡拉公寓

146 THE SILVERLING

210 SILOETTEN 公寓

078 伦敦奥林匹克村 N13 公寓

200 城市方块

110 VILLIOT RÂPÉE 公寓

CONTENT
现状突破与稀释

CONTENT
现状突破与稀释

公寓设计：ACXT
竣工时间：2011 年

项目地址：西班牙维多利亚
场地规模：28 700 平方米

楼层数：20 层
开发商：VISESA

Salburúa 公寓：红色贪吃蛇

这个拥有 242 个住户的公寓楼位于维多利亚的东部开发区，包括西南面的 20 层高的塔楼和一个在 4 到 7 层连接着塔楼的 U 形结构，并覆盖了地块的西、北、东三个方向。

设计突破

建筑整体呈 U 型，西南角塔楼高 20 层，其余部分层高 4 到 7 层。地面层共 9 个入口。储藏室和机房在地下层。内部的庭院像是城市绿地的延展。场地非常平整，坡度变化大于 3% 小于 6%，可以无障碍的使用轮椅。塔楼一共有 100 个住宅单元，每层有 5 个单元，户型为两居和三居。剩下的 142 套分布在折型板楼之中。

商业突破

公寓的设计非常节能和经济。在规划中，考虑到了建筑的角度，最大程度为里面的每一个住户争取到了最大的日照时间。虽然所在区域四周是喧嚣的马路，但是内部有宁静的花园以供休息，可以看做是建筑的第五立面。与此同时，整个建筑集中管理水暖，因此可以让其它结构区域获得更为自由的空间。

016

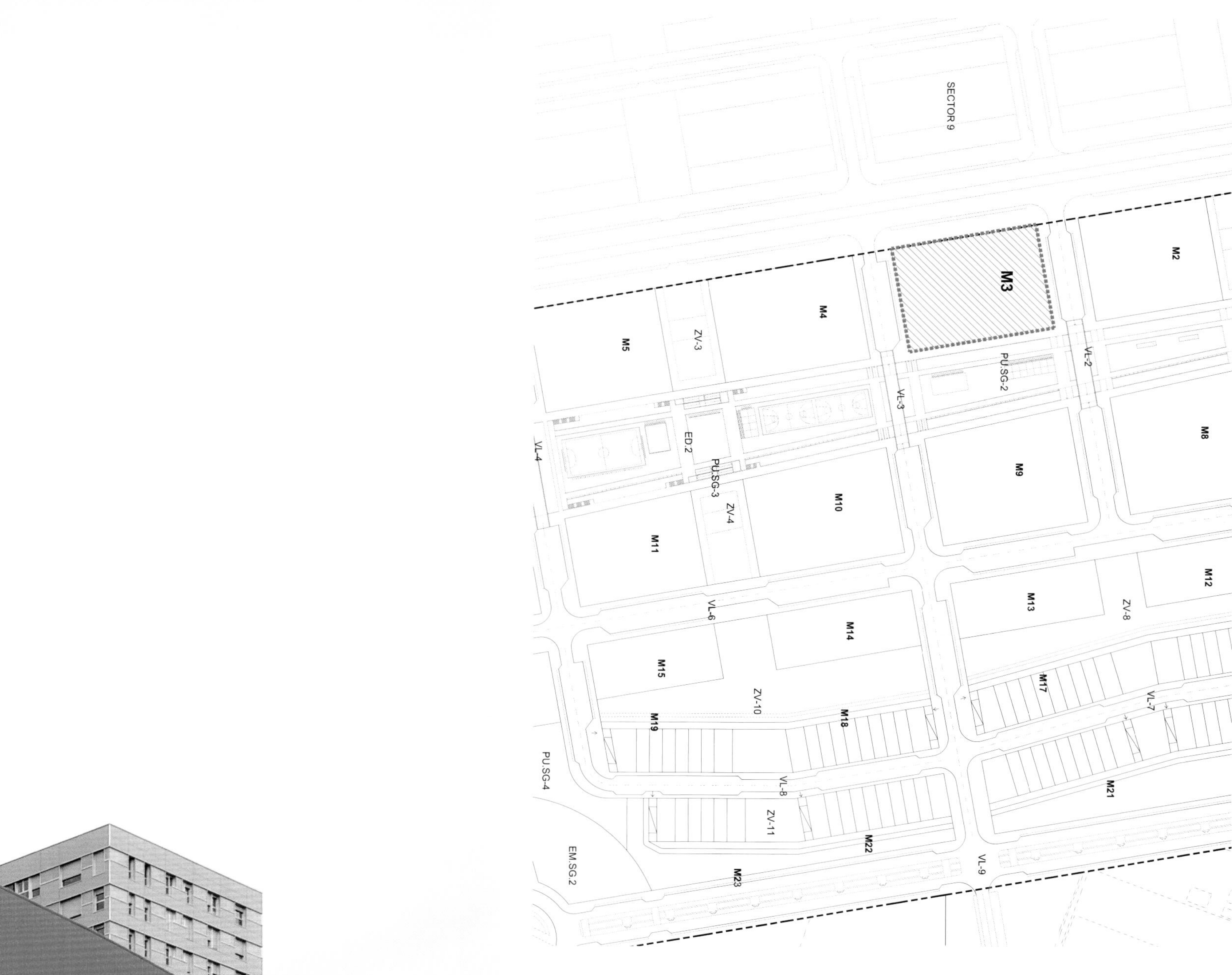

景观

项目的设计需要突出连续性的绿色空间（线性公园），所以庭院的设置并不是全封闭的，而是被视作城市空间的延伸。

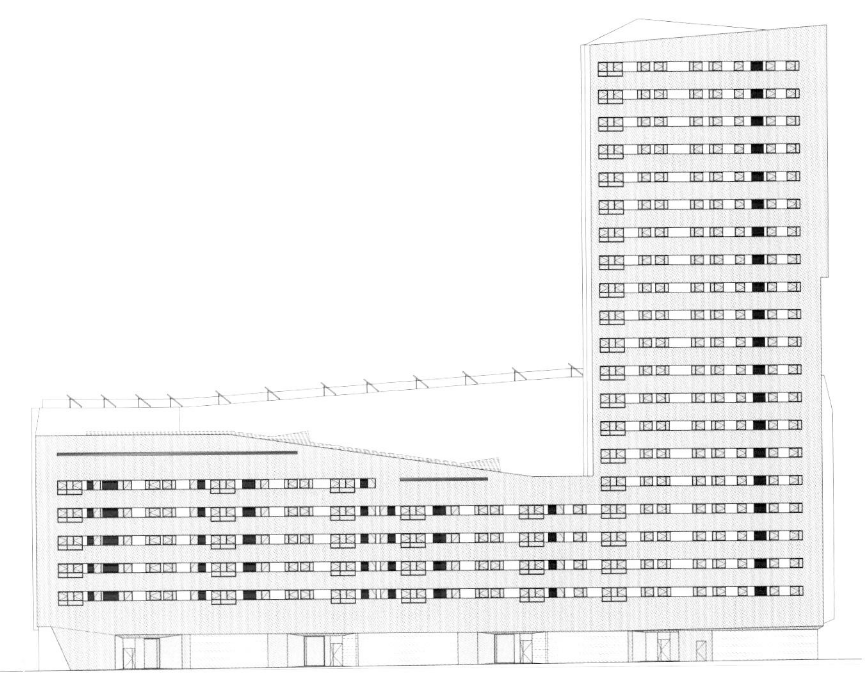

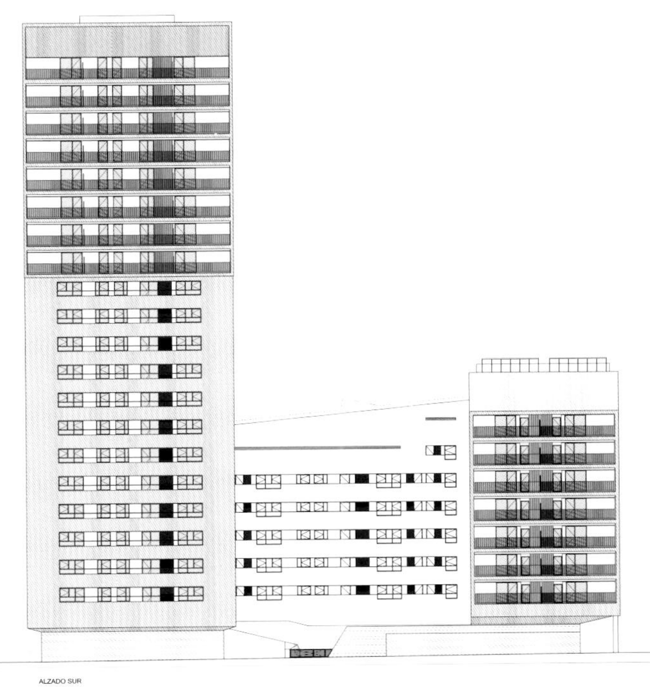

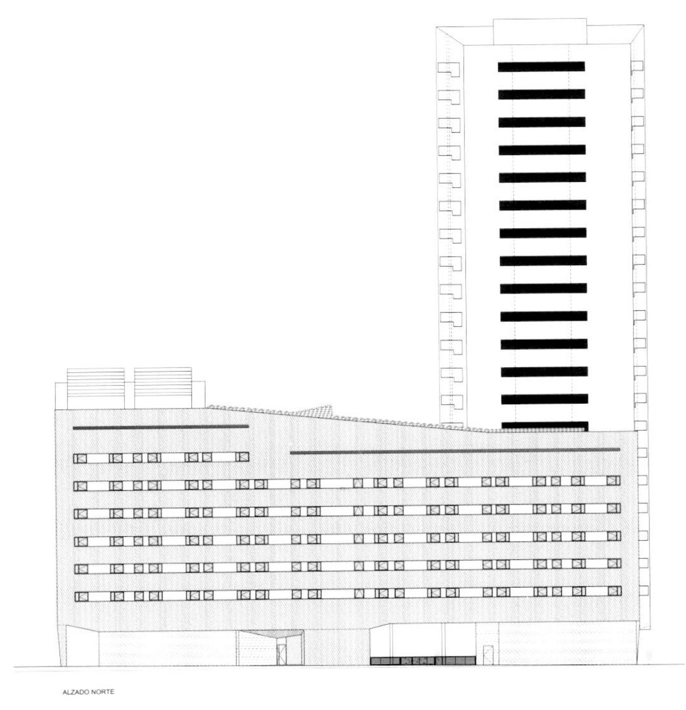

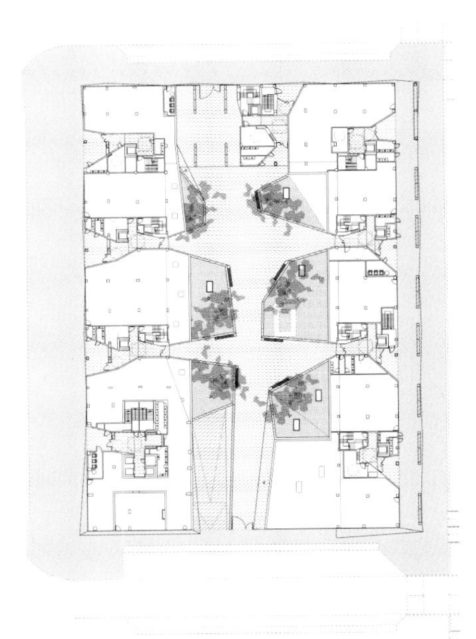

室内

塔楼内部的布置较为匀称，每层楼有五个公寓单位。2 个三室的公寓位于东侧和西侧，3 个两室的公寓位于南侧，还有两间公寓分别位于东侧和西侧。塔楼内总共有 100 个公寓单位。较低的楼体被分成三个重复的模块，每块有四个公寓单位。

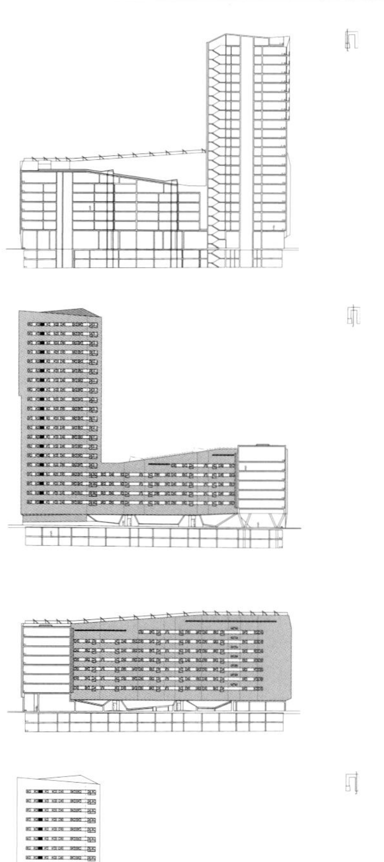

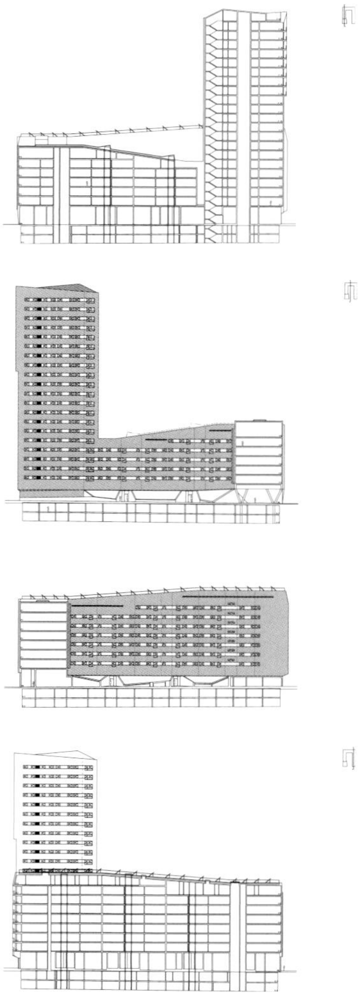

建筑

为了给塔楼屋顶区域及较低的楼层提供更多的观景视野，设计团队在设计处理上深思熟虑，赋予了建筑第五个立面。为了达到这样的设计目的，整个项目绕着建筑中轴积聚，通过连续的通风格栅通风，从而避免了传统屋顶烟囱的出现。

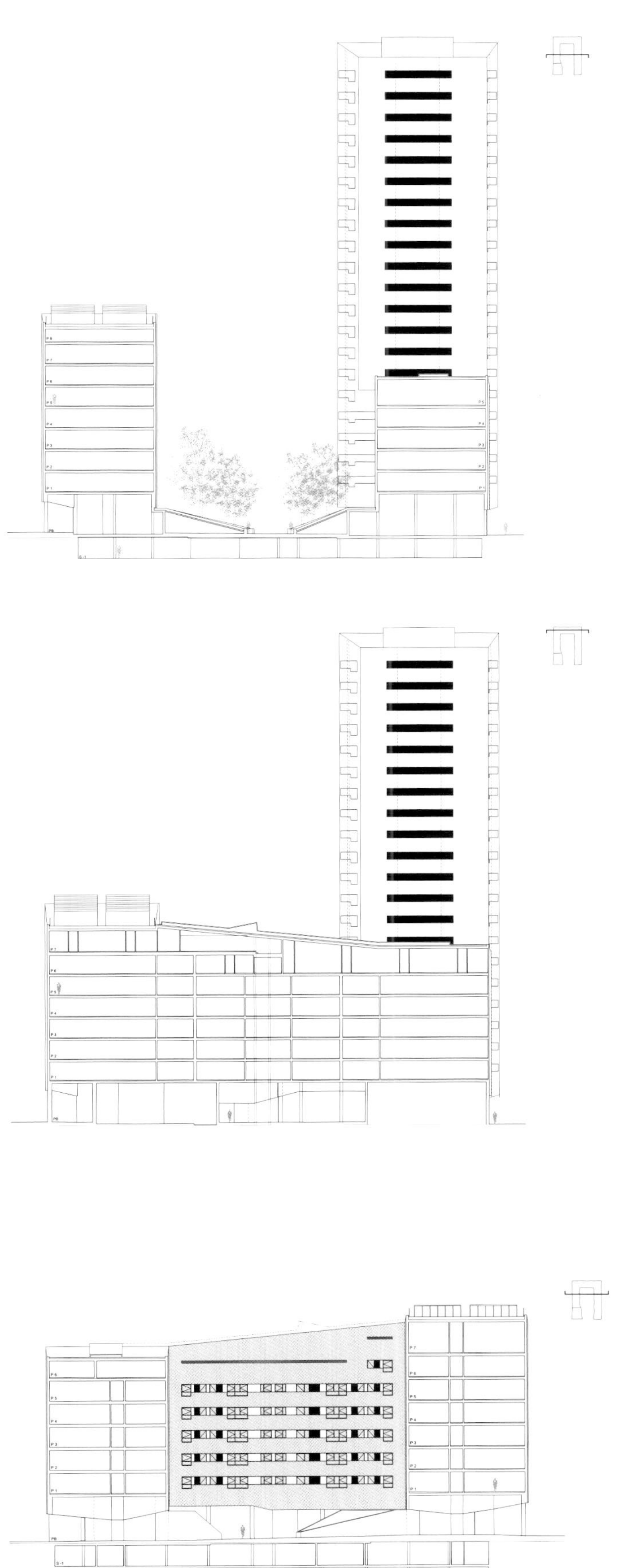

设施

通往公寓单位的大门和 9 个物业位于首层；停车场、库房和大楼的技术控制室位于两个地下室；公寓额外的库房位于阁楼。

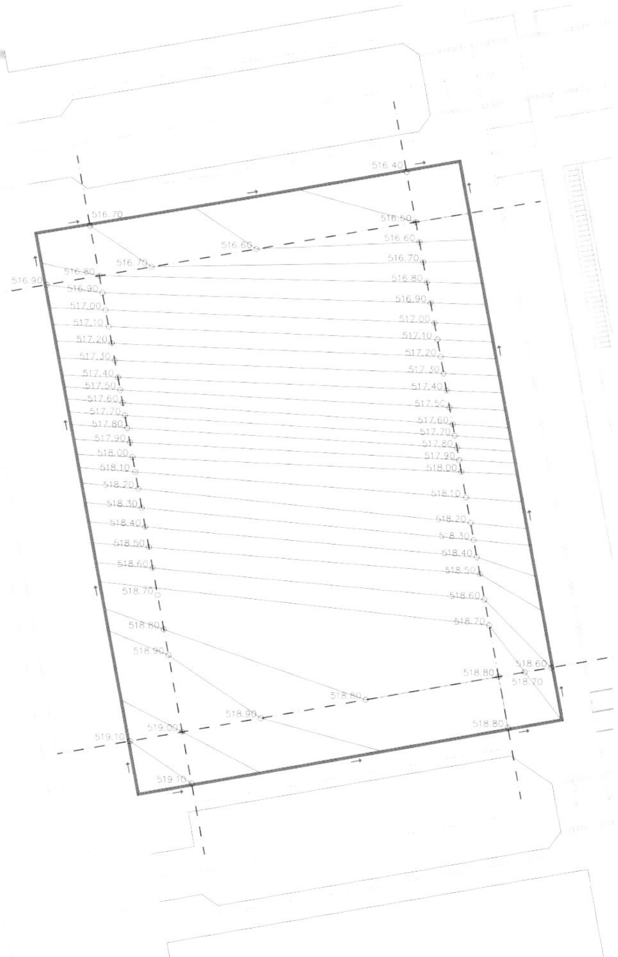

PLANTA DE NIVEL DE ROCA
Escala 1:300

Tubo dren perimetral por el exterior del muro de sótanos, D250

Sentido de inclinación del tubo dren y de escorrentía del agua

Perfil Geológico-Geotécnico

NOTA: Los niveles de roca para colocación del tubo dren con inclinacion regular para la escorrentia natural del agua se comprobarán y replantearán en obra

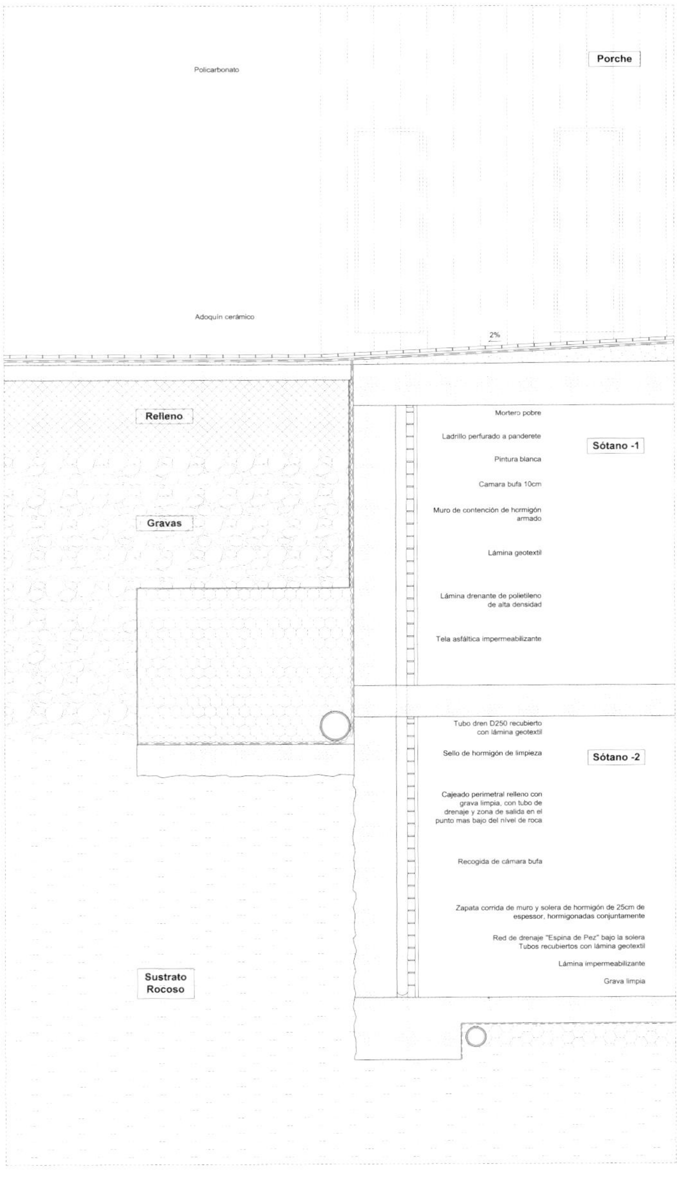

Policarbonato

Porche

Adoquín cerámico

2%

Relleno

Gravas

Mortero pobre

Ladrillo perfurado a panderete

Sótano -1

Pintura blanca

Camara bufa 10cm

Muro de contención de hormigón armado

Lámina geotextil

Lámina drenante de polietileno de alta densidad

Tela asfáltica impermeabilizante

Tubo dren D250 recubierto con lámina geotextil

Sello de hormigón de limpieza

Sótano -2

Cajeado perimetral relleno con grava limpia, con tubo de drenaje y zona de salida en el punto mas bajo del nivel de roca

Recogida de cámara bufa

Zapata corrida de muro y solera de hormigón de 25cm de espessor, hormigonadas conjuntamente

Red de drenaje "Espina de Pez" bajo la solera
Tubos recubiertos con lámina geotextil

Lámina impermeabilizante

Grava limpia

Sustrato Rocoso

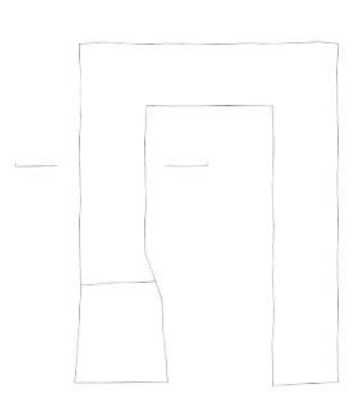

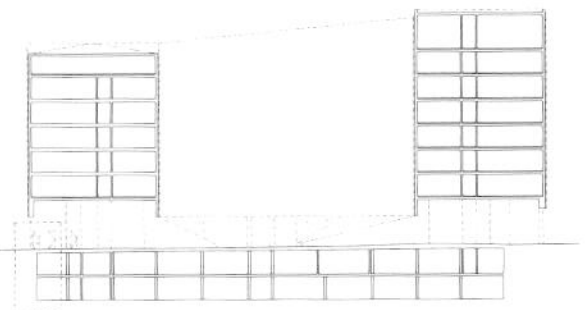

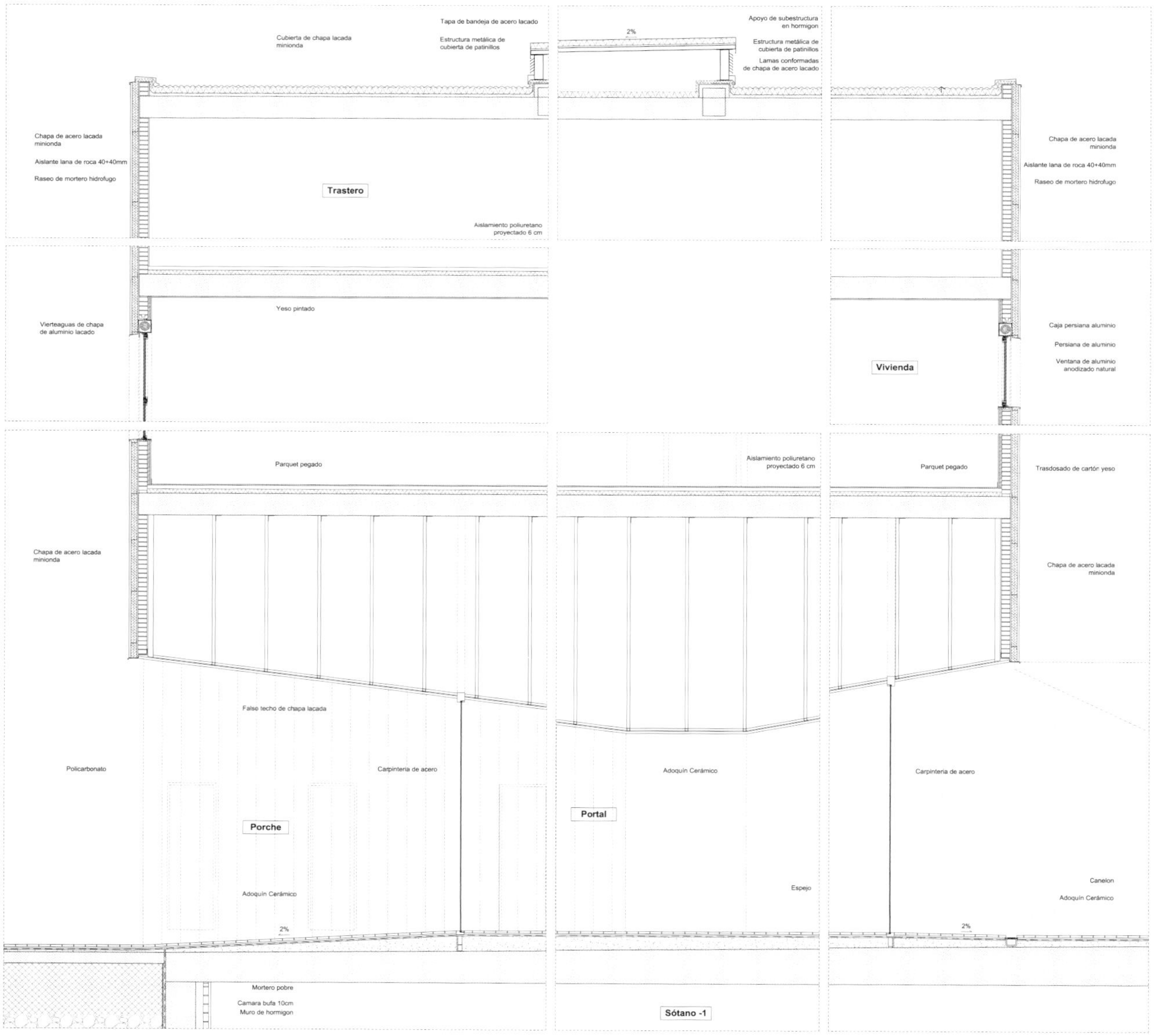

Cubierta de chapa lacada minionda

Tapa de bandeja de acero lacado

Estructura metálica de cubierta de patinillos

2%

Apoyo de subestructura en hormigon

Estructura metálica de cubierta de patinillos

Lamas conformadas de chapa de acero lacado

Chapa de acero lacada minionda

Aislante lana de roca 40+40mm

Raseo de mortero hidrofugo

Trastero

Aislamiento poliuretano proyectado 6 cm

Chapa de acero lacada minionda

Aislante lana de roca 40+40mm

Raseo de mortero hidrofugo

Vierteaguas de chapa de aluminio lacado

Yeso pintado

Vivienda

Caja persiana aluminio

Persiana de aluminio

Ventana de aluminio anodizado natural

Parquet pegado

Aislamiento poliuretano proyectado 6 cm

Parquet pegado

Trasdosado de cartón yeso

Chapa de acero lacada minionda

Chapa de acero lacada minionda

Falso techo de chapa lacada

Policarbonato

Carpinteria de acero

Adoquín Cerámico

Carpinteria de acero

Porche

Portal

Adoquín Cerámico

Espejo

Canelon

Adoquín Cerámico

2%

2%

Mortero pobre

Camara bufa 10cm

Muro de hormigon

Sótano -1

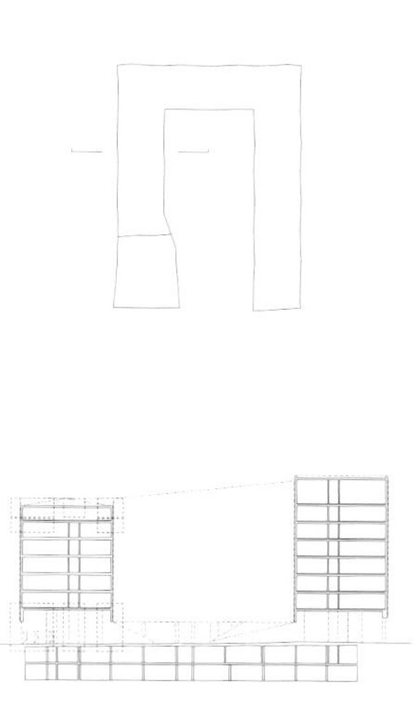

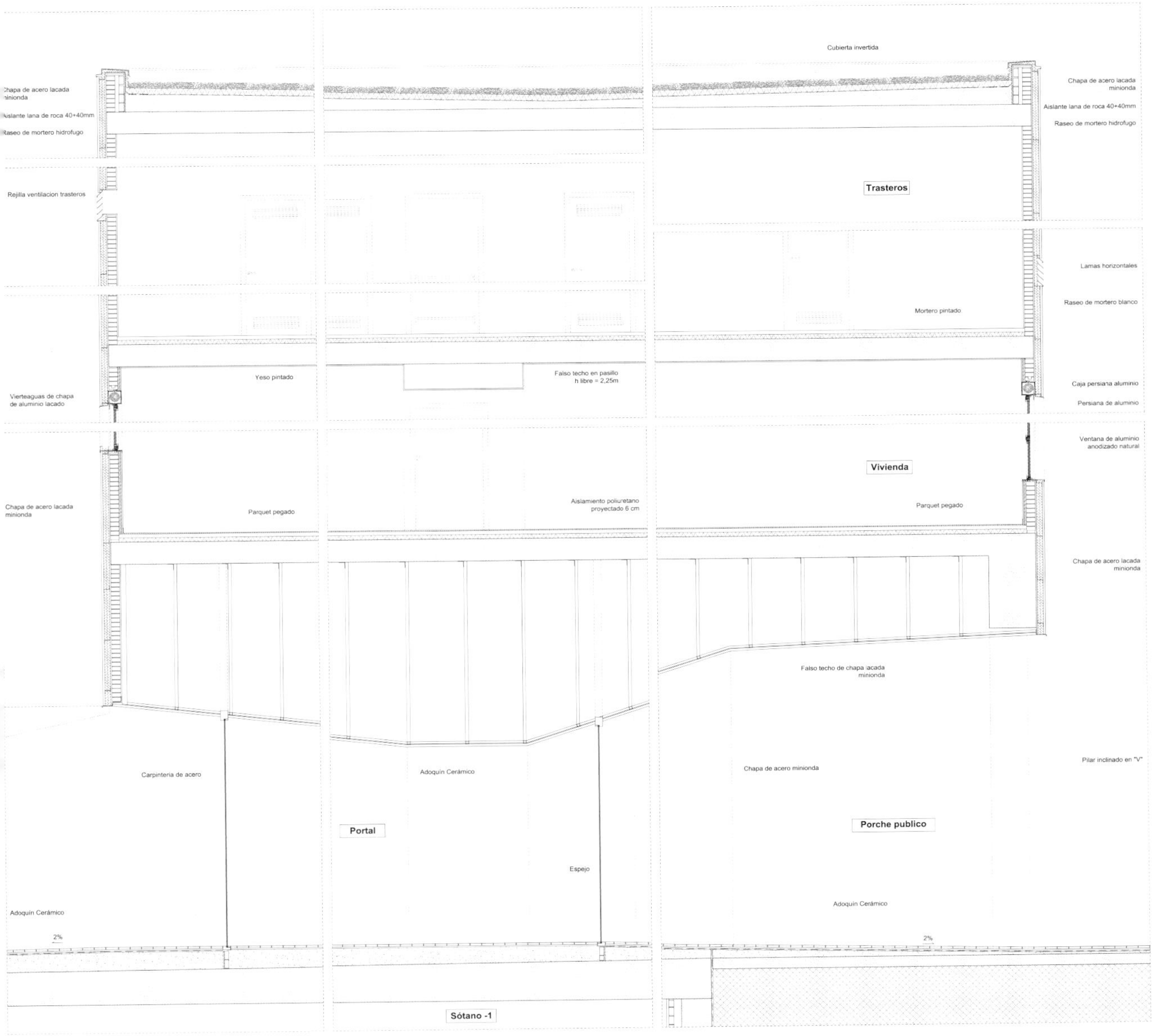

Cubierta invertida

Chapa de acero lacada minionda

Aislante lana de roca 40+40mm

Raseo de mortero hidrofugo

Rejilla ventilacion trasteros

Trasteros

Lamas horizontales

Raseo de mortero blanco

Mortero pintado

Yeso pintado

Falso techo en pasillo
h libre = 2,25m

Vierteaguas de chapa de aluminio lacado

Caja persiana aluminio

Persiana de aluminio

Ventana de aluminio anodizado natural

Vivienda

Chapa de acero lacada minionda

Parquet pegado

Aislamiento poliuretano proyectado 6 cm

Parquet pegado

Chapa de acero lacada minionda

Falso techo de chapa lacada minionda

Pilar inclinado en "V"

Carpinteria de acero

Adoquin Cerámico

Chapa de acero minionda

Portal

Porche publico

Espejo

Adoquin Cerámico

Adoquin Cerámico

2%

2%

Sótano -1

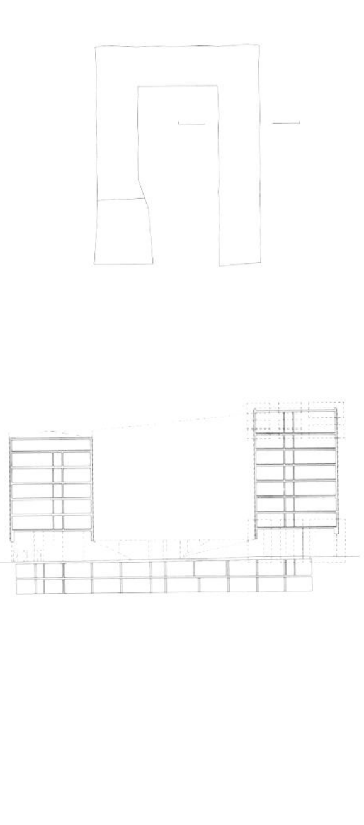

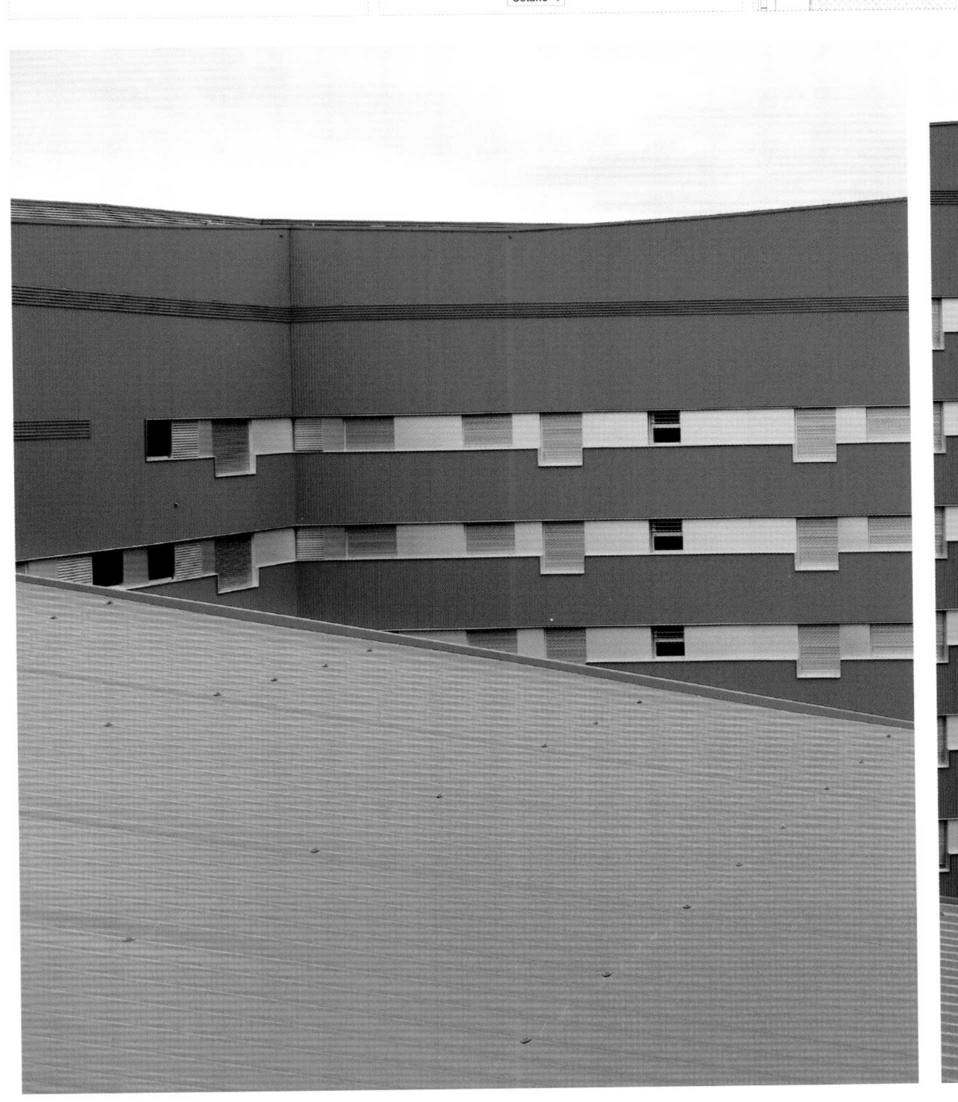

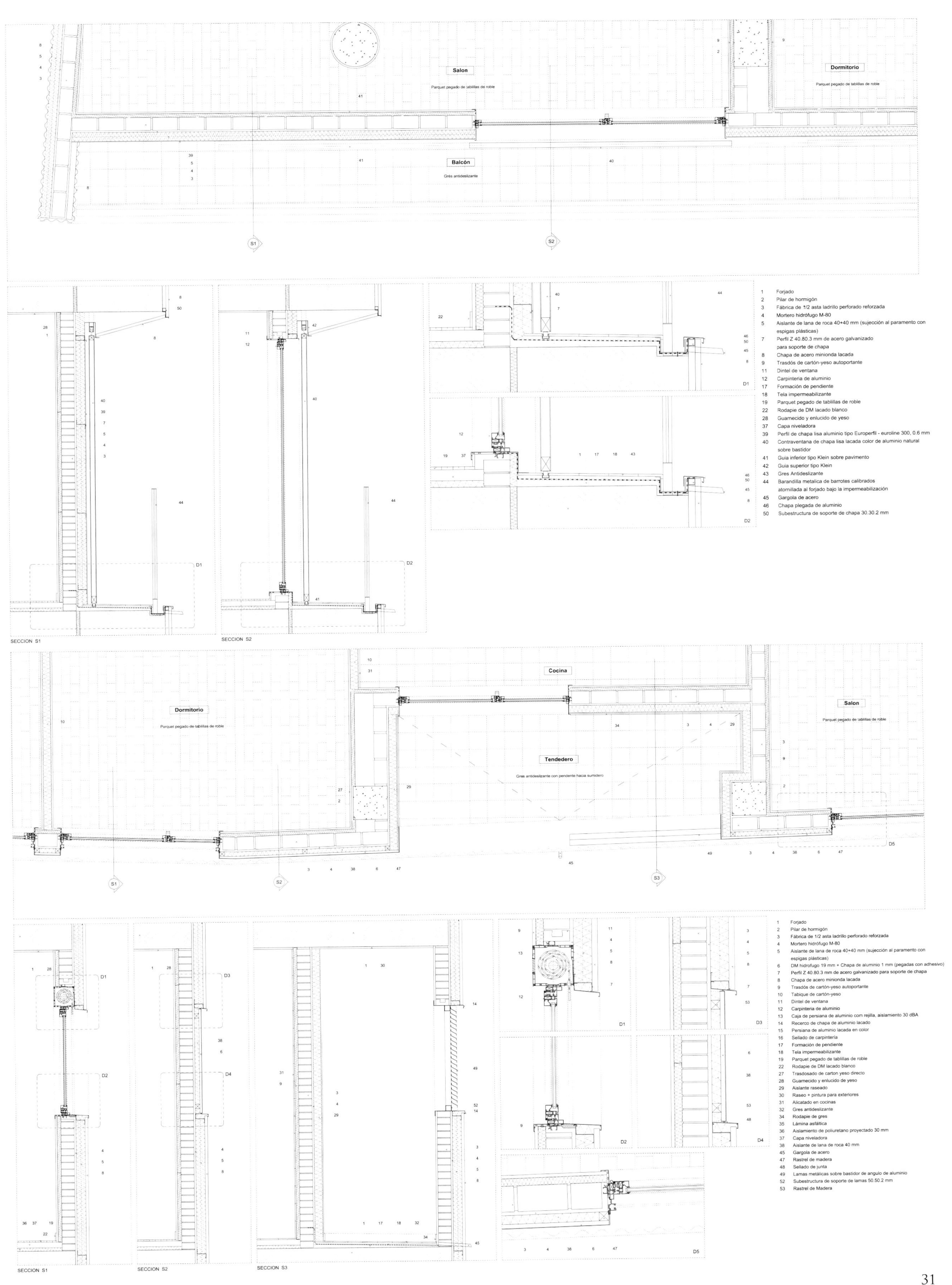
Salon
Parquet pegado de tablillas de roble
Dormitorio
Parquet pegado de tablillas de roble
Balcón
Grés antideslizante
S1
S2
1 Forjado
2 Pilar de hormigón
3 Fábrica de 1/2 asta ladrillo perforado reforzada
4 Mortero hidrófugo M-80
5 Aislante de lana de roca 40+40 mm (sujección al paramento con espigas plásticas)
7 Perfil Z 40.80.3 mm de acero galvanizado para soporte de chapa
8 Chapa de acero minionda lacada
9 Trasdós de cartón-yeso autoportante
11 Dintel de ventana
12 Carpinteria de aluminio
17 Formación de pendiente
18 Tela impermeabilizante
19 Parquet pegado de tablillas de roble
22 Rodapie de DM lacado blanco
28 Guarnecido y enlucido de yeso
37 Capa niveladora
39 Perfil de chapa lisa aluminio tipo Europerfil - euroline 300, 0.6 mm
40 Contraventana de chapa lisa lacada color de aluminio natural sobre bastidor
41 Guia inferior tipo Klein sobre pavimento
42 Guia superior tipo Klein
43 Gres Antideslizante
44 Barandilla metalica de barrotes calibrados atornillada al forjado bajo la impermeabilización
45 Gargola de acero
46 Chapa plegada de aluminio
50 Subestructura de soporte de chapa 30.30.2 mm
D1
D2
SECCION S1
SECCION S2
Cocina
Dormitorio
Parquet pegado de tablillas de roble
Tendedero
Gres antideslizante con pendiente hacia sumidero
Salon
Parquet pegado de tablillas de roble
D5
S3
1 Forjado
2 Pilar de hormigón
3 Fábrica de 1/2 asta ladrillo perforado reforzada
4 Mortero hidrófugo M-80
5 Aislante de lana de roca 40+40 mm (sujección al paramento con espigas plásticas)
6 DM hidrofugo 19 mm + Chapa de aluminio 1 mm (pegadas con adhesivo)
7 Perfil Z 40.80.3 mm de acero galvanizado para soporte de chapa
8 Chapa de acero minionda lacada
9 Trasdós de cartón-yeso autoportante
10 Tabique de cartón-yeso
11 Dintel de ventana
12 Carpinteria de aluminio
13 Caja de persiana de aluminio com rejilla, aislamiento 30 dBA
14 Recerco de chapa de aluminio lacado
15 Persiana de aluminio lacada en color
16 Sellado de carpintería
17 Formación de pendiente
18 Tela impermeabilizante
19 Parquet pegado de tablillas de roble
22 Rodapie de DM lacado blanco
27 Trasdosado de carton yeso directo
28 Guarnecido y enlucido de yeso
29 Aislante raseado
30 Raseo + pintura para exteriores
31 Alicatado en cocinas
32 Gres antideslizante
34 Rodapie de gres
35 Lámina asfáltica
36 Aislamiento de poliuretano proyectado 30 mm
37 Capa niveladora
38 Aislante de lana de roca 40 mm
45 Gargola de acero
47 Rastrel de madera
48 Sellado de junta
49 Lamas metálicas sobre bastidor de angulo de aluminio
52 Subestructura de soporte de lamas 50.50.2 mm
53 Rastrel de Madera
D3
D4
SECCION S1
SECCION S2
SECCION S3

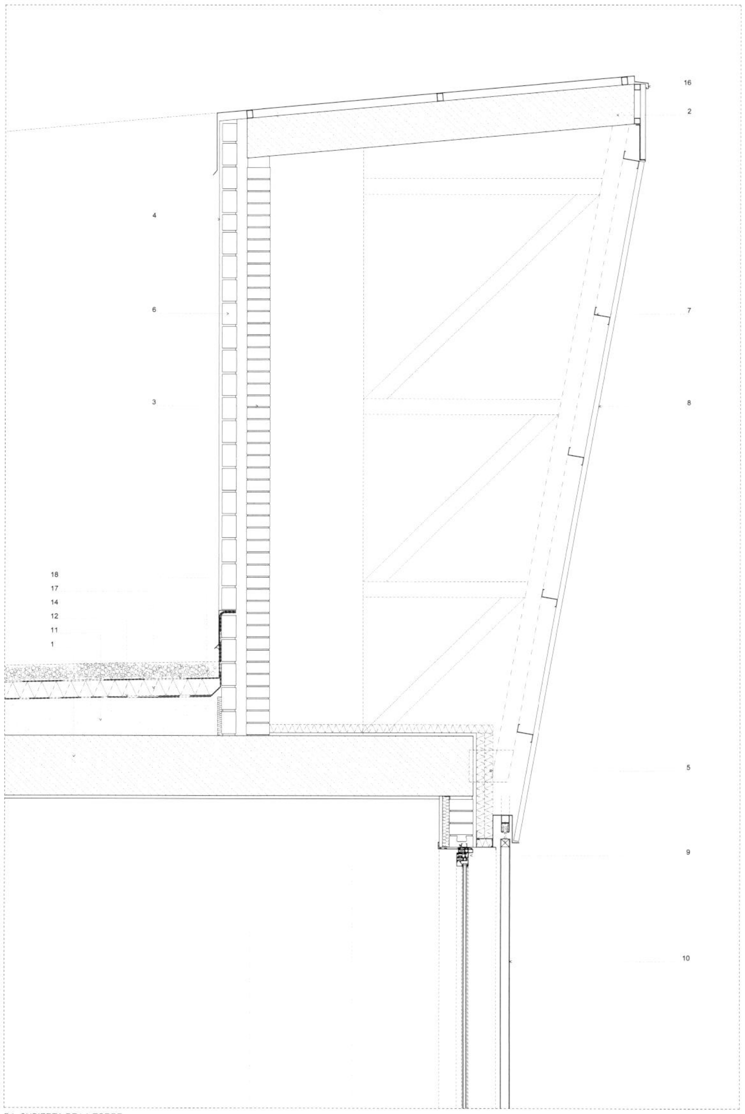

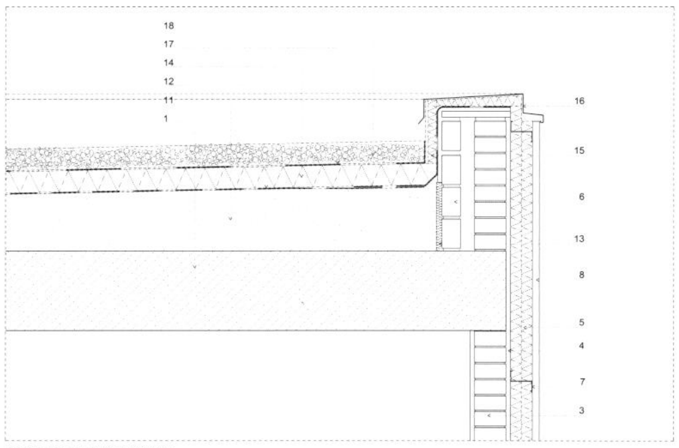

D2_CUBIERTA PLANA (GRAVA)

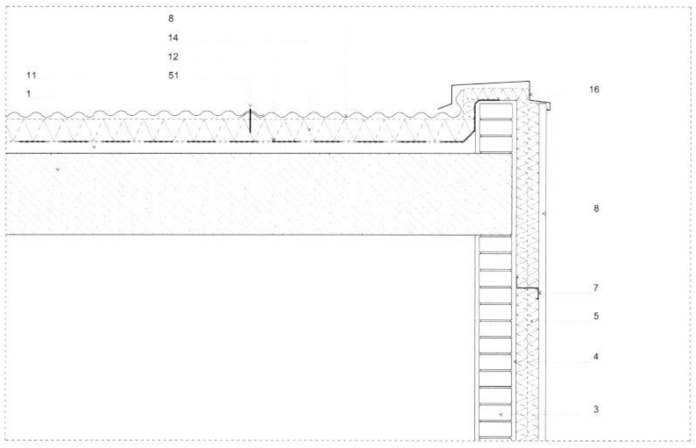

D3_CUBIERTA INCLINADA (CHAPA)

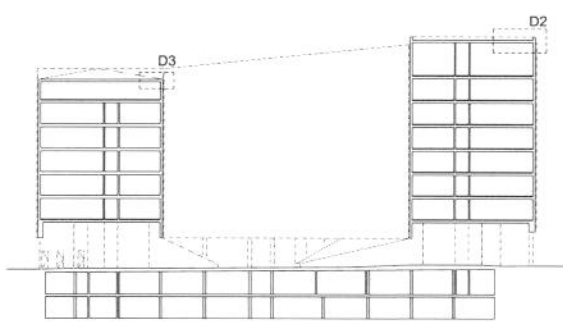

1 Forjado
2 Losa de hormigón armado
3 Fábrica de 1/2 asta perforada reforzada
4 Mortero hidrófugo M-80
5 Aislante de lana de roca 40+40 mm(sujección al paramento con espigas plásticas)
6 L.H.D. 7 cm
7 Perfil Z 40.80.3 mm de acero galvanizado para soporte de chapa
8 Chapa de acero minionda lacada
9 Carpinteria de aluminio
10 Contraventana de aluminio
11 Formación de pendiente
12 Tela impermeabilizante
13 Aislante proyectado
14 Aislante de poliestireno extruido
15 Aislante raseado
16 Albadilla de chapa prelacada
17 Geotextil
18 Grava
51 Remache para fijación de chapa minionda en cubierta inclinada

D1_CUBIERTA DE LA TORRE

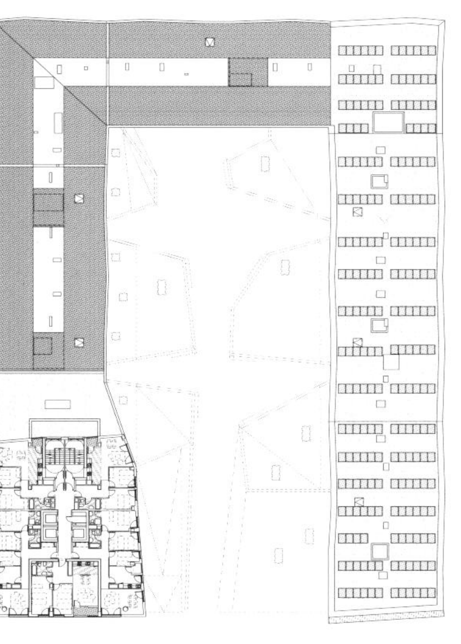
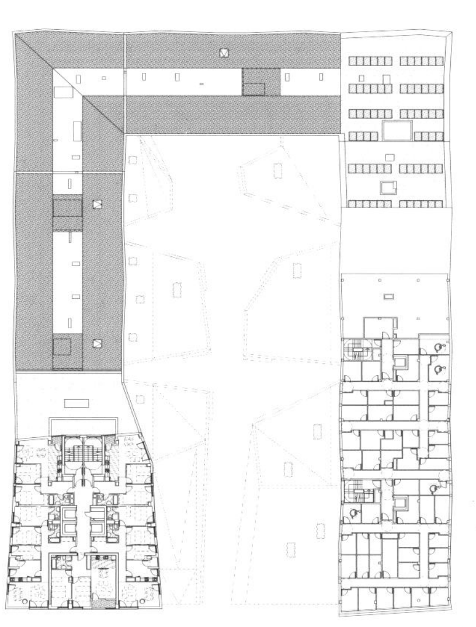
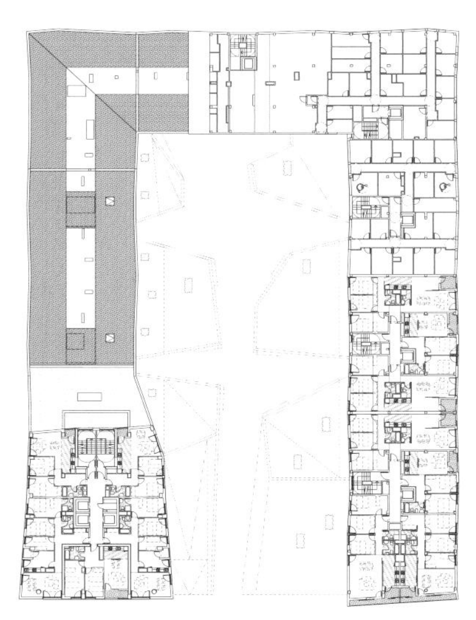
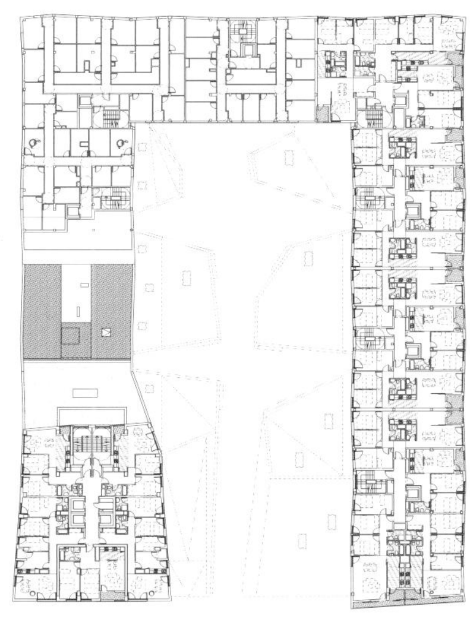
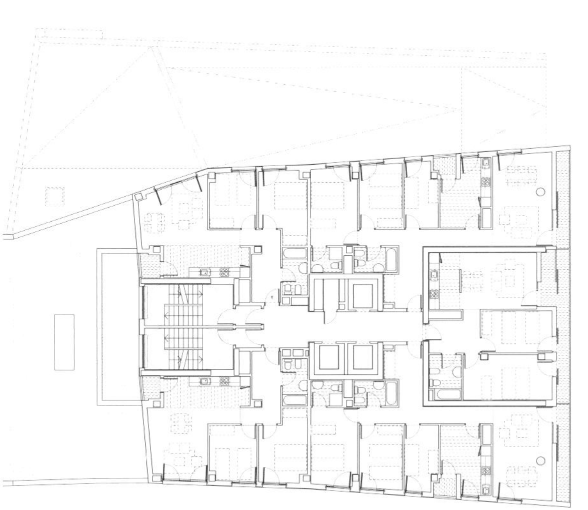
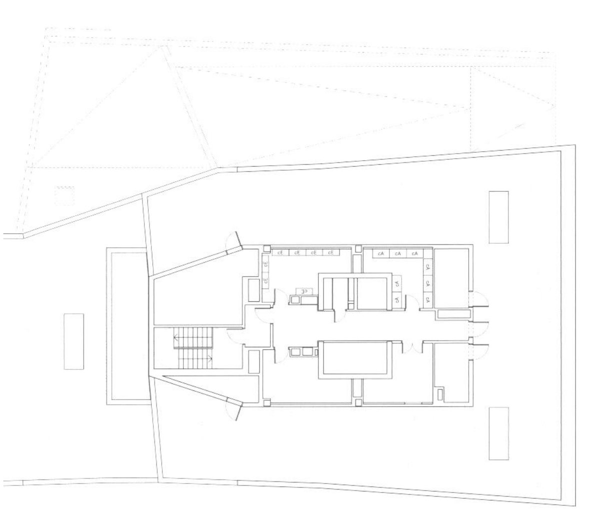
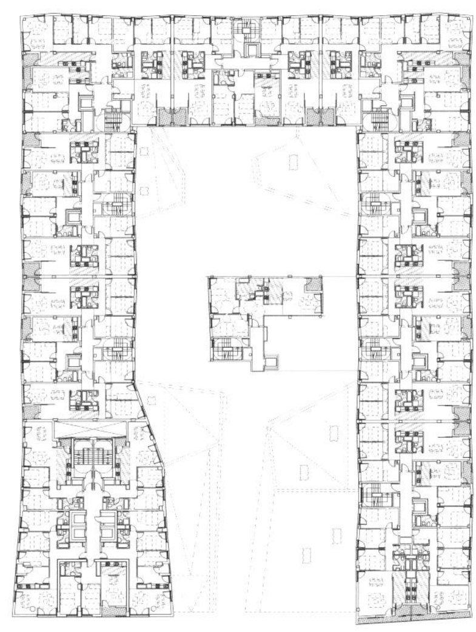

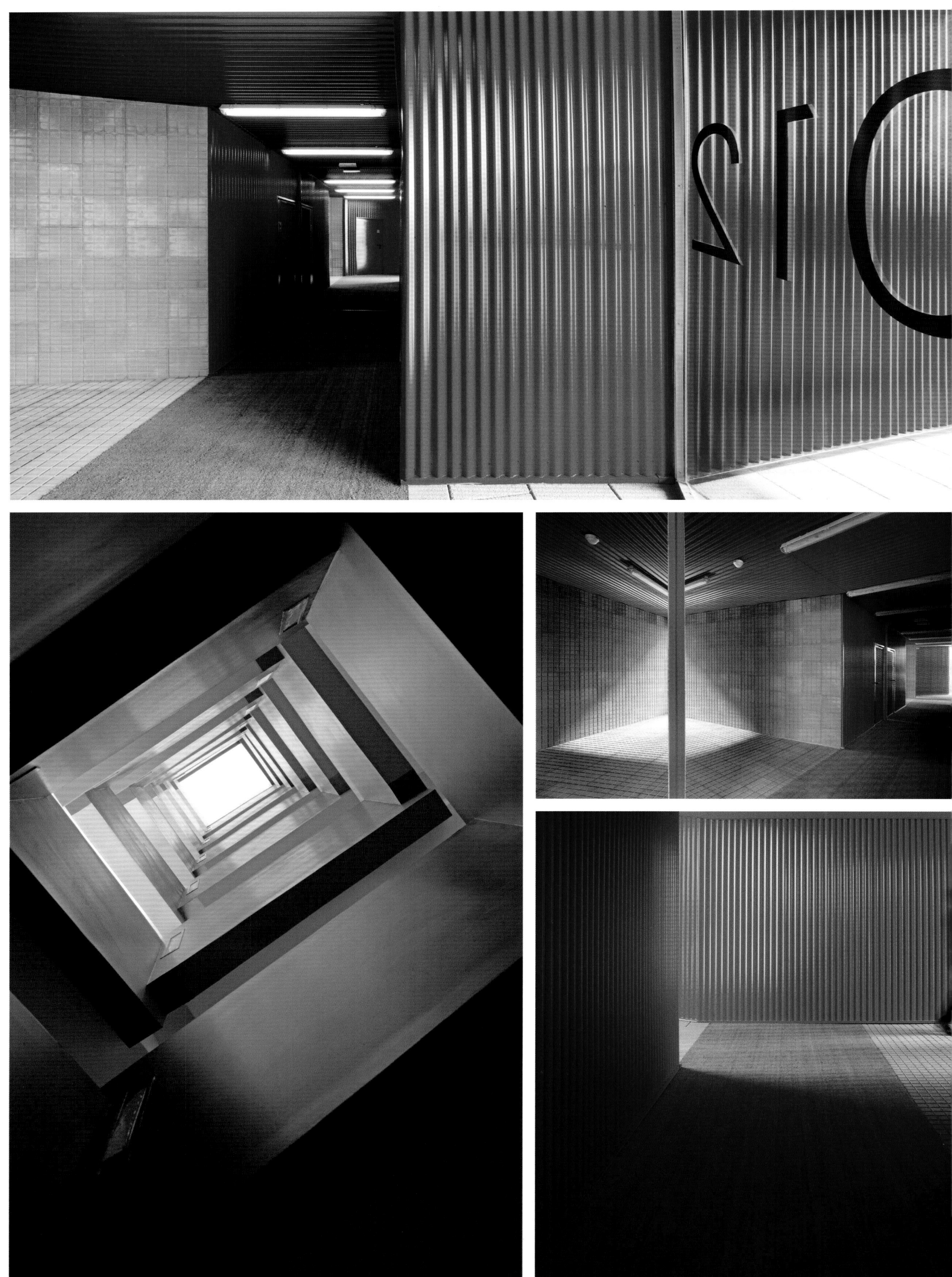

010

公寓设计：Camenzind Evolution AG
竣工时间：2012 年

项目地址：瑞士苏黎世
场地规模：4 819 平方米

楼层数：7
开发商：Swiss Life AG

K.I.S.S.：多样的居住选择

这栋位于苏黎世的住宅楼共有 46 间公寓单位，分为三种户型，内部装修与住宅大楼外部整体都设计得大胆而新颖。同样的布局，每间公寓的风格却各不相同，如：经典风格、工业风格、时尚风格等，从而为住户提供了全新的居住体验和多样的居住选择。

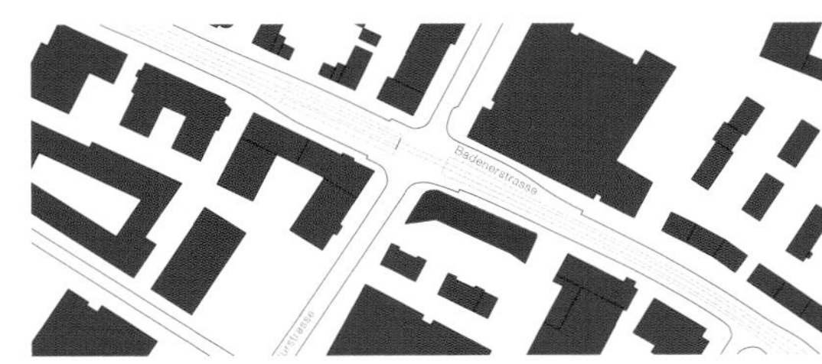

设计突破

大楼的外表光泽，给人类似皮革的质感，表面布满倾斜的金属窗框，窗框形状不规则，赋予这栋大楼令人印象深刻的个性。南面的釉质立面，包括了阳极氧化铝幕墙系统和三重釉质的高质木 / 金属窗（内部为木质，外部为铝制）。住宅楼坐北朝南，带有落地窗和彩色独立阳台的房间能很好地利用阳光，创造舒适的居住环境。

商业突破

该项目位于街角，与周围的商圈或住宅区没有进行任何直接有效的延续，区块相对独立，需要具备自成一派的能量和气魄。于是，考虑到环境因素和居住条件，它以周围所缺失的时尚多样性作为突破点，进行差异化的突破。除了独特的立面，其经典风格、工业风格、时尚风格三种截然不同的室内装潢设置，更是为住户提供了丰富的居住体验。

Flurstrasse
PostLogistics
auf Achse

kiss
575

建筑

如皮革般亮泽的建筑表皮，衬以稍显倾斜的金属窗框，赋予了建筑明确的个性感。它向南开放，其全景玻璃窗采光通透。设计感极佳的阳台色彩斑斓。南面的釉质立面由阳极氧化铝幕墙系统和三重釉质的高质木 / 金属窗（内部为木质，外部为铝制）构成。采光良好的开放式走廊，被安置在双中性色露石混凝土的楼体之上。每个走廊的深色墙面都体现了其后的公寓户型，从而让每个住户都能体验居住环境的多样性。

景观

该项目位于街角的显著位置，其雕塑般的外形，成为了一道独特的风景线。

设施

商业区域位于该项目的首层，即位于公寓楼层之下。

chestnut

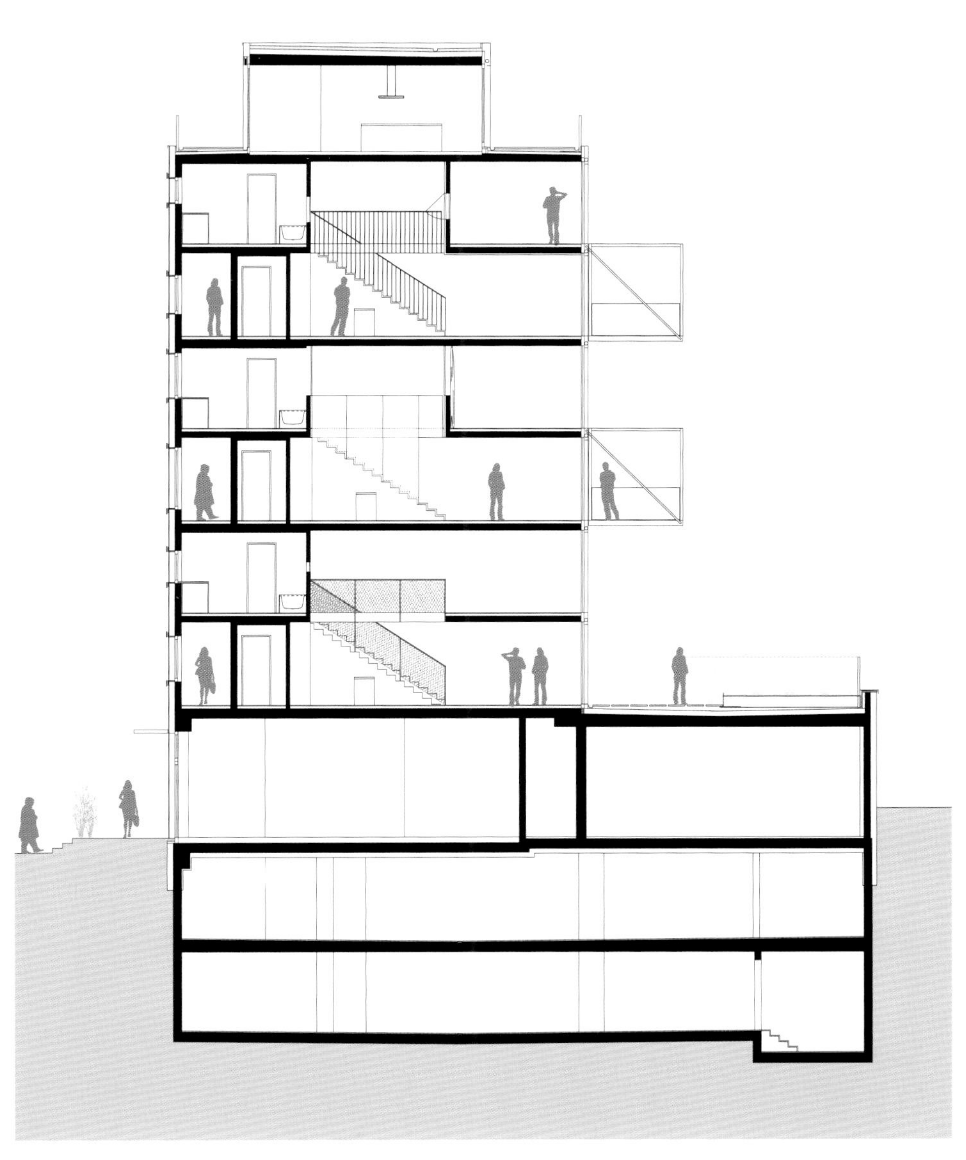

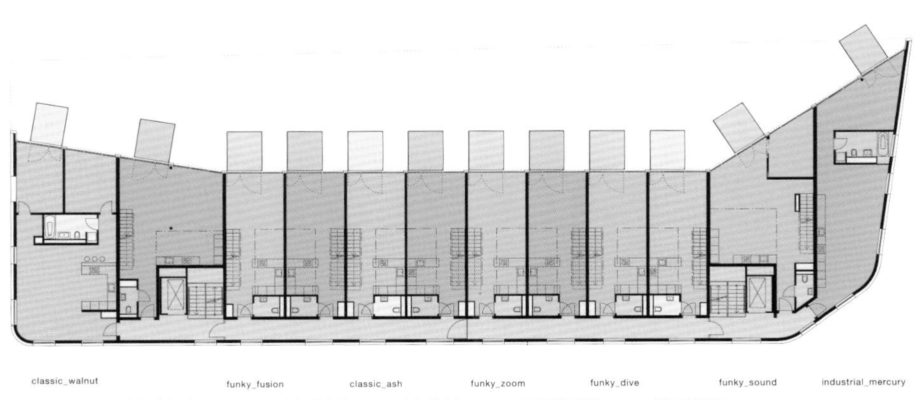

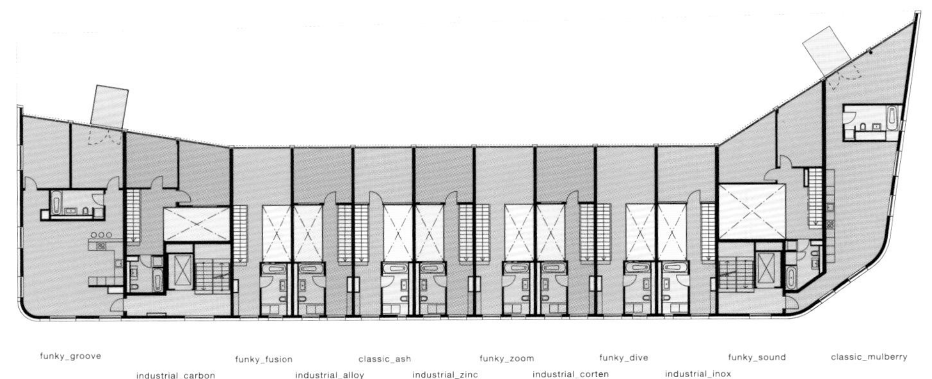

室内

经典风格的户型予人以文化感、国际范，精致而独具风格。木质地板和灯光，与厨房的色调完美搭配。浴室和带有餐厅的起居室，为住户提供了全新的舒适空间。工业风格的户型突出了工业感，独立而硬朗。厨房里外露的混凝土、不锈钢简约而现代，而胶合板的搭配更是突出了公寓的个性。而时尚风格的户型，则是以浴室的舷窗和客厅主墙面的大型涂鸦，作为主要特色。

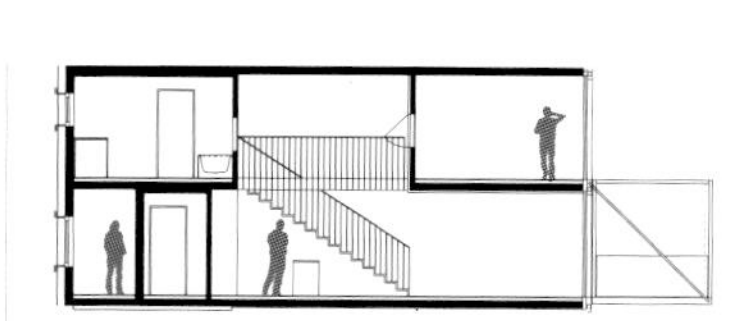

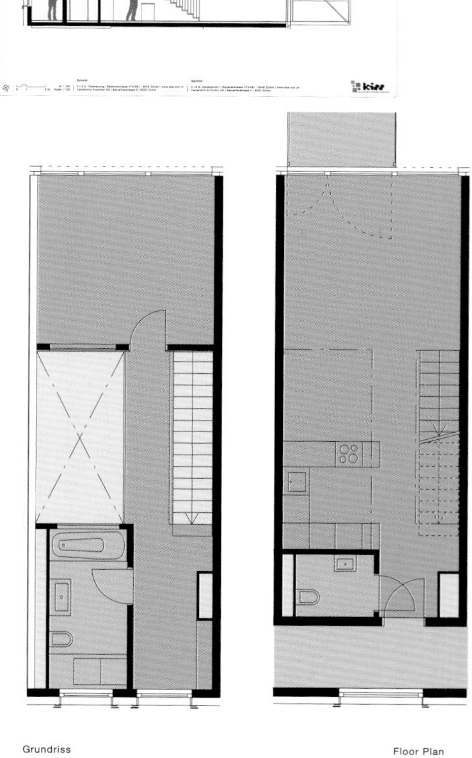

Grundriss

00 | K.I.S.S. Überbauung | Badenerstrasse 575/581 | 8048 Zürich | www.kiss-züri.ch
00 | Camenzind Evolution AG | Samariterstrasse 5 | 8032 Zürich

Floor Plan

K.I.S.S. Developme
Camenzind Evoluti

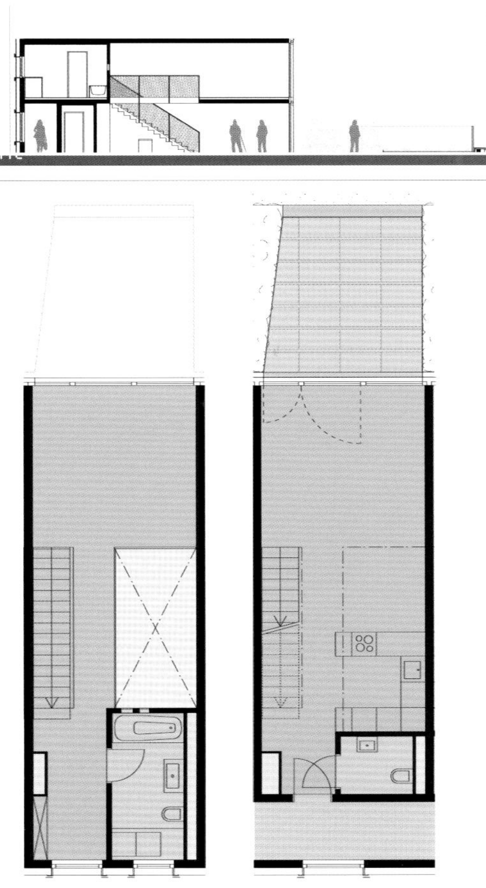

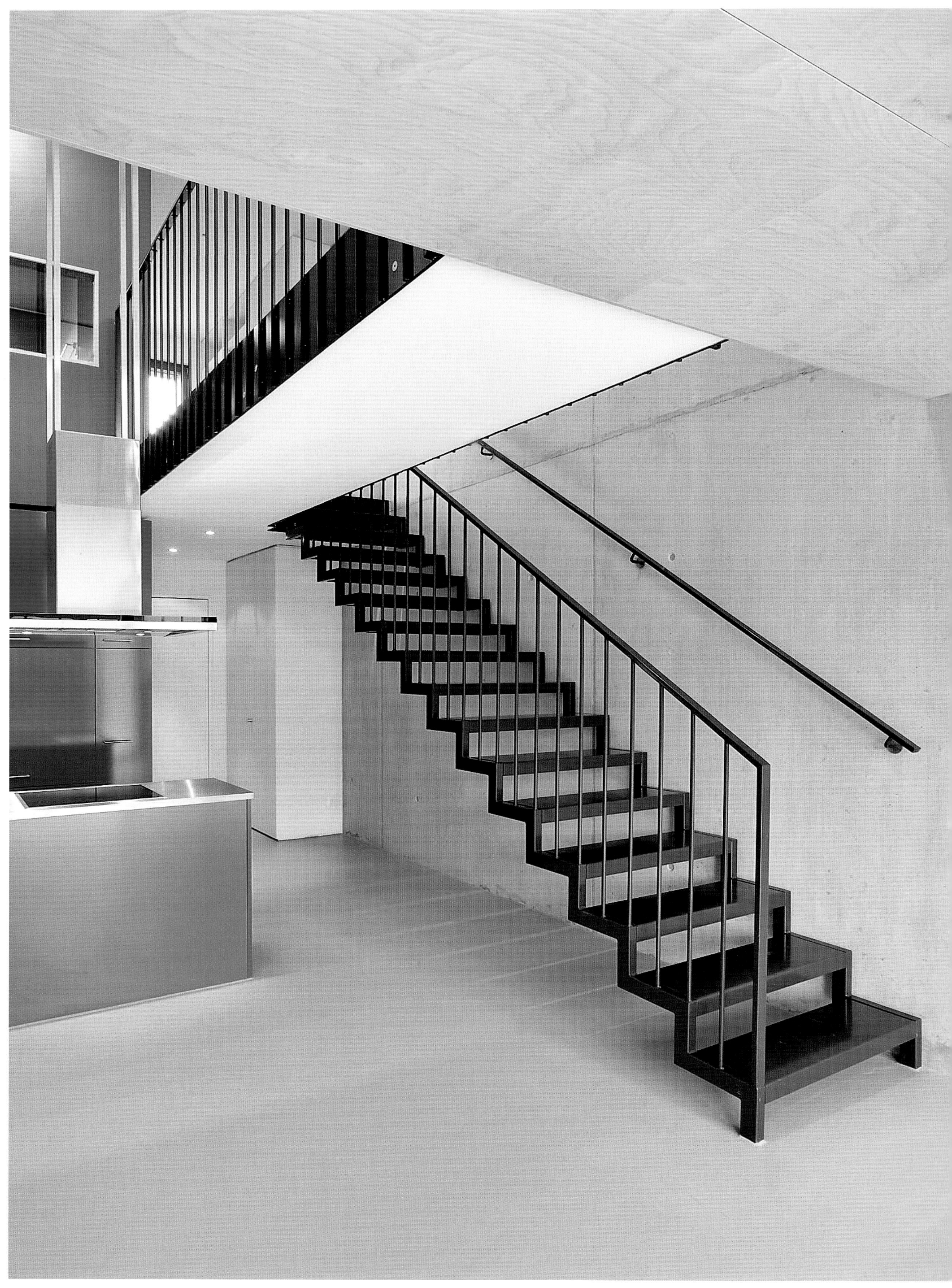

7

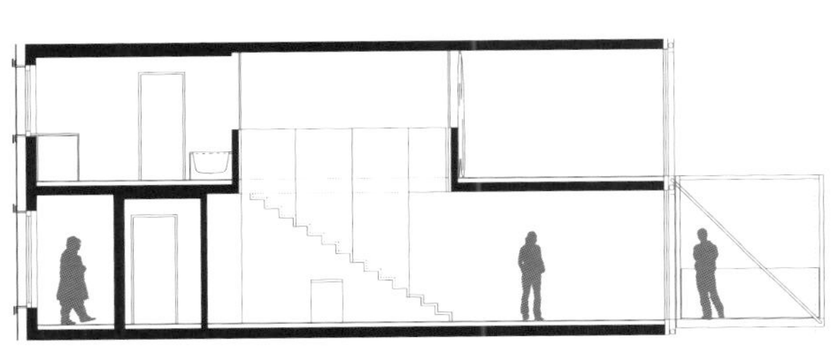

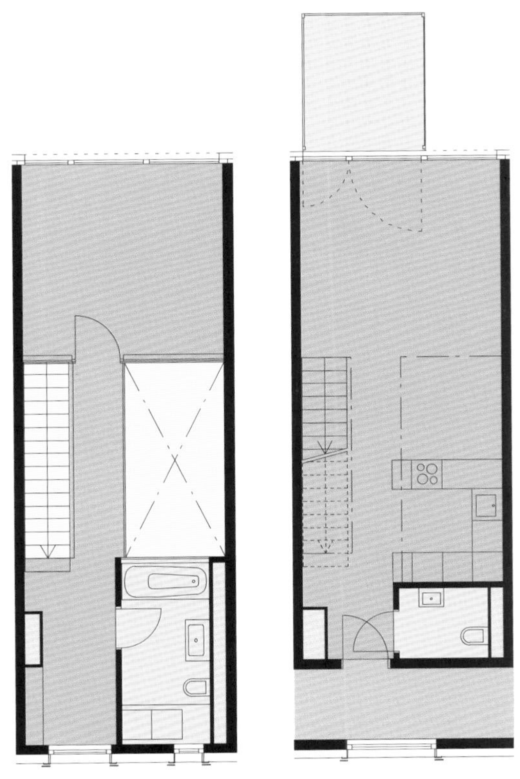

公寓设计： OFIS ARCHITECTS
竣工时间： 2012 年

项目地址： 法国巴黎
场地规模： 1 981 平方米

楼层数： 11
开发商： Regie Immobiliere de la Ville de Paris

篮子公寓：立面的韵律感

该建筑位于一块南北向长约 200 米宽 11 米的特殊地块上，狭长体量的建筑被分为两个部分并由一座廊桥联系起来，两部分之间是一座花园。建筑共 11 层，地下室作为设备用房，一层是公共空间，上面九层都作为学生公寓，布局非常理性和模块化。

设计突破

这个 10 层楼高的狭长建筑，很有存在感。根据功能需要，每个体块都含有两个不同的立面。包含了不同尺度室外阳台的立面，用 HPL 木条做外皮，就像是手工编织成的一个个篮子。阳台体块随机变化，使外立面丰富并且具有韵律感。这样的外观创造出了具有活力的外立面，并消解了建筑的体量感。

商业突破

该项目的主要目的是为学生提供利于学习和交流的健康环境。该建设点接壤西南电车库，在上面是一个足球场。第 3 层的房屋与电车库使用一道墙。设计师对这座建筑进行了特殊的设计，以确保有良好的保温和通风效果。最先进的环保理念被充分地应用到了设计中。表层的太阳能光电板解决了公寓内部的采暖问题。另外，公寓还拥有一套完善的雨水收集系统。

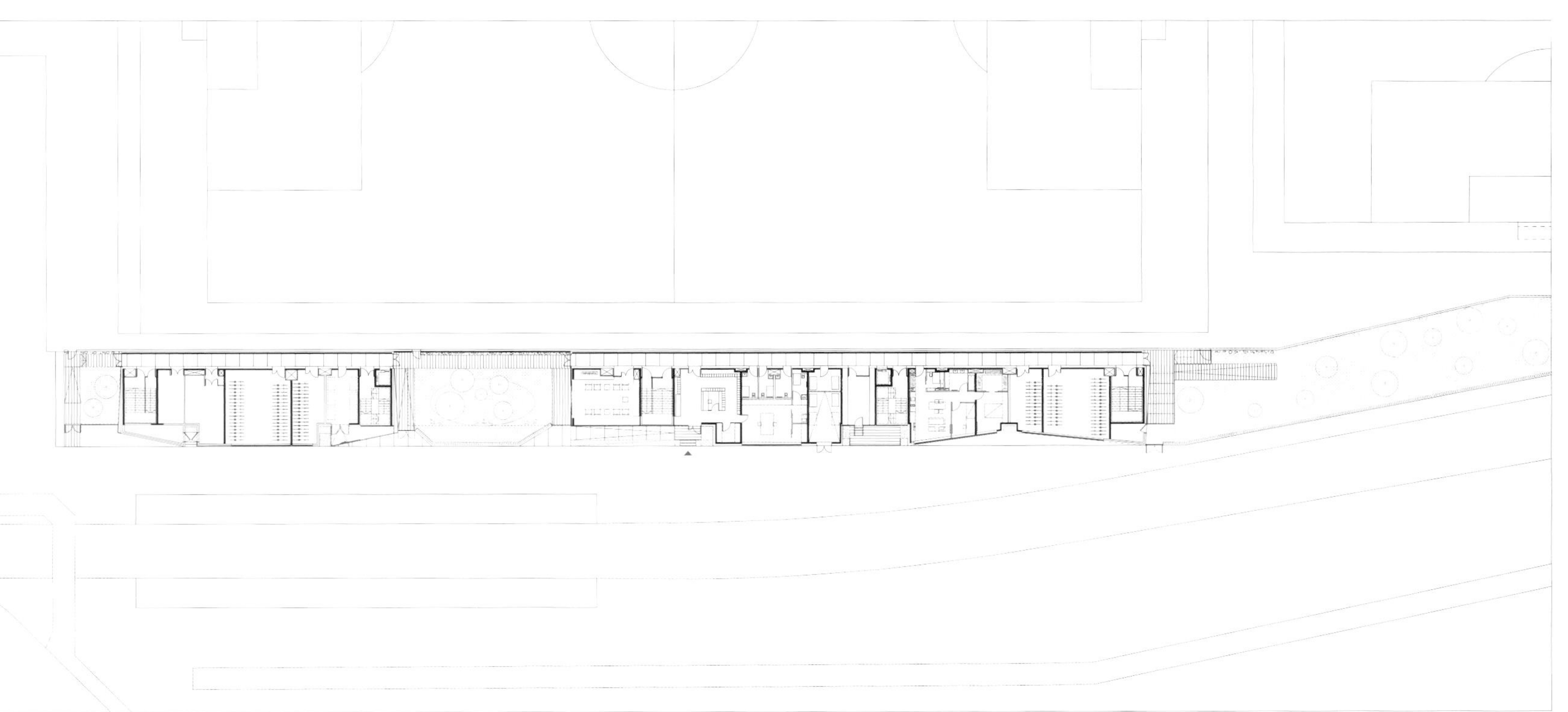

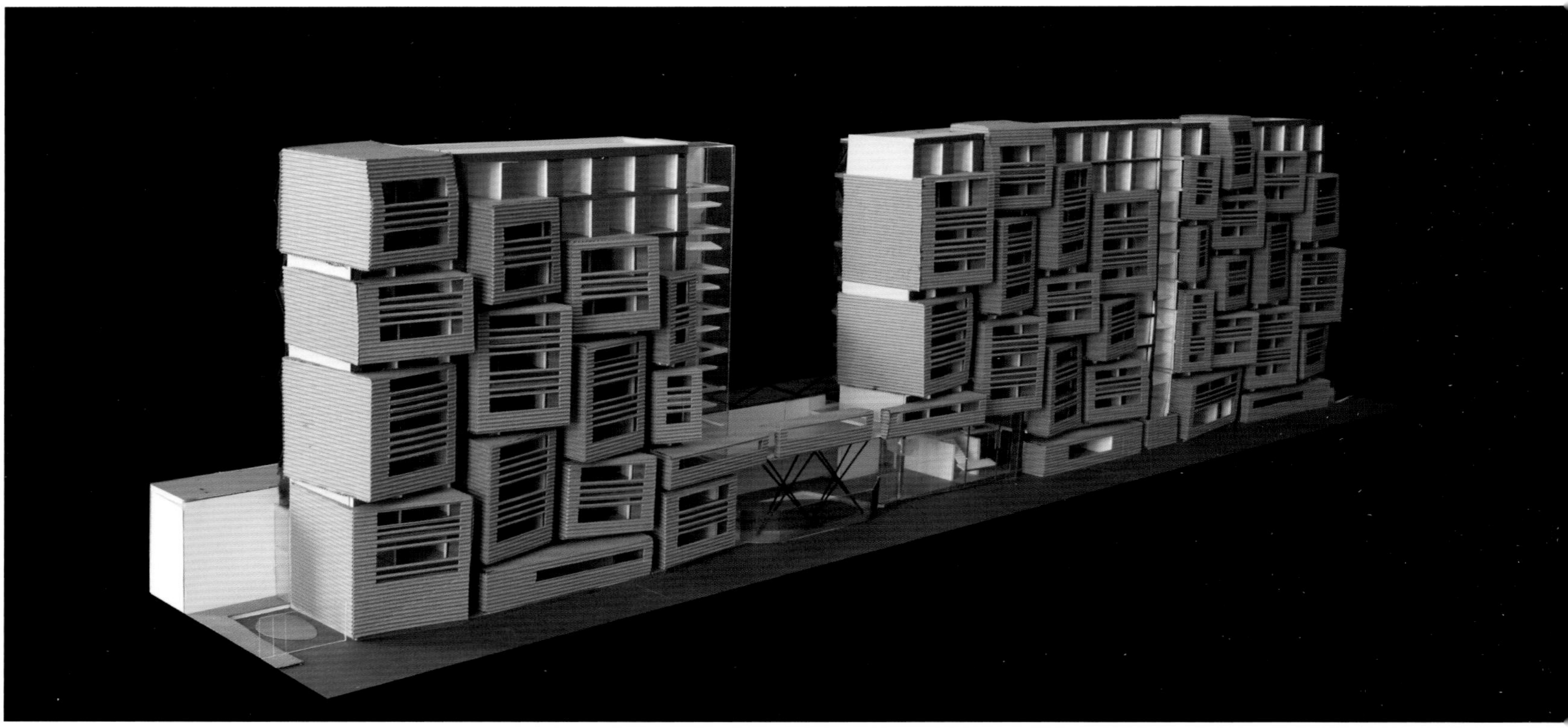

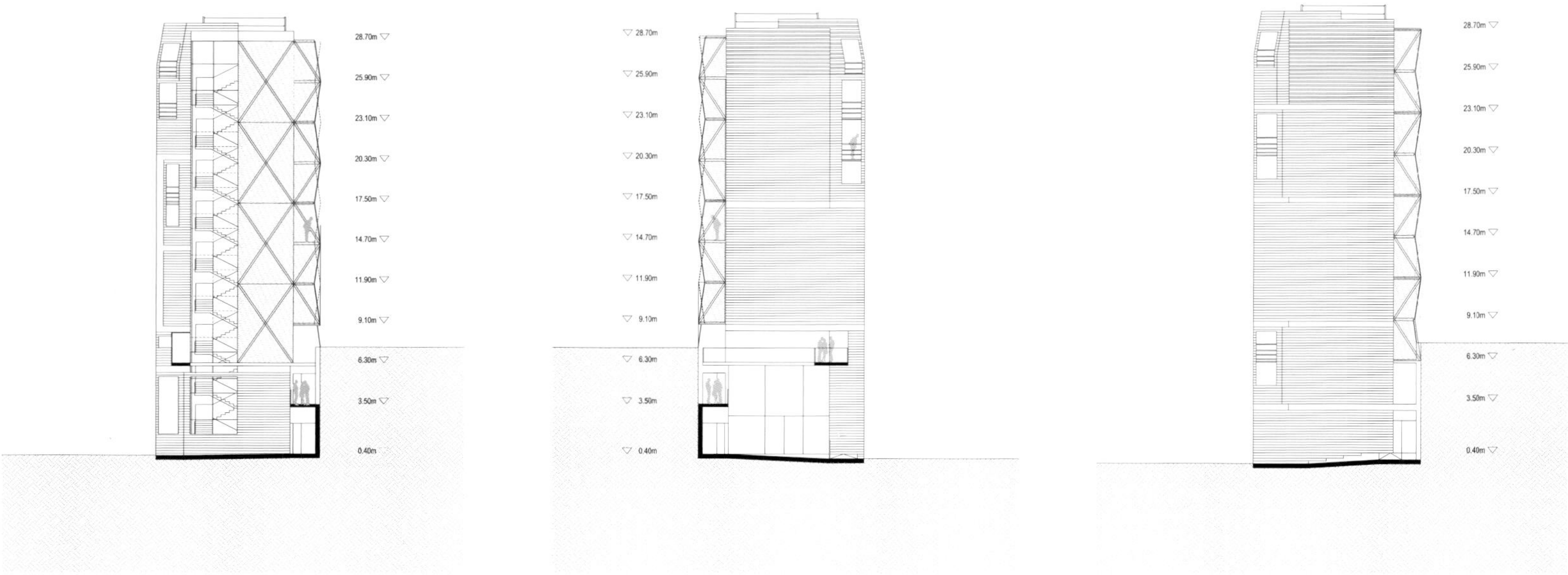

28.70m
25.90m
23.10m
20.30m
17.50m
14.70m
11.90m
9.10m
6.30m
3.50m
0.40m

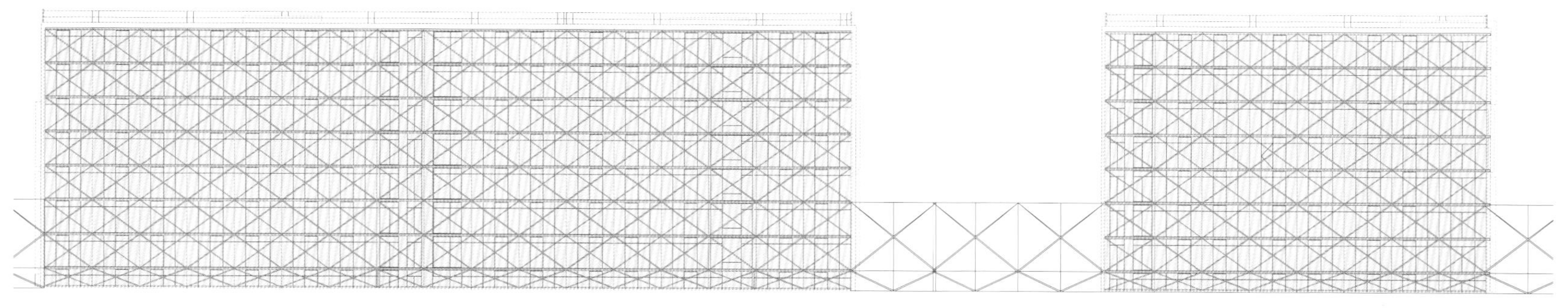

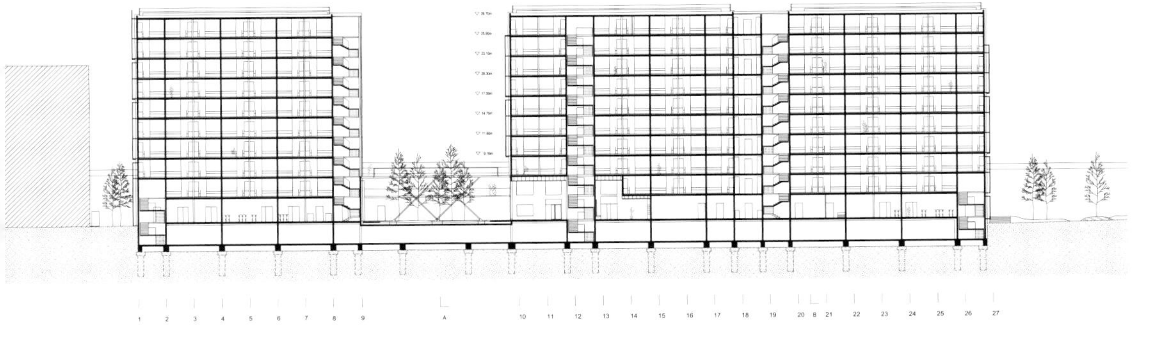

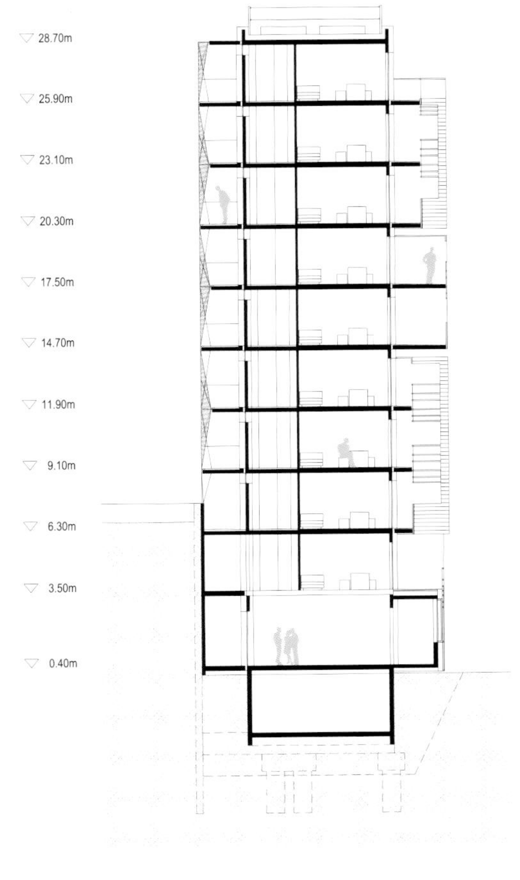

景观

该项目位于巴黎第 19 区的 La Vilette 公园旁边。另外，建筑沿着足球场开设了一个开放式走廊。俯览足球场的同时，还可享受城市美景和埃菲尔铁塔风光。

建筑

狭长地块赋予了建筑独特性。根据功能需要，每个体块都含有两个不同的立面。包含了不同尺度室外阳台的临街立面，使用了 HPL 分层木条做建筑表皮。阳台体块随机变化，使外立面丰富并且具有韵律感。变化的篮子外观创造了具有活力的外立面，并消解了建筑的体量感。西立面包含了楼梯井和走廊，这些交通空间被布置在室外，顶部覆盖了一层曲线形的悬挂金属网。这个透明的立面为户外走廊提供了必要的安全保障，同时也让居住者能俯瞰毗邻的足球场。

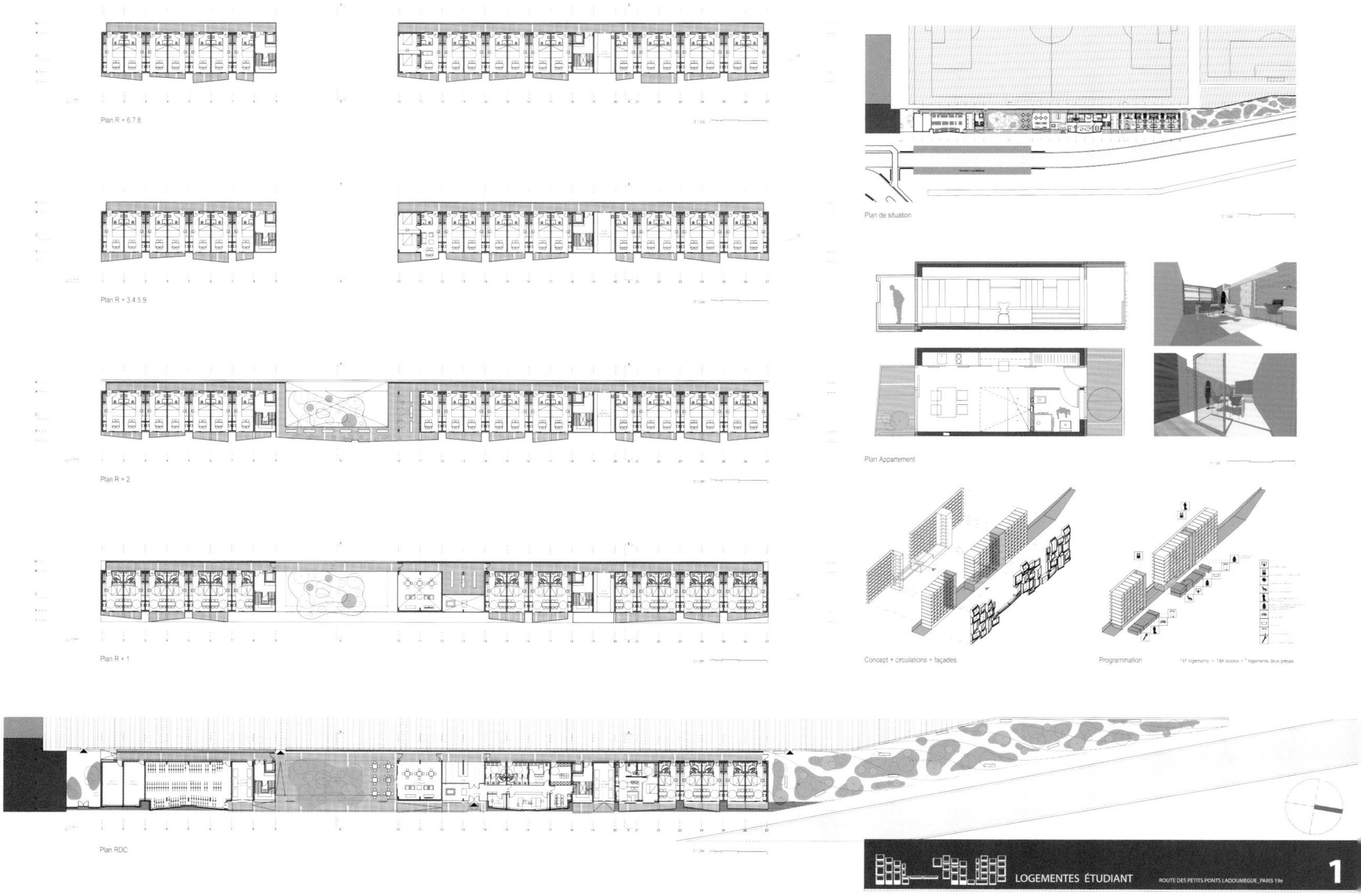

Plan R + 6.7.8

Plan de situation

Plan R + 3.4.5.9

Plan Appartement

Plan R + 2

Concept + circulations + façades

Programmation

191 logements > 184 studios + 7 logements deux pièces

Plan R + 1

Plan RDC

LOGEMENTES ÉTUDIANT

ROUTE DES PETITS PONTS LADOUMEGUE_PARIS 19e

1

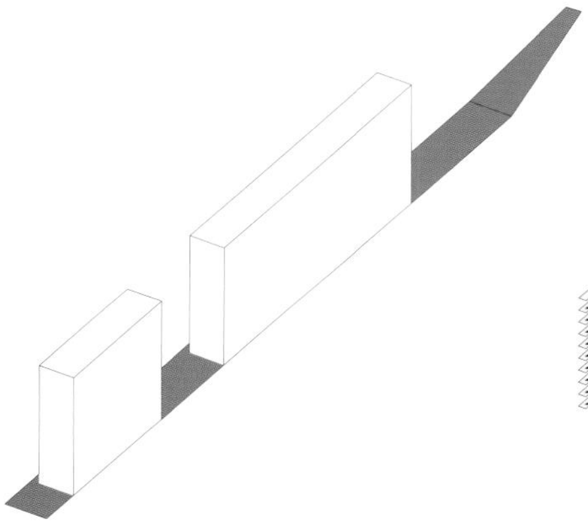

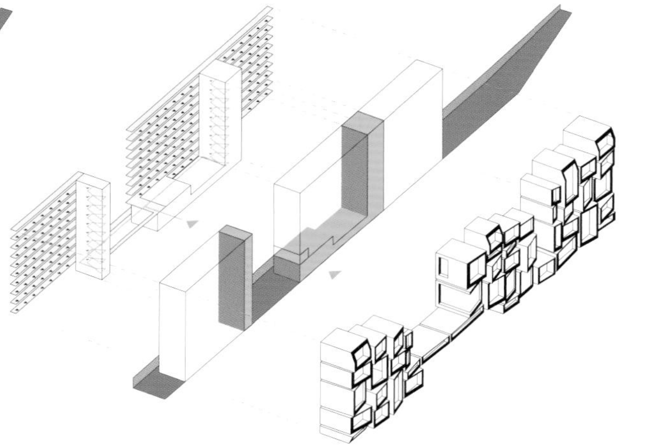

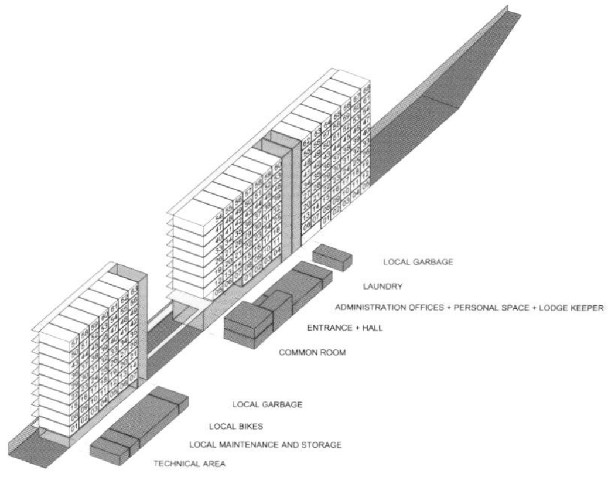

LOCAL GARBAGE
LAUNDRY
ADMINISTRATION OFFICES + PERSONAL SPACE + LODGE KEEPER
ENTRANCE + HALL
COMMON ROOM
LOCAL GARBAGE
LOCAL BIKES
LOCAL MAINTENANCE AND STORAGE
TECHNICAL AREA

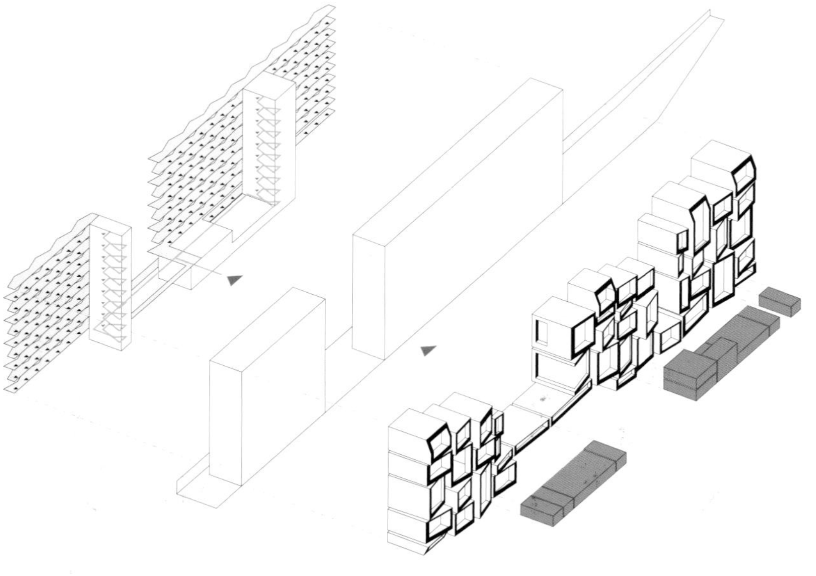

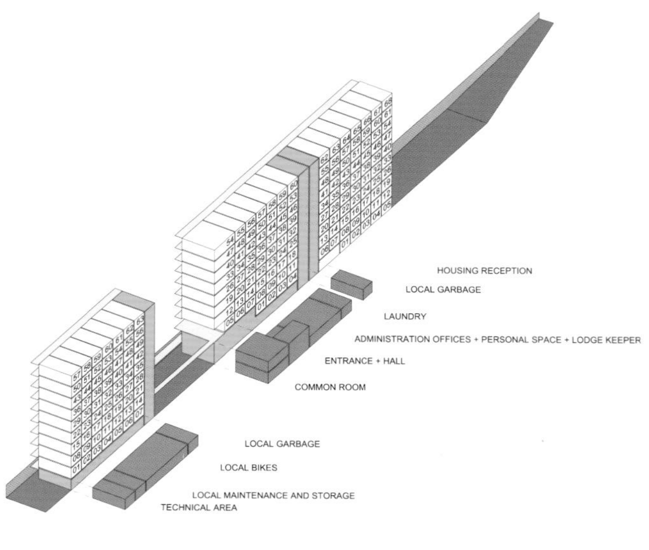

HOUSING RECEPTION
LOCAL GARBAGE
LAUNDRY
ADMINISTRATION OFFICES + PERSONAL SPACE + LODGE KEEPER
ENTRANCE + HALL
COMMON ROOM
LOCAL GARBAGE
LOCAL BIKES
LOCAL MAINTENANCE AND STORAGE
TECHNICAL AREA

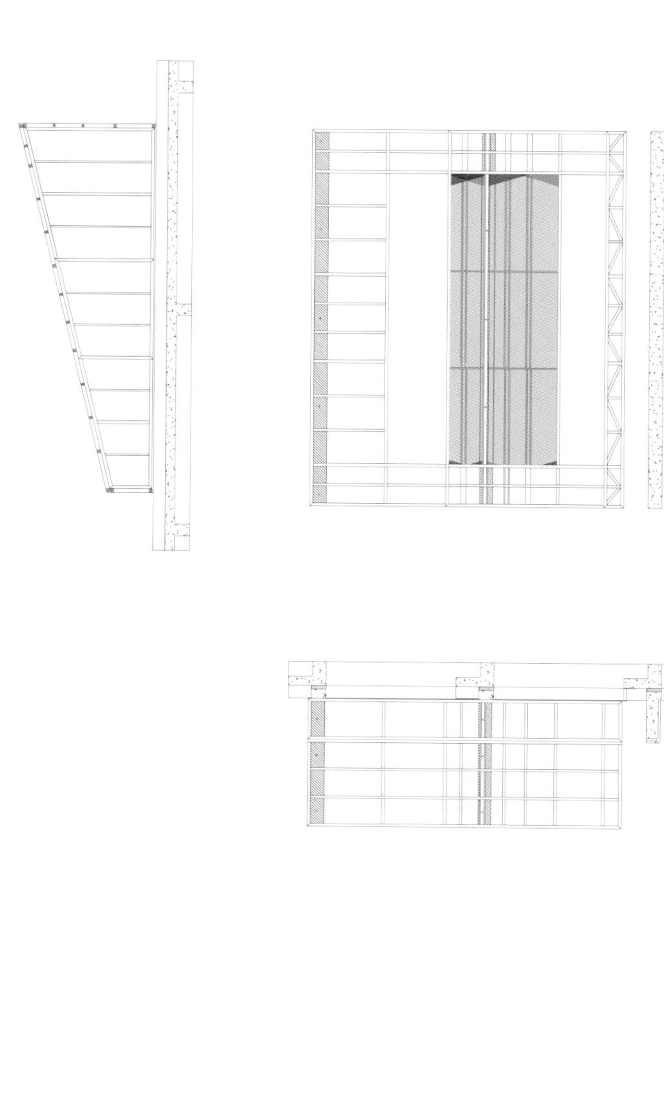

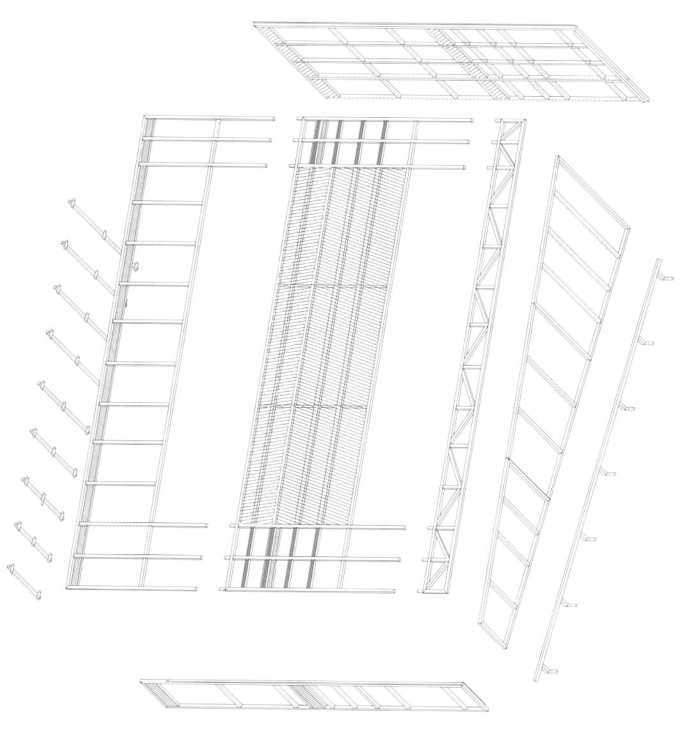

室内

所有工作室都是设计成同样的尺度，并加入同样优化的设计施工元素，包括入口、浴室、衣柜、小厨房、工作台和一张床，并且每个小公寓都有一座独立的阳台可以俯瞰街景。

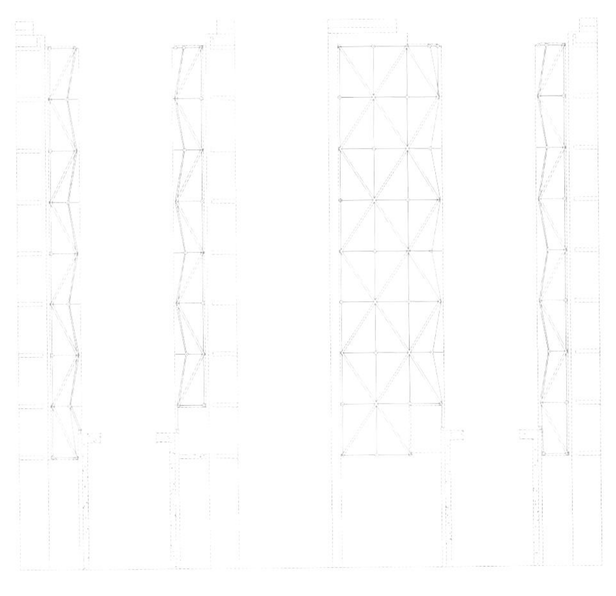

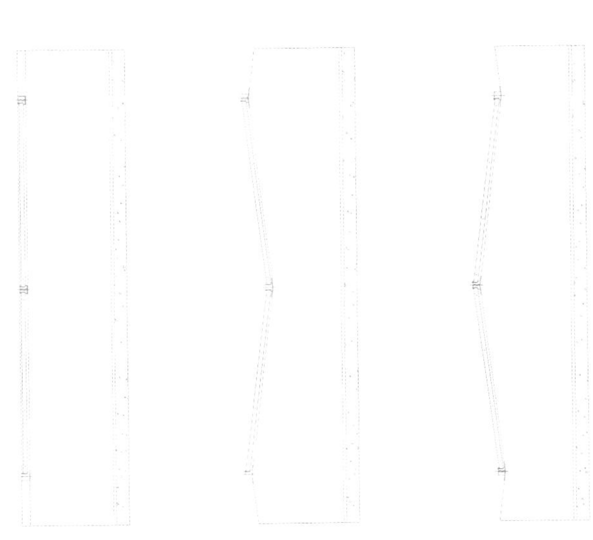

设施

设计师对这座建筑所进行的特殊设计确保了它良好的保温和通风效果，现今的环保理念也被充分的应用到该公寓的设计当中。公寓表层 300 平方米的太阳能光电板解决了公寓内部的部分采暖问题，基地上的雨水收集系统也成功地让废水用于花园灌溉。

SORT

09
08
07
06
05
04
03
02
01
00

B
08

B
07

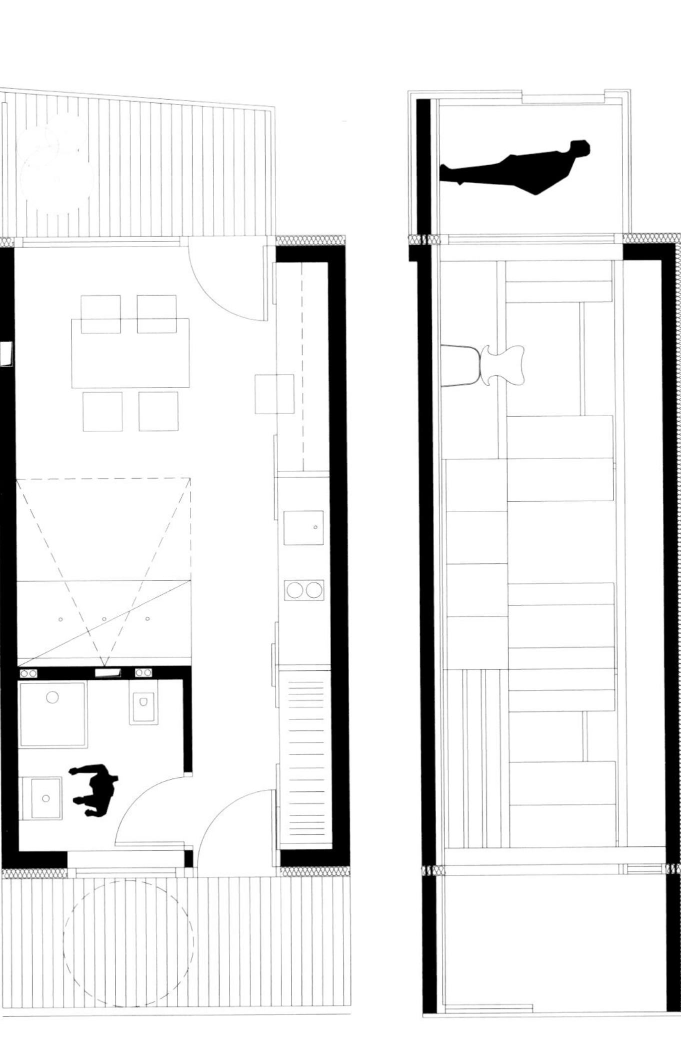

公寓设计：NL Architects
竣工时间：2010 年

项目地址：荷兰鹿特丹港市
场地规模：3 600 平方米

楼层数：10
开发商：Proper Stok Groep

Nieuw Crooswijk C06 公寓：二级窗体

Nieuw-Crooswijk 是鹿特丹的一个居民住宅区，它既靠近城中心，又靠近 Kralingse Bos（Kralingse 森林），Kralingse Bos 是一个美丽的公园。从地理战略上来看，不得不承认这是它的一个很好的优势。大部分旧楼都被推倒重建。即将得到重建施工的 Blok C06 就位于第一街区的东南方，建成后，它将与著名建筑设计师 Hans Kollhoff 刚刚完工的作品 Nieuw Trapezium 面对面。

设计突破

简单砖制立面，体现了建筑的庄重感，并使其融入了整个街区。白色的窗体为建筑立面带来了节奏变化，丰富了建筑效果，缓解了视觉上的“空间紧张感”。设计师们注重细节设计，特意设置了不同的窗体以形成对比，从而突出了建筑表皮的立体感。醒目的白色栅栏也为朴素的立面增添了几分雅致。

商业突破

该项目从属于鹿特丹的一个新的城市改造计划。公寓通过巧妙的立面营造和结构设置，与周围的建筑完美融合。楼宇之间几乎没有界限。甚至，该项目拥有直接通向社区停车场的廊道，大家可以共享停泊空间，这也从一定程度上节约了设施空间，加强了社区住户之间的交流。

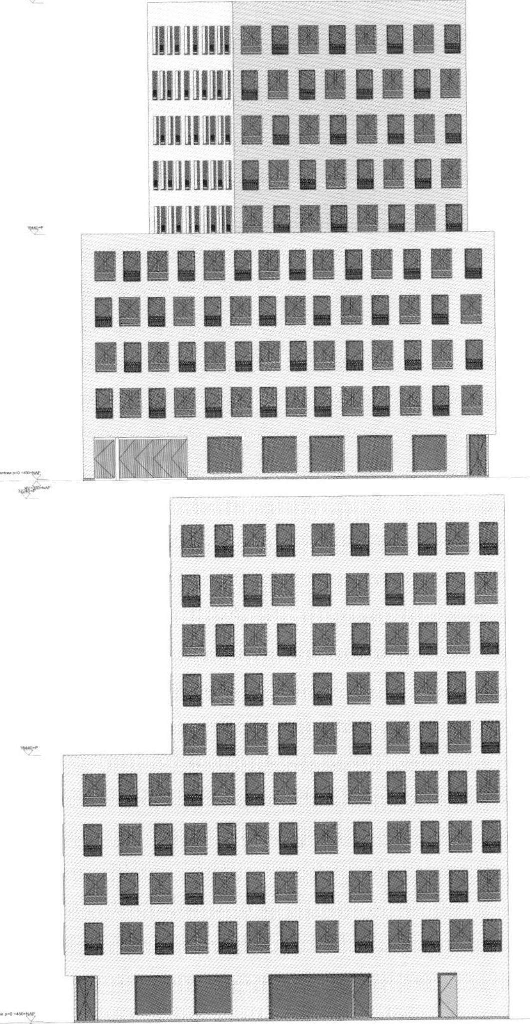

建筑

具有雕塑感的大楼主要是由一个有着较矮地基的塔楼所组成，似乎无形中便成为了沿 Boezemlaan 街高层建筑与低调朴素的 Paradijslaan 街之间的调和物。用来建造 Blok C06 的砖很有特色。而且 Blok C06 大楼的两种不同型态的窗户也留给了人们深刻的印象。这些入户式窗户是按着分毫不差的间隔距离修成的。每个二级窗体都被镶嵌在大大的白色框架和较低的优雅栅栏里：那个栅栏其实是一个小小的很难够得着的阳台，可用来放置花盆之类的装饰品。

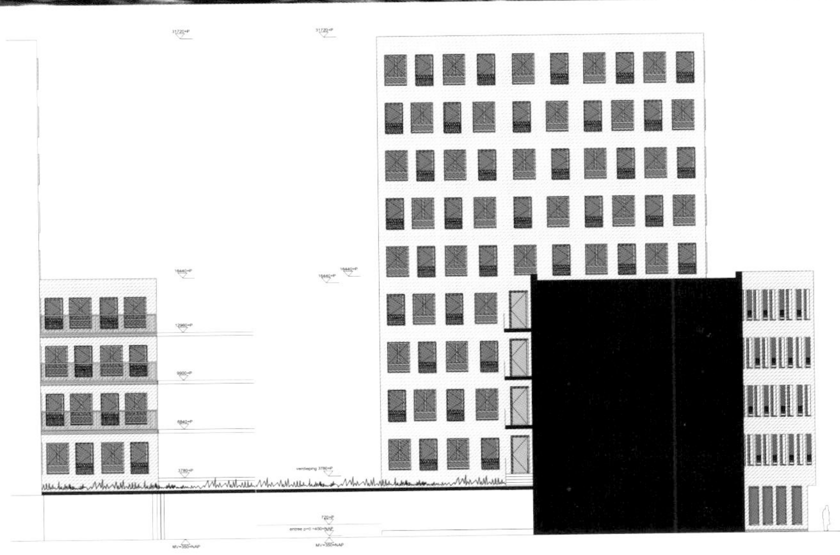

景观

从公寓的顶层向外望去，风景十分美妙；鹿特丹一侧的地平线不断扩展开去，直到与天际相交。而另一侧的公园和湖水则与天际线交相辉映，三者共同组成了最壮观的景色。

设施

C06 楼的电梯和楼梯区域不仅与它的公寓套房相连，居民们还可以通过这里走到隔壁的几个街区去。经过三条室外通道（其实也是美术走廊），可以去到附近几个公寓的半地下停车场的中央部位。这真是一种少见的特别景象——不同建筑之间的界线由此而变得模糊。

28260+P
25200+P
150
325
Binnen
Buiten
67
892
67
1:20

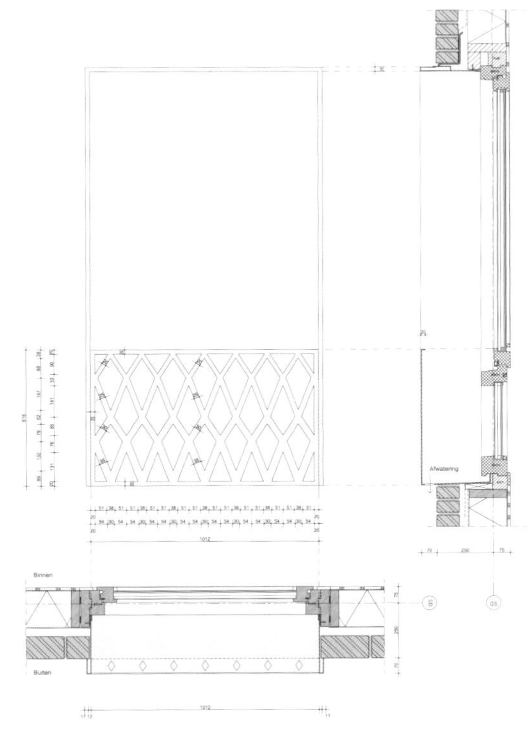

1:10

室内

该项目包括 26 个公寓单位，视野通透，采光良好。

公寓设计： C.F. M ller Architects
竣工时间： 2012 年

项目地址： 英国伦敦
场地规模： 20 000 平方米

楼 层 数： 12
开 发 商： ODA（伦敦奥运交付管理局）+ LendLease

伦敦奥林匹克村 N13 公寓：生态住宅

该项目位于伦敦奥林匹克村 4 区第 13 个地块。地块呈不规则状，位于 Mirabelle Gardens 的最北端，位置突出，是从雷敦进入奥林匹克村方向的门面建筑。地块的不规则几何形状，成就了以多种角度对立的外立面。这样的朝向保证了每个立面都能在白天得到充分的采光。

设计突破

建筑最大化地利用了地块。通过一系列的仔细研究，设计团队将重点放在建筑的规模和边角细部，从而确定了它们的统一性。规整的绿化，与砖制的立面，相映成趣。临街的一面，也因为多角度对立立面组合的加入，变得活跃起来。公寓的室内空间很明亮，空气清新，窗窗有景，视野开扬。

商业突破

伦敦奥运村，是在英国伦敦市举办的第30届夏季奥运会为参加奥运会的运动员、教练员、官员、裁判、志愿者和工作人员等提供集中住宿的处所，是由 2 818 栋公寓组成的“迷你城市”。生活区共有11个居住区，每个居住区包括4至6栋楼，每栋楼大约有十几层高。该项目作为其中一座具有代表性的公寓，以其生态节能的优点，融合于整个区域。

Supporting Material
Plot N13, East Village

P/01

Fig 1 - Figure Ground Plan:

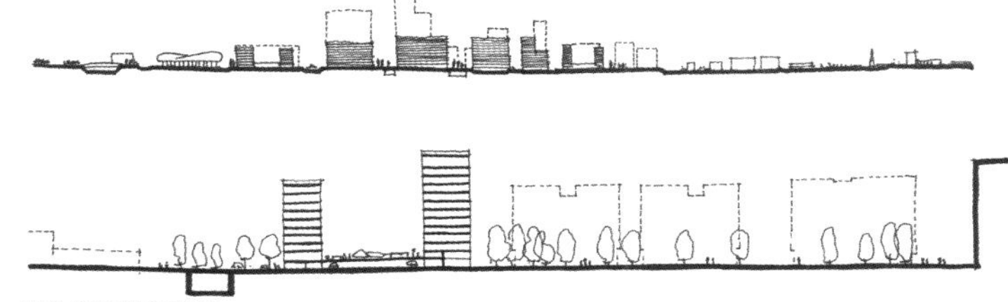

Fig 2 - Sketch Site Sections:
Preliminary studies identified the opportunity to respond and connect with the village's wider surroundings

C.F. Møller
Architects

景观

该项目的景观设计旨在创造城市林地，粗略来讲，就是类似于沃尔瑟姆福雷斯特和埃平森林最南边的区域。

设施

该项目作为奥林匹克村的一部分，旨在共同达到可持续住宅 4 级标准。为了达成目标，该项目使用了热回收、热性能强化，并利用整个街区的中央供暖系统和电源达到低能耗。此外，水资源的节约、砖制屋顶上的大片景观及生物多样性的开发，都是设计的一部分。

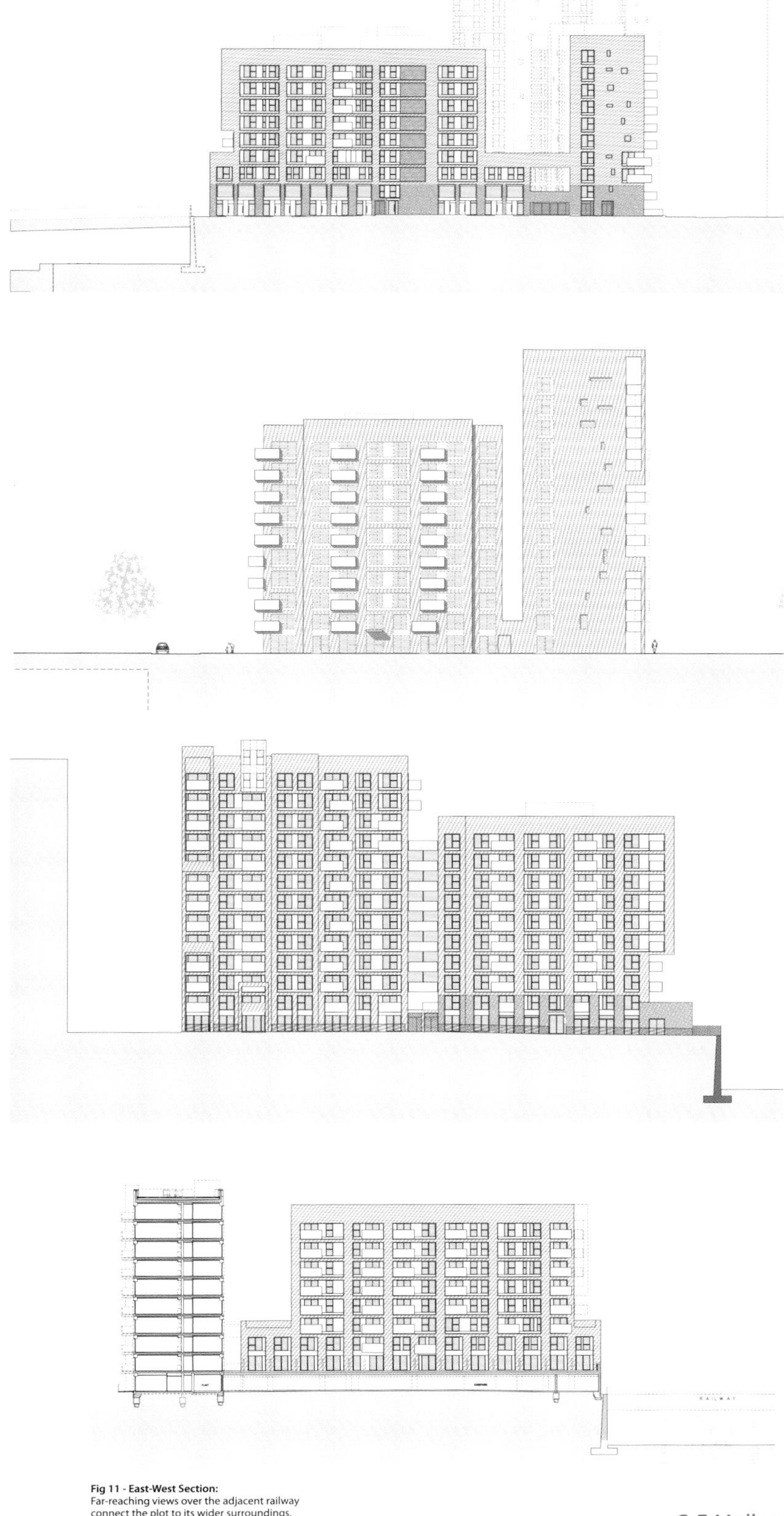

Fig 11 - East-West Section:
Far-reaching views over the adjacent railway connect the plot to its wider surroundings.

C. F. Møller
Architects

建筑

建筑自身沿着平台层的花园构成了一个不规则的围合。四个主要的通道为各自的建筑服务。该项目混合了市场房和社会住房，但是却在设计上特意模糊了两者的区别，在立面上更是看不出两者的分布。说到立面，设计团队选择了色彩简单、高质耐用的材料，营造出简约而素雅的立面氛围。于是，浅色的 Petersen Tegl D71 砖成为了最佳选择。砖块和白玻璃纤维混凝土，框住了立面上的开孔，并以一定的秩序砌成了完整的体量。

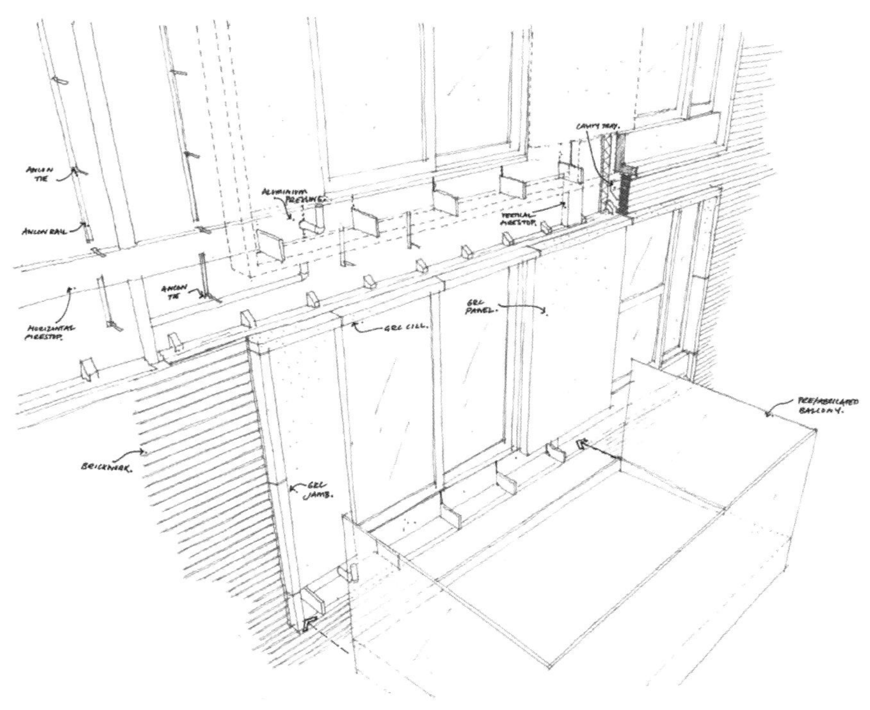
ANCON TIE
ANCON RAIL
ALUMINIUM PRESSING.
CAVITY TRAY.
VERTICAL FIRESTOP.
ANCON TIE
HORIZONTAL FIRESTOP.
GRC PANEL.
GRC CILL.
PREFABRICATED BALCONY.
BRICKWORK.
GRC JAMB.

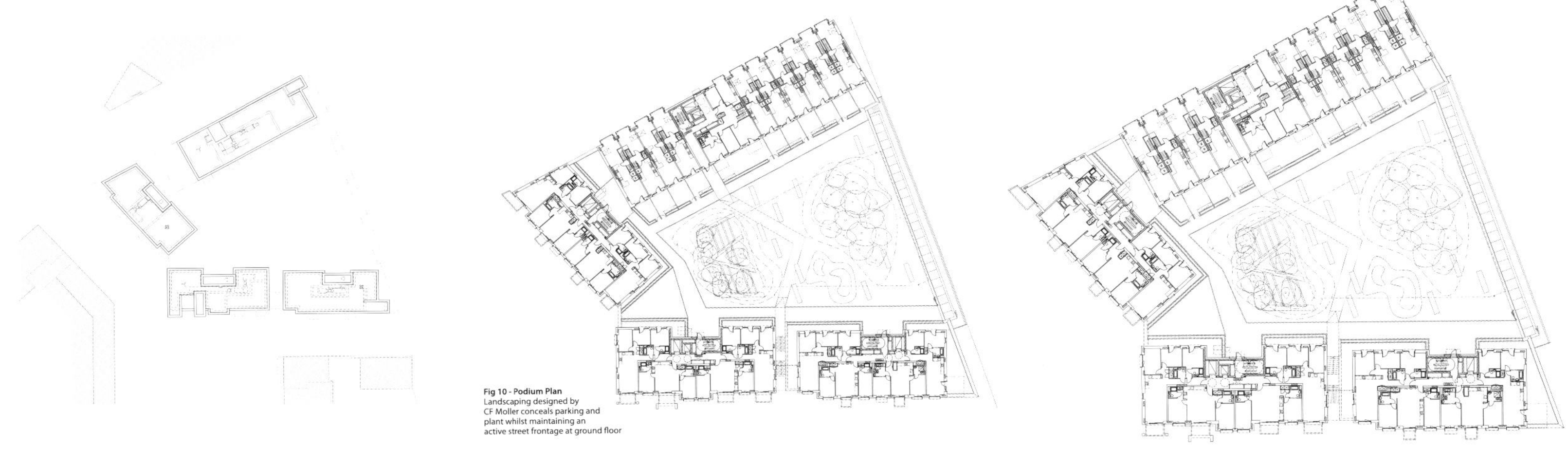

Fig 10 - Podium Plan
Landscaping designed by CF Moller conceals parking and plant whilst maintaining an active street frontage at ground floor

室内

大多数社会住房都以三层排屋的形式位于建筑的首层，从而进一步通过入口和街对面的绿地激活建筑的临街区域。

公寓设计： Zechner & Zechner ZT GmbH
竣工时间： 2010 年

项目地址： 奥地利维也纳
场地规模： 9 200 平方米

楼层数： 7
开发商： IC-Pojektentwicklung GmbH

Stella Zwei 公寓：光影游戏

该项目位于维也纳第二街区的 VIERTEL ZWEI，毗邻城镇中心都市名胜。沿着基础设施和交通枢纽，STELLA ZWEI 提供了大量的开放空间。建筑立面由深灰色的石棉水泥构成，开放区域的白色凉廊也对建筑起到了很好的点缀作用。

设计突破

首层的玻璃大厅横跨整个地块，提供了开放的美景，并通向其上的七个楼层。顶层呈嵌壁式，覆盖着明亮的铝制镶板，与其他楼层产生了有趣的对比。退后式的处理，减少了建筑的视觉高度，并为空中豪宅单位创造了巨大的平台。顶层共设置了 6 个空中豪宅单位，面积从 98 平方米到 158 平方米不等。

商业突破

节能建筑、自然绿化和开放水体的完美结合，是该项目的一大亮点。在这样的住所，窗台、阳台、走廊，处处都是观景台；回家的路、家门口处，尽是风景地。光影结合的立面，呈现出丰富的视觉效果，与波光粼粼的水面相映成趣。作为人与住宅与环境高度和谐的高端居住产品，该项目树立了现代化的人居榜样。

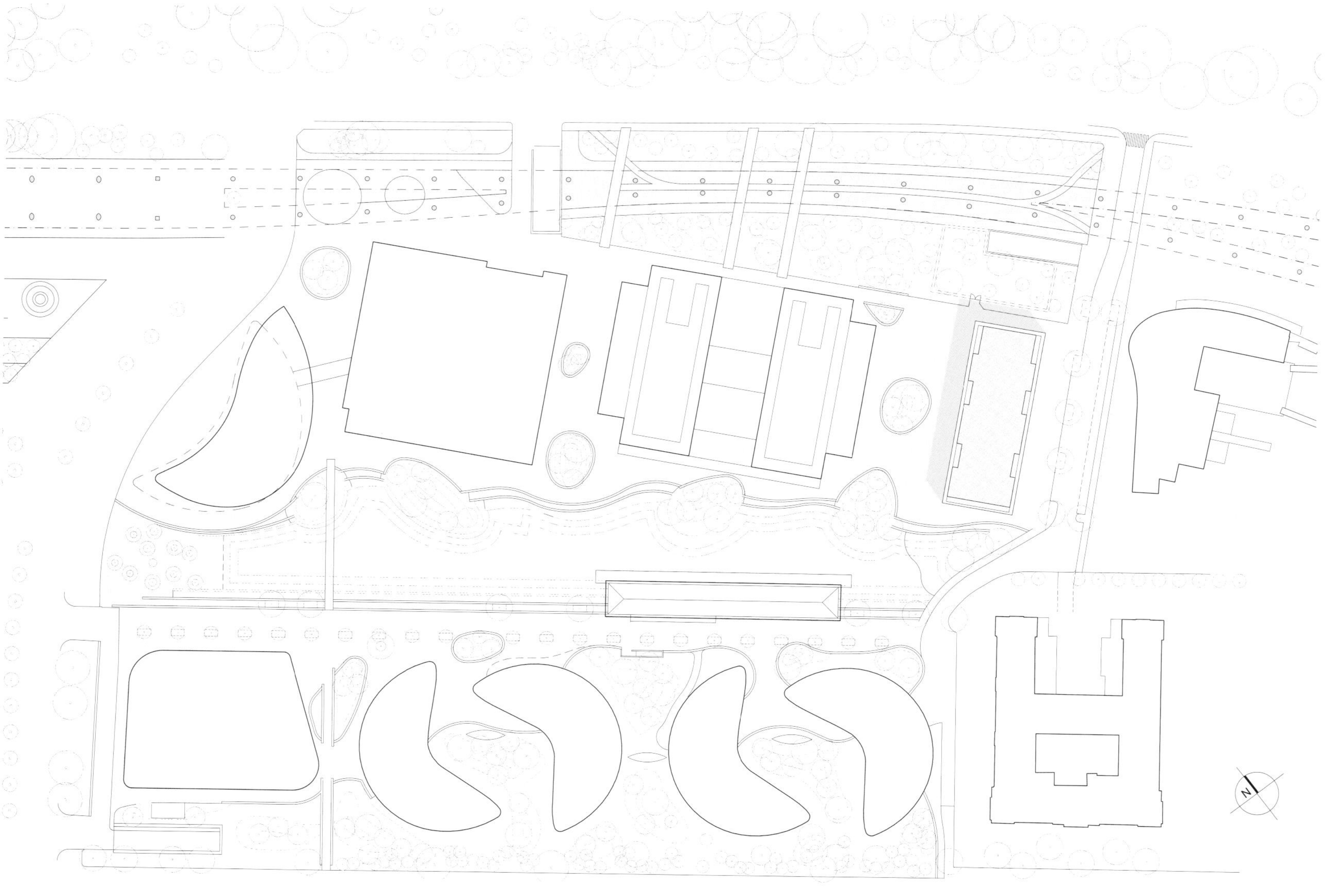

Elevetion Stella Klein Löw-Weg

建筑

建筑的外形由随意布局的凉廊决定。有的凉廊甚至跨越了两个楼层。这些亮色空间直接切入建筑灰色的楼体，创造出更加生动多变的立面。统一的楼层布局也因为这样的设计产生变化，并表现在立面上，形成对比。这样一来，里面就像是内部空间的图注。整个立面瞬间变成了光与影、内与外的游戏平台。

0 1 2 3 4 5m 10m 15m 20m

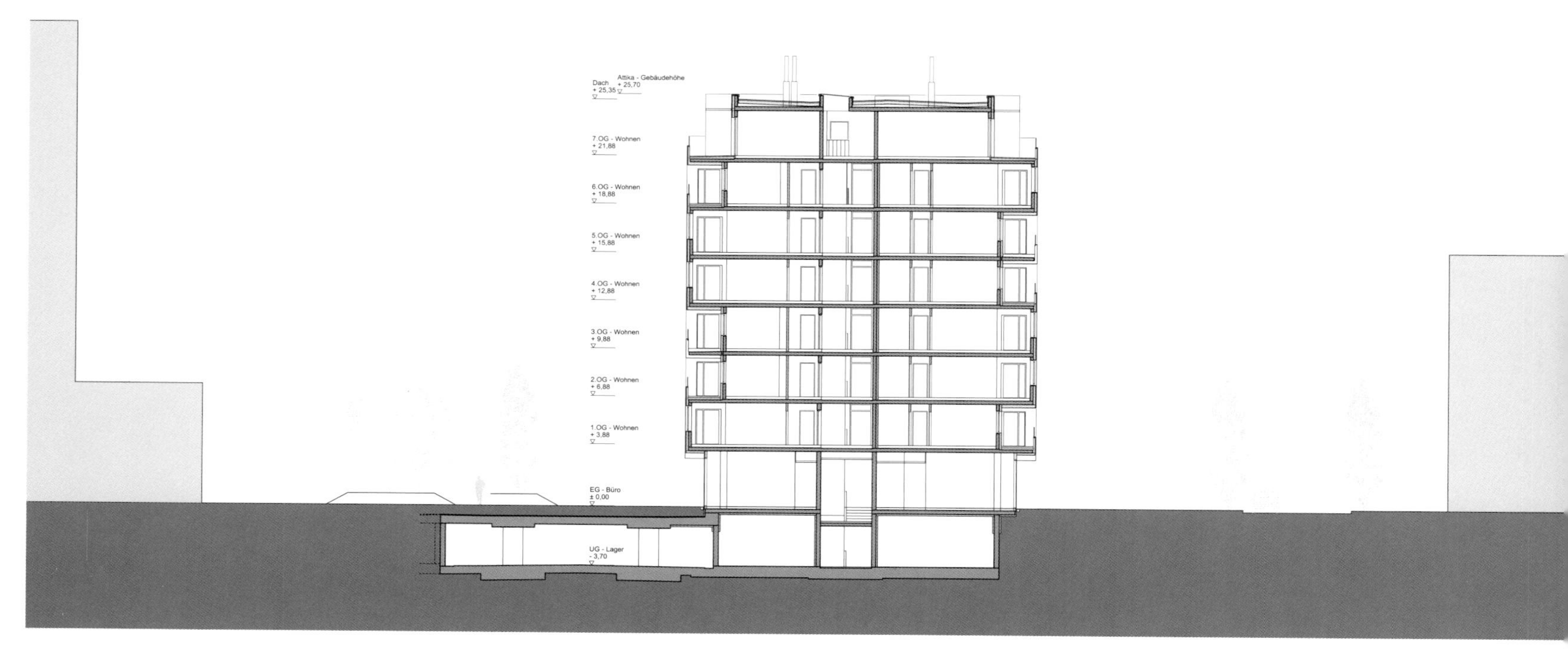

Section

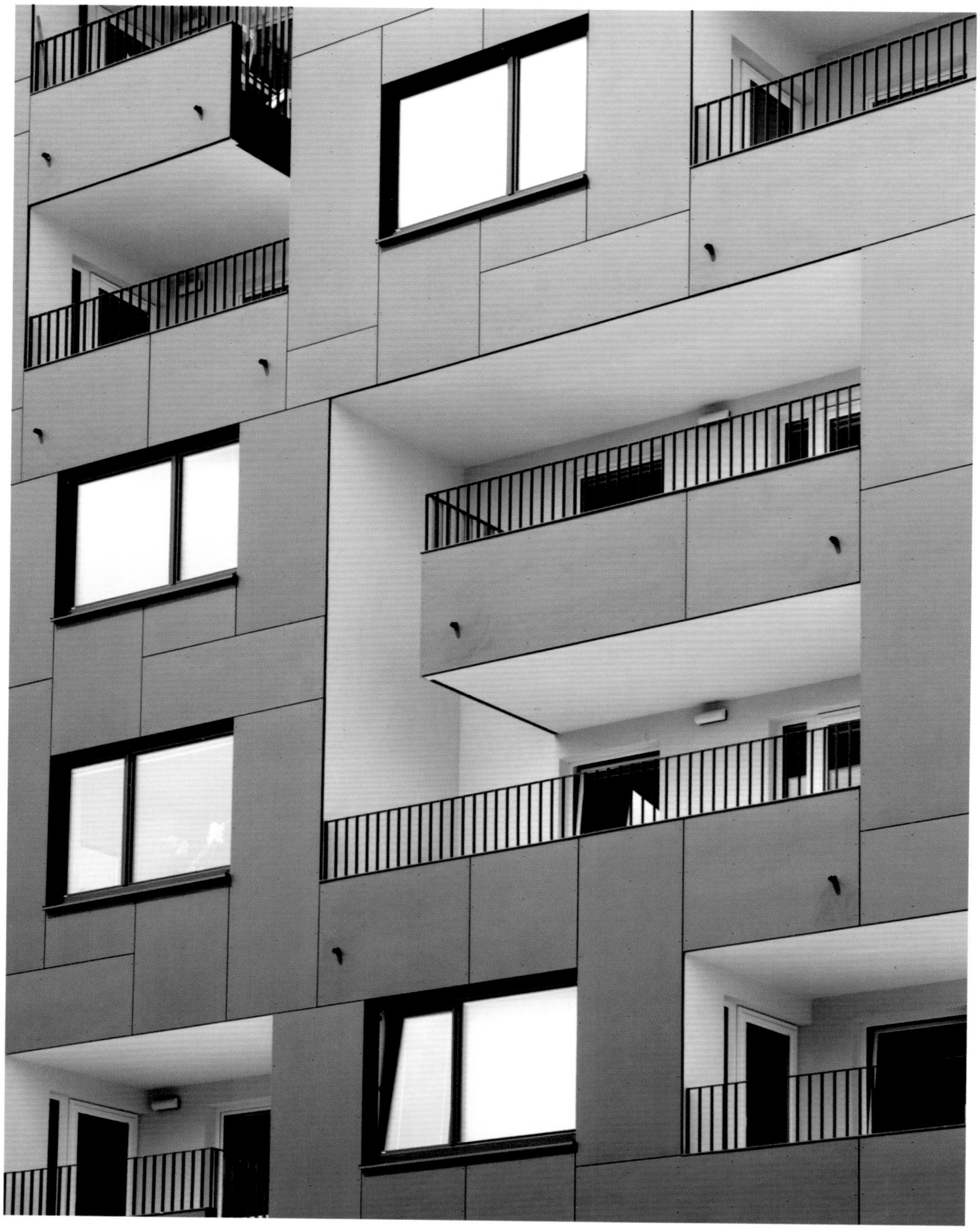

景观

景观布局、水体的运用、绿化空间的设计，为项目内的生活和工作提供了舒适的环境。

设施

首层空间透明面向湖水。这里设置了公共设施，如废物处理室、自行车库、儿童娱乐区、现代设施齐全的办公区等。

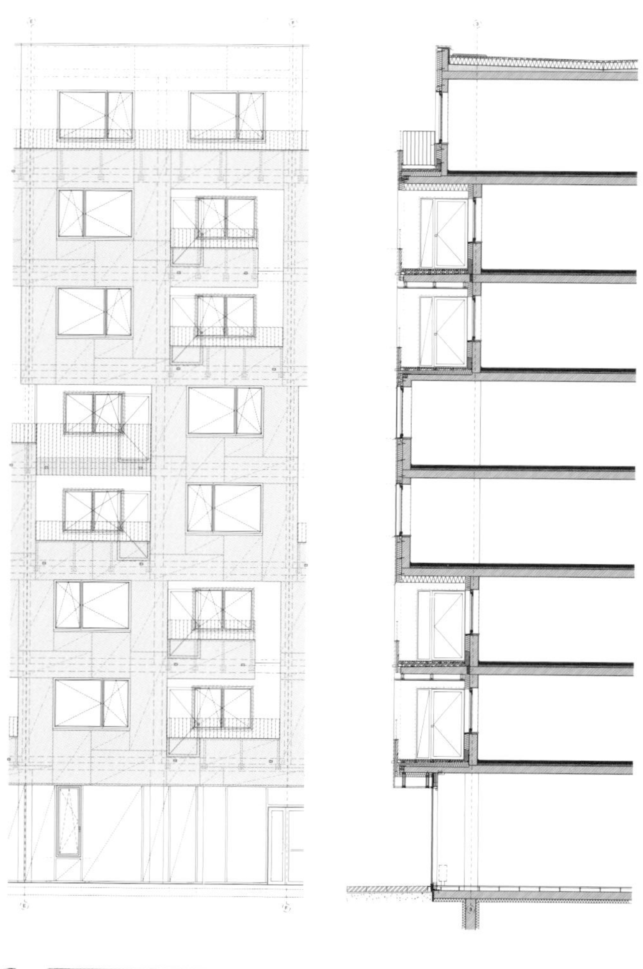

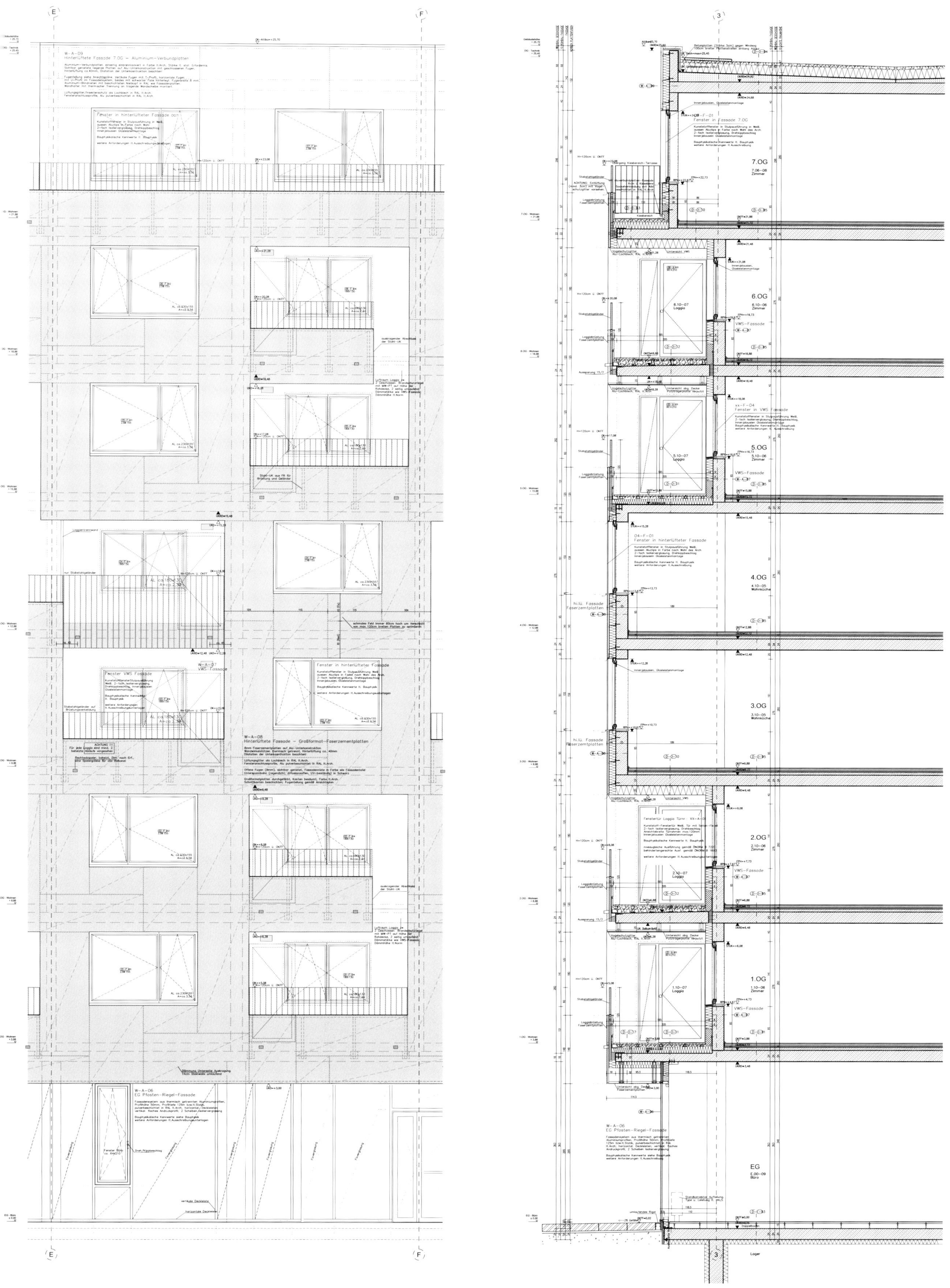
W-A-09
Hinterlüftete Fassade 7.OG - Aluminium-Verbundplatten
W-A-08
Hinterlüftete Fassade - Großformat-Faserzementplatten
W-A-06
EG Pfosten-Riegel-Fassade
7.OG
6.OG
5.OG
4.OG
3.OG
2.OG
1.OG
EG
VWS-Fassade
hi.lü. Fassade
Faserzementplatten

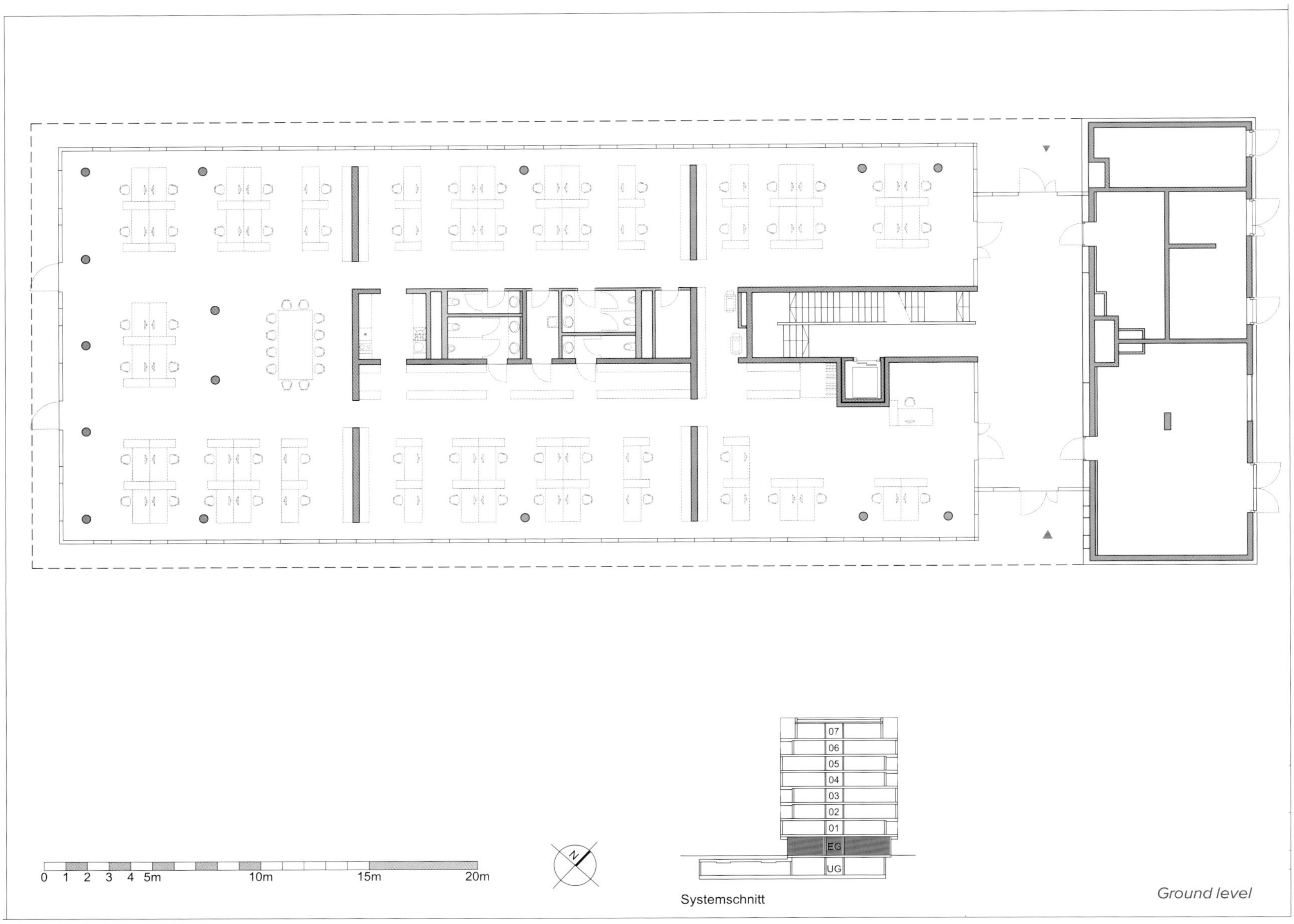

07
06
05
04
03
02
01
EG
UG

0 1 2 3 4 5m 10m 15m 20m

N

Systemschnitt

Ground level

1st floor

室内

除去首层，其上的 6 个楼层及楼顶区域，都布置了节能环保的公寓单位，共 4 个不同的户型——50 平方米、70 平方米、90 平方米及 155 平方米的楼顶公寓。

公寓设计： X-TU Architects
竣工时间： 2012 年

项目地址： 荷兰阿姆斯特丹
场地规模： 16 460 平方米

楼层数： 12
开发商： Toit & Joie + Logipostel

Apartment Blocks in Nanterre: 将体量嵌入场地

该项目的设计灵感来源于建筑项目本身的地势规格，具有强烈的垂直分裂感，犹如一个断裂的地平线。在建筑南面有 6-10m 宽的开放区域，是用分裂碎片组合而成的设计，周围用种植的植被来划分，在阳台和散步场区域建立了一个透明的主体设计。

设计突破

各个体量上凹陷的黄色图形，支离破碎且形态各异，看起来像是在普通材料上雕琢的图案，但也构成了一种景观。建筑自由地划破城市的天际线，每一个体量都根据需要耸立入云——这种体系源自个体的增殖和包容。分离的体量底部相连，将这座垂直景观统一起来。

商业突破

该项目与众不同的地方，是为人们提供了一种具有选择性和参与性的生活体验，甚至是冒险。外墙温室可供住户共享美食，也可以种植花花草草。孩子们可以在此自由嬉戏。屋顶的蔬菜花园，蜜蜂在植被间穿梭。人们可以在此种植蔬菜或是邻里聚会，夜晚还可躺在草地上探索星空。于是，邻里之间的互动被最大化。

景观

该项目为人们提供了一种具有选择性和参与性的生活体验与冒险：外墙温室可供人们共享午餐，可饲养花草，可供孩童嬉戏；屋顶甚至还有蜜蜂出没的蔬菜花园里可供人们聚会，开展园艺活动，探索星空；邻里之间可共同分享很多乐趣。

建筑

沿着 Avenue des Terrasses 街道，建筑的底层采用了连结单栋结构，建立了一个坚实的地基，并通过南面的外观材质和内部的装饰来加强垂直感。南立面上，一个竖直方向的碎片连接着不规则的主裂缝，与北向立面自然呼应，并透过裂缝引入自然光照。植入的断层将体量垂直分割，切割线则构建了楼层体制，也为阳台和走廊提供了自然光照。南向立面同内部断层之间的材料对比突出了这些垂线。南向立面连续的玻璃幕墙，冬季保暖，夏季通风。各个体量上凹陷的黄色图形，支离破碎且形态各异，看起来像是在普通材料上雕琢的图案，但也构成了一种景观。

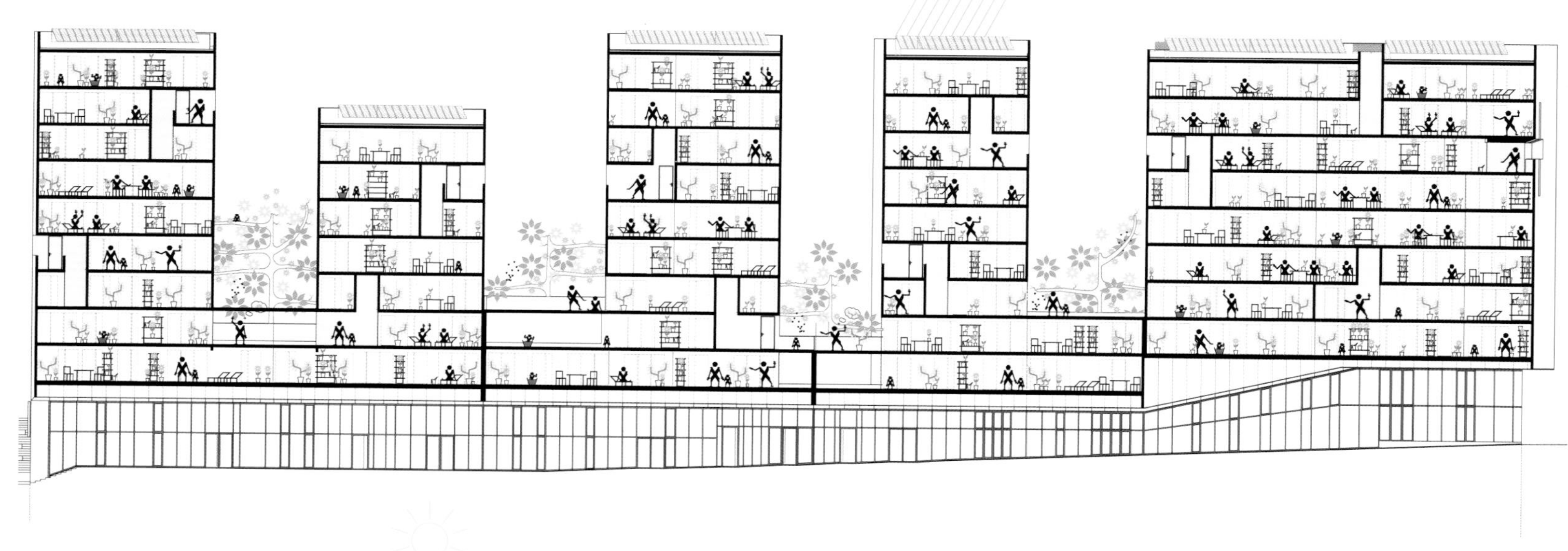

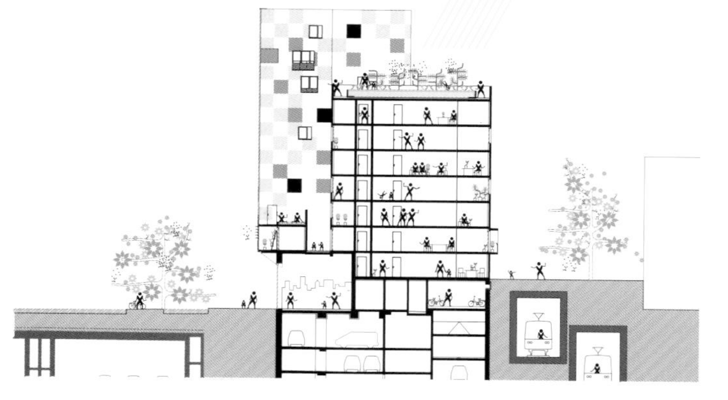

室内

根据建筑本有的地势和构造，设计了双层的外观建筑墙面，减少室内阳光直射，增加室内空间，扩大了公寓的可实用性。同时在房间与房间之间设置了凉亭，可以阻隔噪音，方便行动。

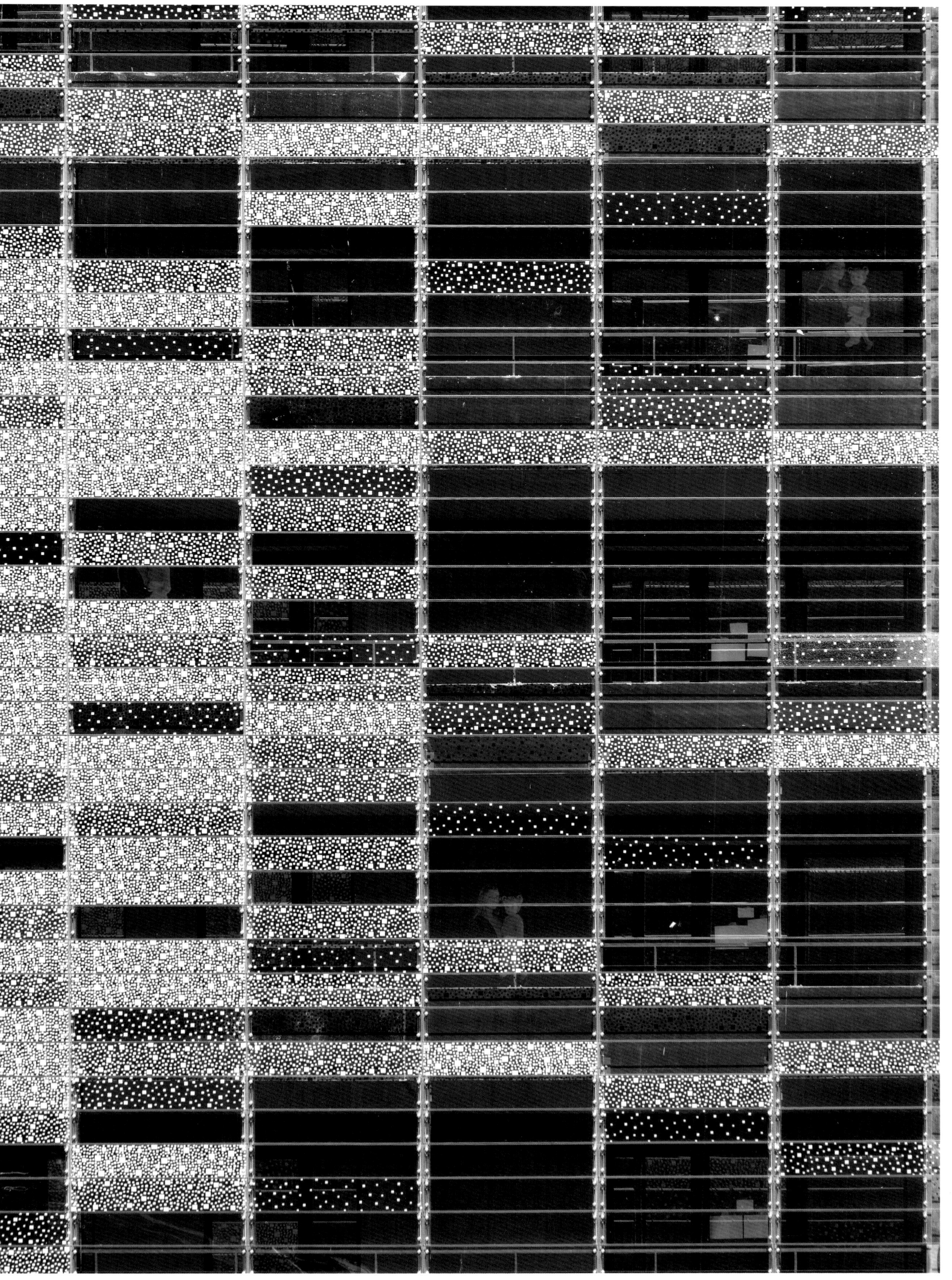

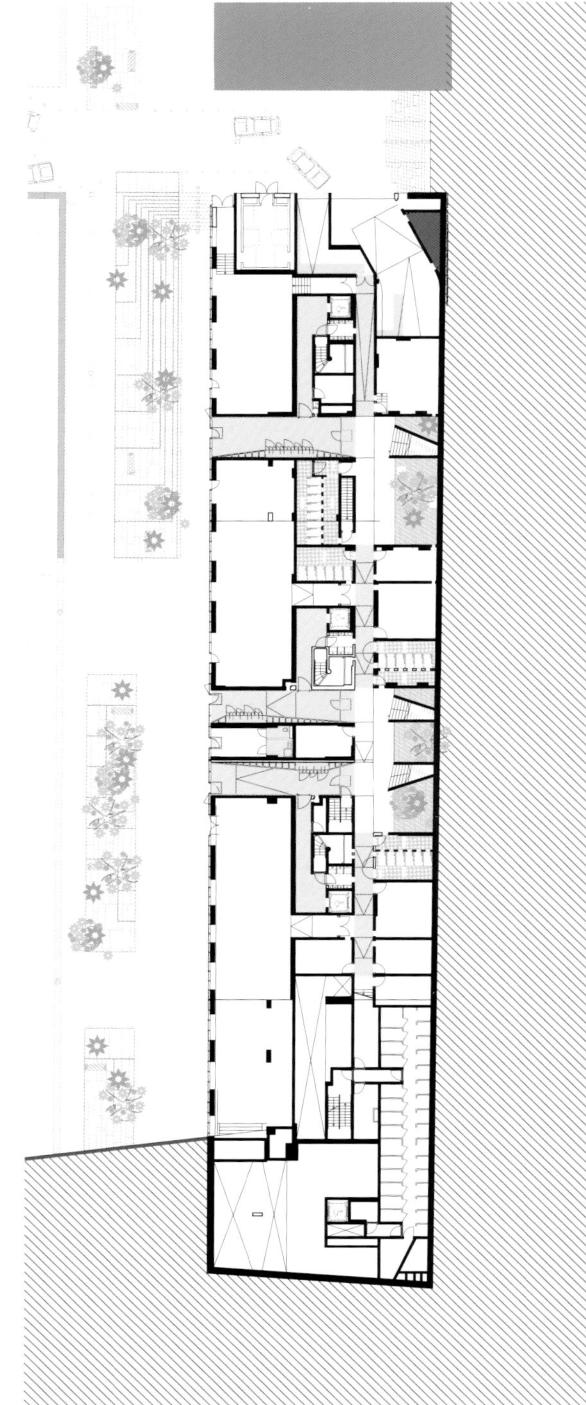

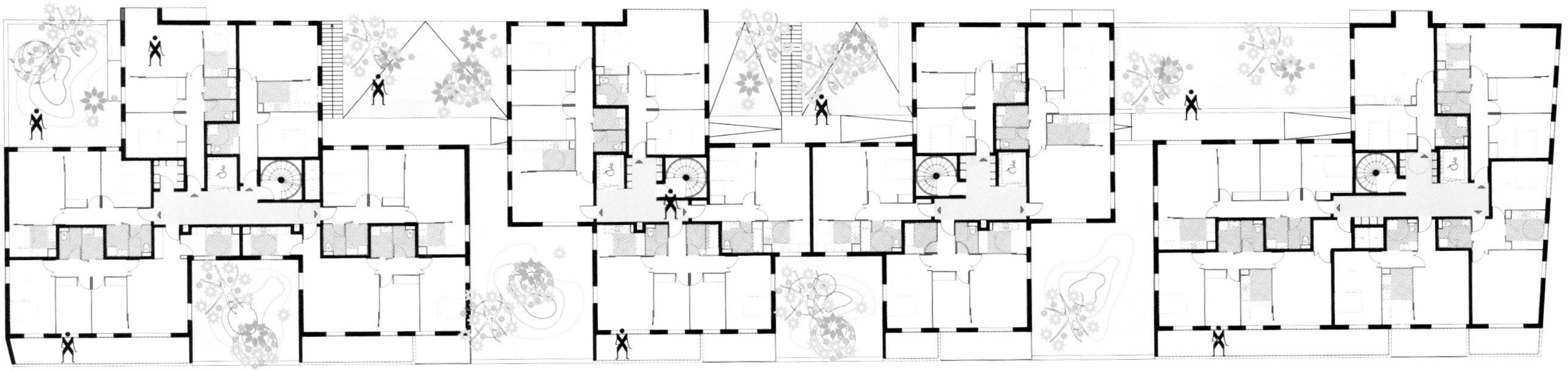

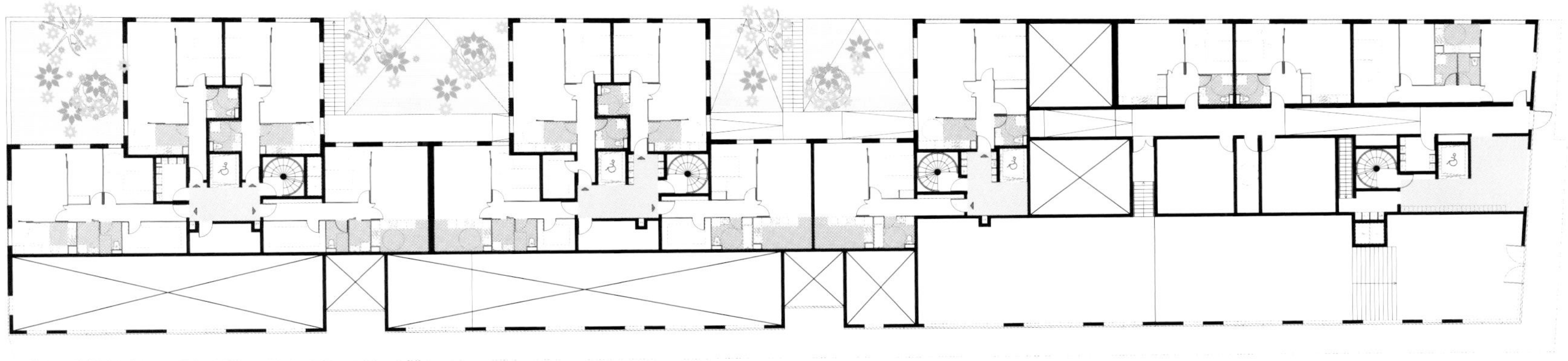

设施

项目的南面设计了一个玻璃温室房，在冬季十分温暖，夏季又可以提供清新空气。

公寓设计：Hamonic + Masson
竣工时间：2011 年

项目地址：法国巴黎
场地规模：4 002 平方米

楼层数：11
开发商：Paris Habitat

VILLIOT RÂPÉE 公寓：盘蛇

离巴黎的里昂火车站不远处，坐落着这栋 Villiot-Rap é e 公寓。在这条由 Louis Arretche 设计于上世纪六七十时代的商业街道上，该公寓建筑紧邻塞纳河和旧有的主要住宅区。然而自过去十几年以来，这块区域一直是 Paris-Habitat OPH 主导的拆除重建项目的主体。这个由 Hamonic + Masson 建造的 Villiot-Rap é e 公寓隐匿在这个街区中间，除了穿透 7 层楼高的大厦组合外墙的入口以外，还可从 Villiot 街看到这栋公寓。另一侧，高大的写字 楼将该公寓隔绝在梵高街的视野之外，仅从 Quai de la Rap é e 透过新近的住宅建筑群偶尔交错的缝隙中可得见一瞥。 整个项目包括两栋公寓，一栋 11 层，一栋 8 层。

设计突破

该项目包括两幢公寓大楼，显得独树一帜的原因不仅由于它们的高度，更在于它们的移动姿态：一幢与另一幢相交结合，二者的相似性创造出一种流动的形态，与地面相连。每套住宅都设计了一条门廊（或称露台），可用于日常生活。它环绕着住宅外围，给住户一种生活在户外的感觉。这种“溢出来的花园”设计将建筑与外部环境紧密连接。

商业突破

这块用地占据着独特的优势：远离城嚣，车辆极少、场地空旷、光线充足。项目秉承了同居同乐的新理念。主要是基于开阔的私人（阳台）与公共（地坪面积）户外空间，以及对独立式住宅（已经从巴黎永远地消失）优势的推断——即拥有自己的建坪面积，从而扎根于这片土壤。每一层楼、每一套住宅的基地都不同，以此适用于不同的实际需要。

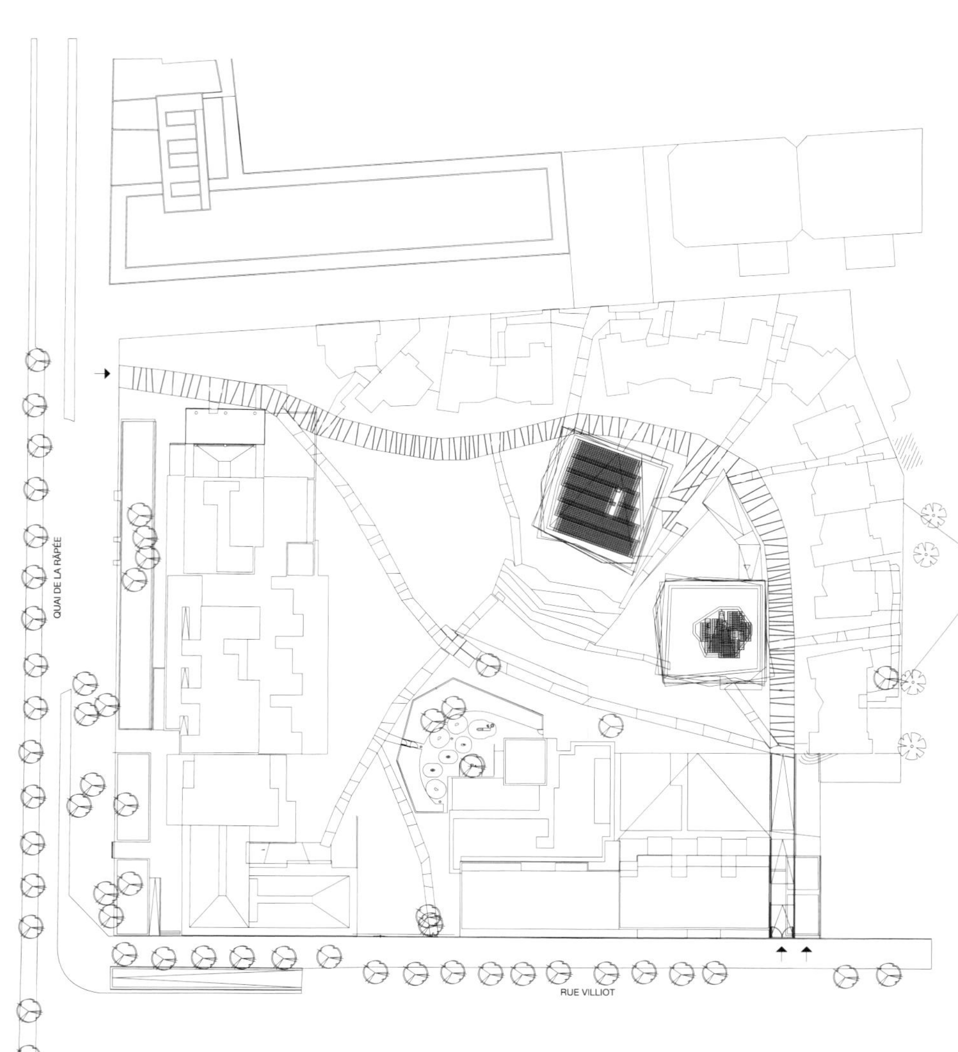
QUAI DE LA RÂPÉE
RUE VILLIOT

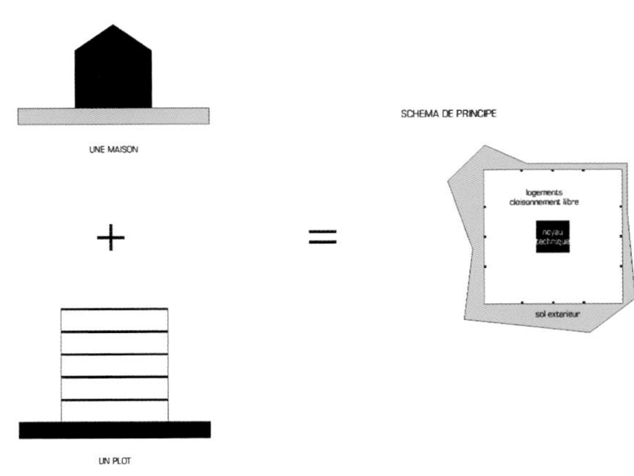

MAISONS PLOTS IMMEUBLES

DYNAMIQUE STATIQUE

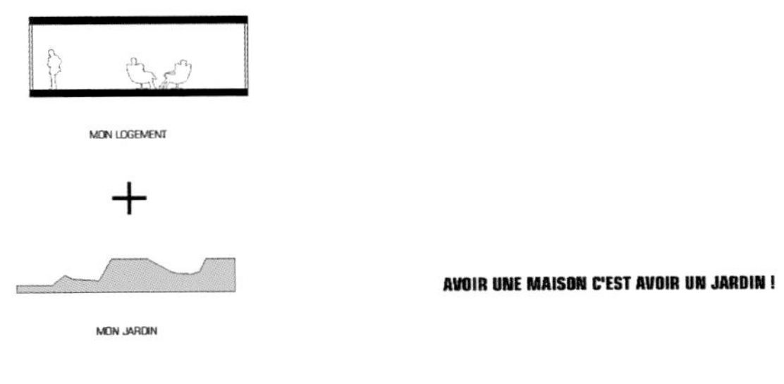

=

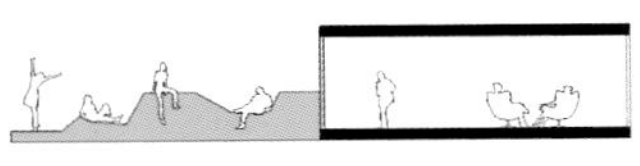

MA MAISON

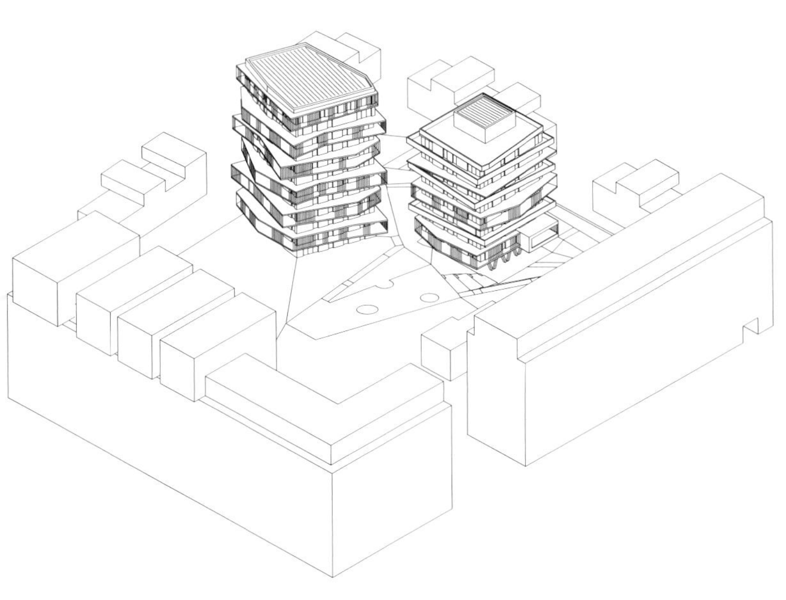

建筑

建筑位于整个地块的边缘，密集度随着高度递增。由于地块是被包围的，所以为该项目带来了许多区域优势，如远离尘嚣、高密度的车流，让家的感觉更为突出。这样的地理位置也为首层空间的开放性提供了机遇。当然，它同样也是一个挑战。周围建筑密度已几近饱和，外形如同装甲的战士，这就迫使该项目需要跳出传统、与众不同。

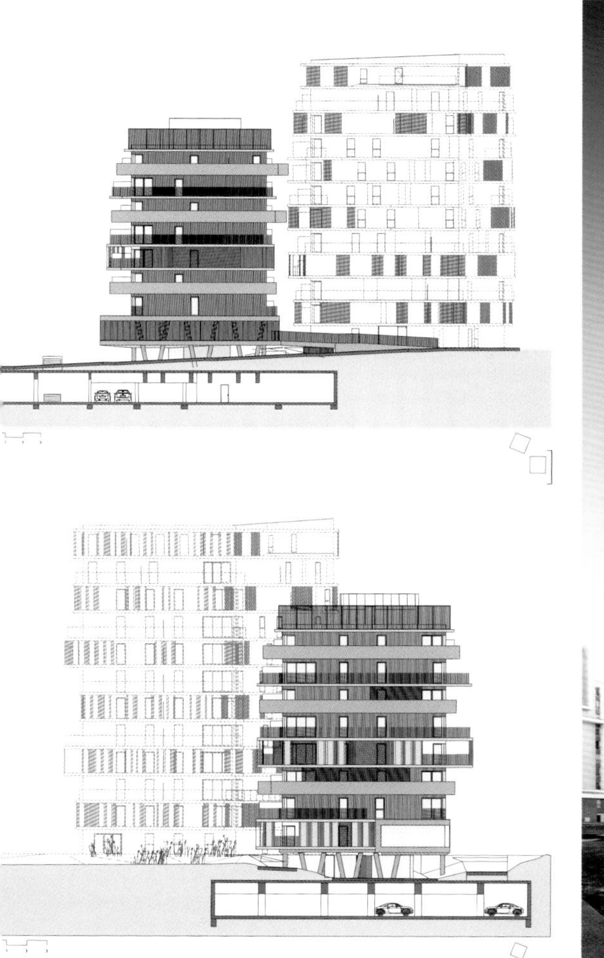

景观

景观小径开始于 Villiot 街一面的入口，一路蜿蜒至 **Quai de la Râpée** 的消防通道。这样的绿色路径，由软材料制成，一路被植被点缀着。

室内

每个楼层和每个楼层的住宅单位，都各有不同。比如阳台，或者说是走廊，它已经突破传统，弯曲着从室内伸出，包裹着住宅的外部，给住户一种生活在户外的感觉。这种“浇筑式的花园”将建筑的户内和户外紧急链接在一起。各个住宅单位围绕着主结构轴排布。主结构轴主要的功能是内部交通，设有楼梯和电梯。每个楼梯服务 3 到 4 户。只有结构轴和立面是可以承重的，也就是说平台是开放的、楼层平面是可以翻转的。

设施

微气候的设置和消声系统同样出色。此外，独立于内部楼面的“真正的户外空间”，也创造出独特的相对闭合的阳台和相对开放的凉廊，环绕着楼体的四周，就像是蜿蜒的蛇纹。

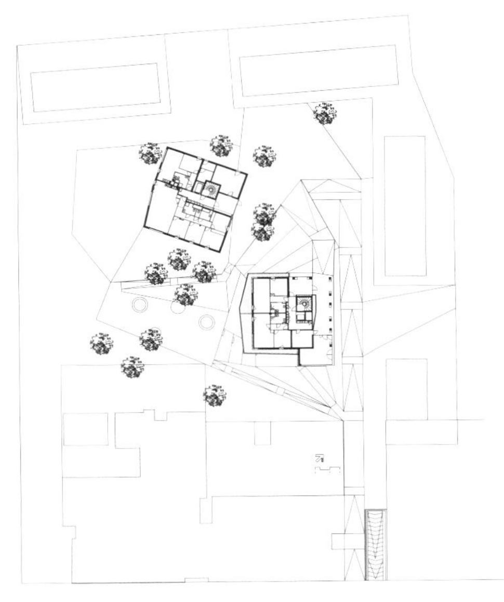

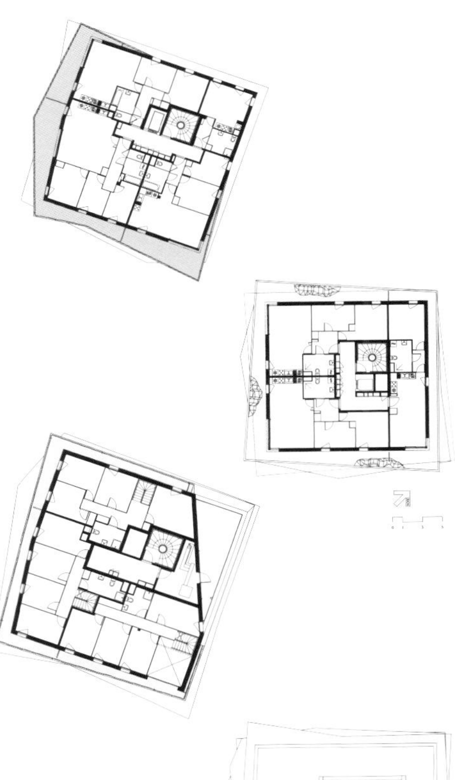

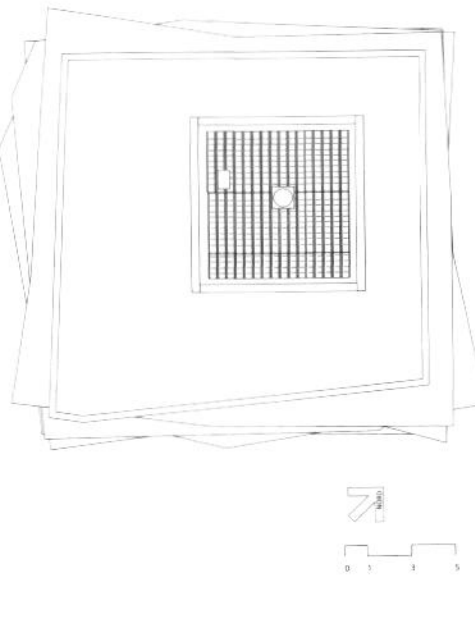

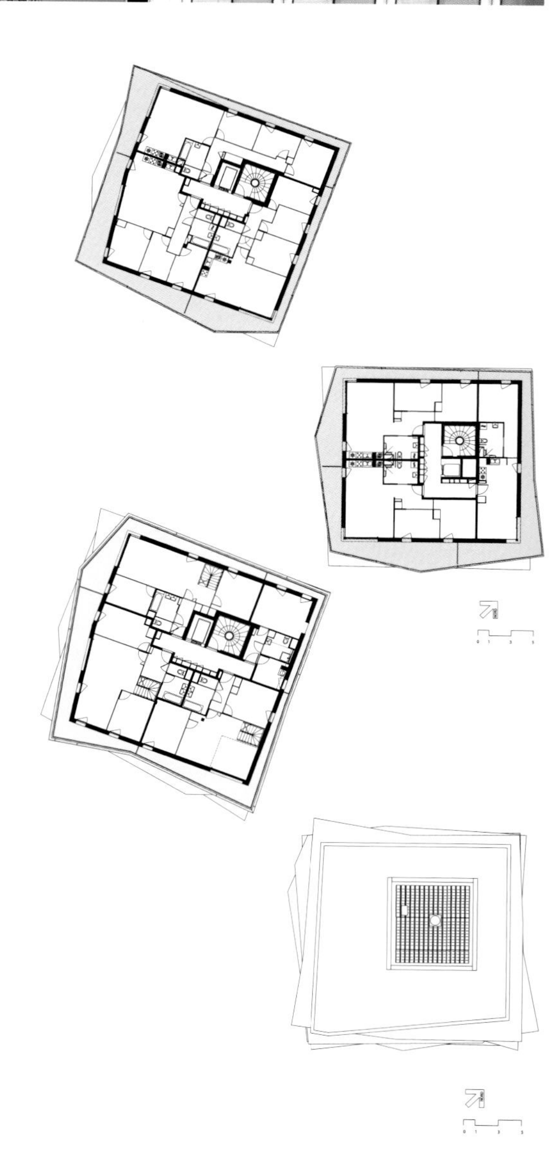

公寓设计：PATTERNS + MSA
竣工时间：2012 年

项目地址：阿根廷罗萨里奥
场地规模：1 350 平方米

楼层数：9
开发商：Private

Jujuy Redux 公寓：表皮的关节

这个中等高度的公寓楼位于阿根廷罗萨里奥。作为设计团队在阿根廷设计的第二栋公寓建筑，它展现了团队对城市住房的重新审视和进一步开发。项目位于角落地块，旨在复兴这个街区的城市活力。而建筑具有曲线感的造型，到了街角的位置悄然透明化立面，使得每间公寓的视野都可以跟楼下街景结合。

设计突破

这栋垂直的公寓大楼，又称 PH（即西班牙语中的“ropiedad horizontal”或英语中的水平物业，是合乎垂直住宅之标准的术语）。住户都是年轻情侣和学生。本楼的电梯和楼梯位于大楼的中央部位，楼的核心部位是由现浇式预应力混凝土筑成，而四周的大柱子则通过网状横梁与中央部位相连，它们不仅分担了大楼的重量，更加强了大楼的稳固性。

商业突破

此项目由 14 个公寓单元组成，每个单元都拥有两个卧室和两个浴室。这个暗含经济投机性质的项目，也许是阿根廷看似最不明智的一个建筑组合。不可否认，过于细分的城市格局使得未来的建筑面积变得越来越狭窄，这种不可抗的现实制约力的确钳制了设计的发展。但是该项目却在有限的条件下做到了大胆的尝试。

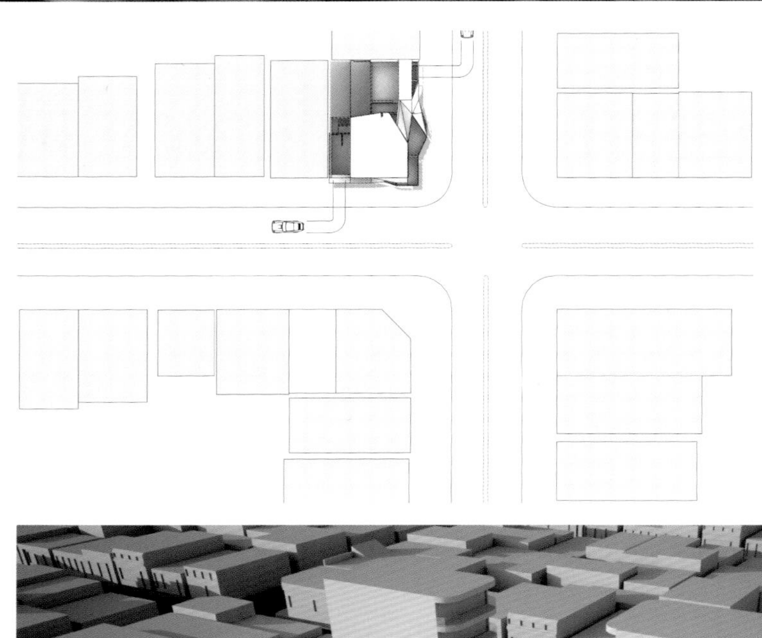

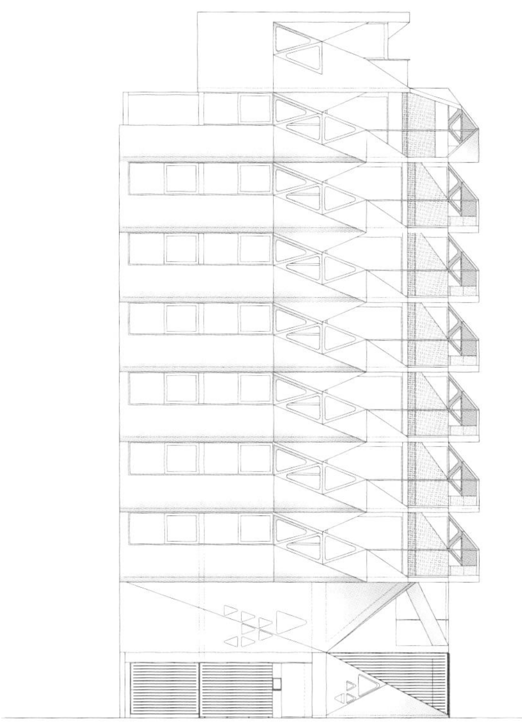

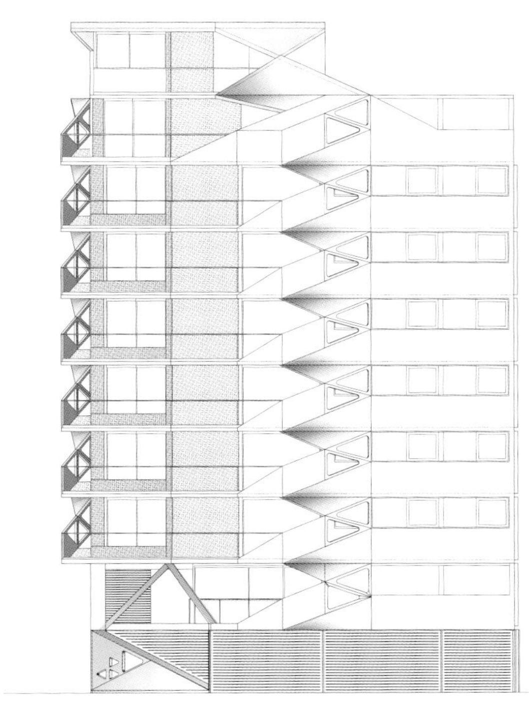

设施

项目首层设有 10 个停车位，第八层的户外休闲区设有共用平台。立面的对角差异排列强化了屋顶层。逐渐变小，形成“尖端”的楼顶层，包括了一系列机械放置、位于角落的复式单位、设有日光浴室和半遮挡的 BBQ 房的共用平台。这些区域共享城市美景和河滨风光。

景观

该项目毗邻历史城镇和巴拉那河河岸，享有宽敞的街区、充裕的绿化和低密度的文化遗址，对于年轻的家庭和学生，是难得的理想居所。

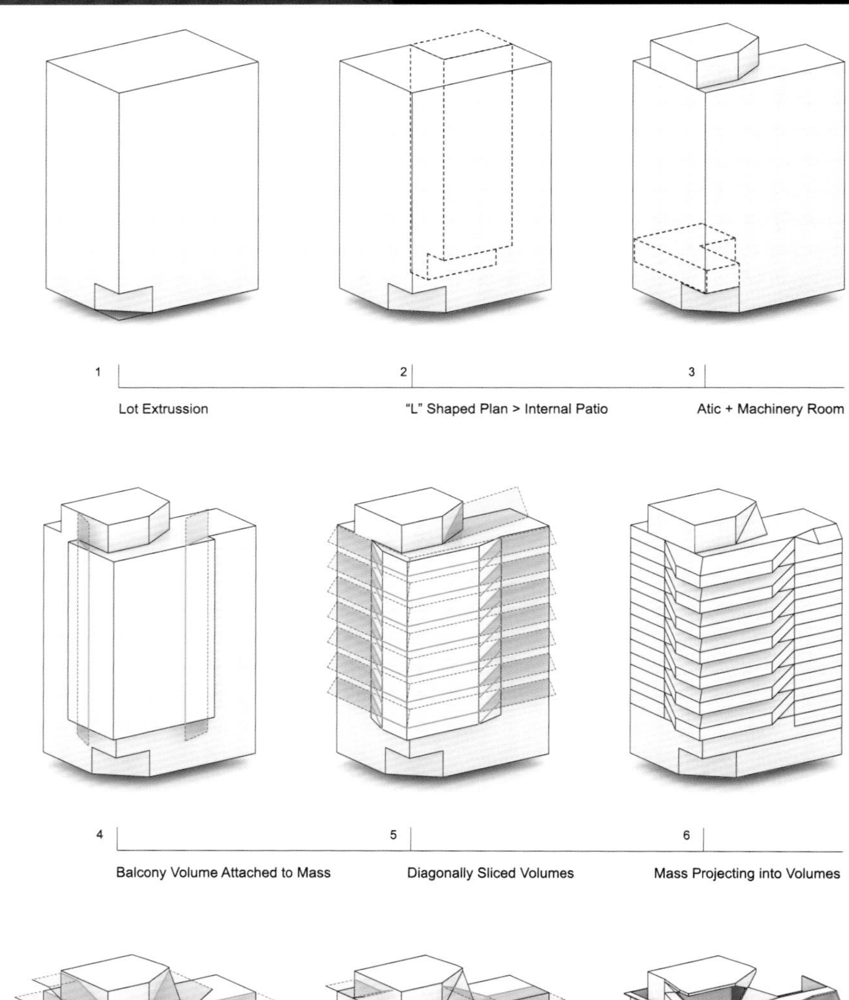

建筑

刷白的建筑表皮，加上传统风格的条状细部和装饰物，散发着历史气息，让人一下子便联想到 19 世纪的建筑。但是，这种白色稍显不同——当地材料的灵活运用赋予了建筑可塑性，或高或矮、或深或浅的处理，使得白色脱离纯粹，更加多样化。呼应阳台的几何形状的同时，立面上三角形开口完善了建筑内部的采光、自然通风及视野效果。

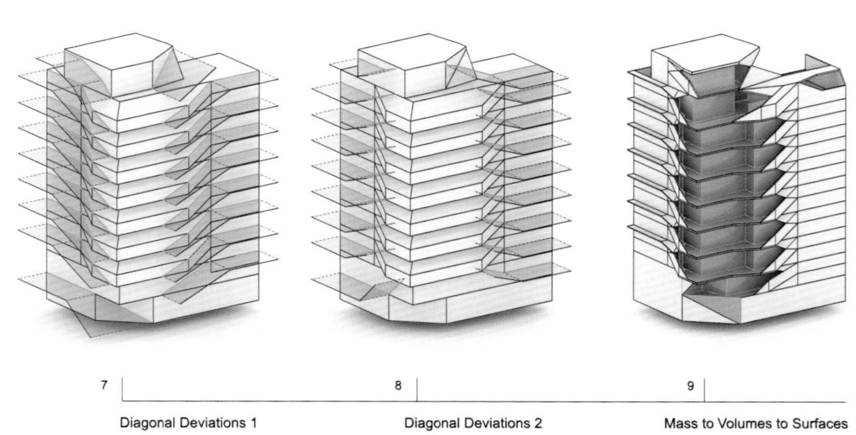

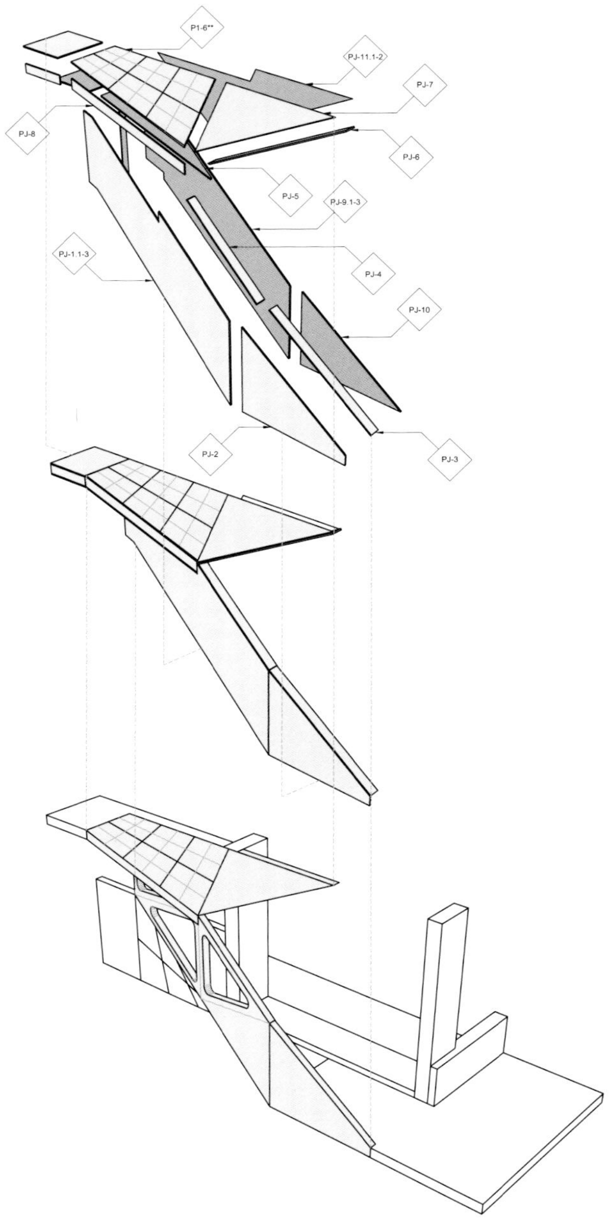
P1-6**
PJ-11.1-2
PJ-7
PJ-8
PJ-6
PJ-5
PJ-9.1-3
PJ-1.1-3
PJ-4
PJ-10
PJ-2
PJ-3

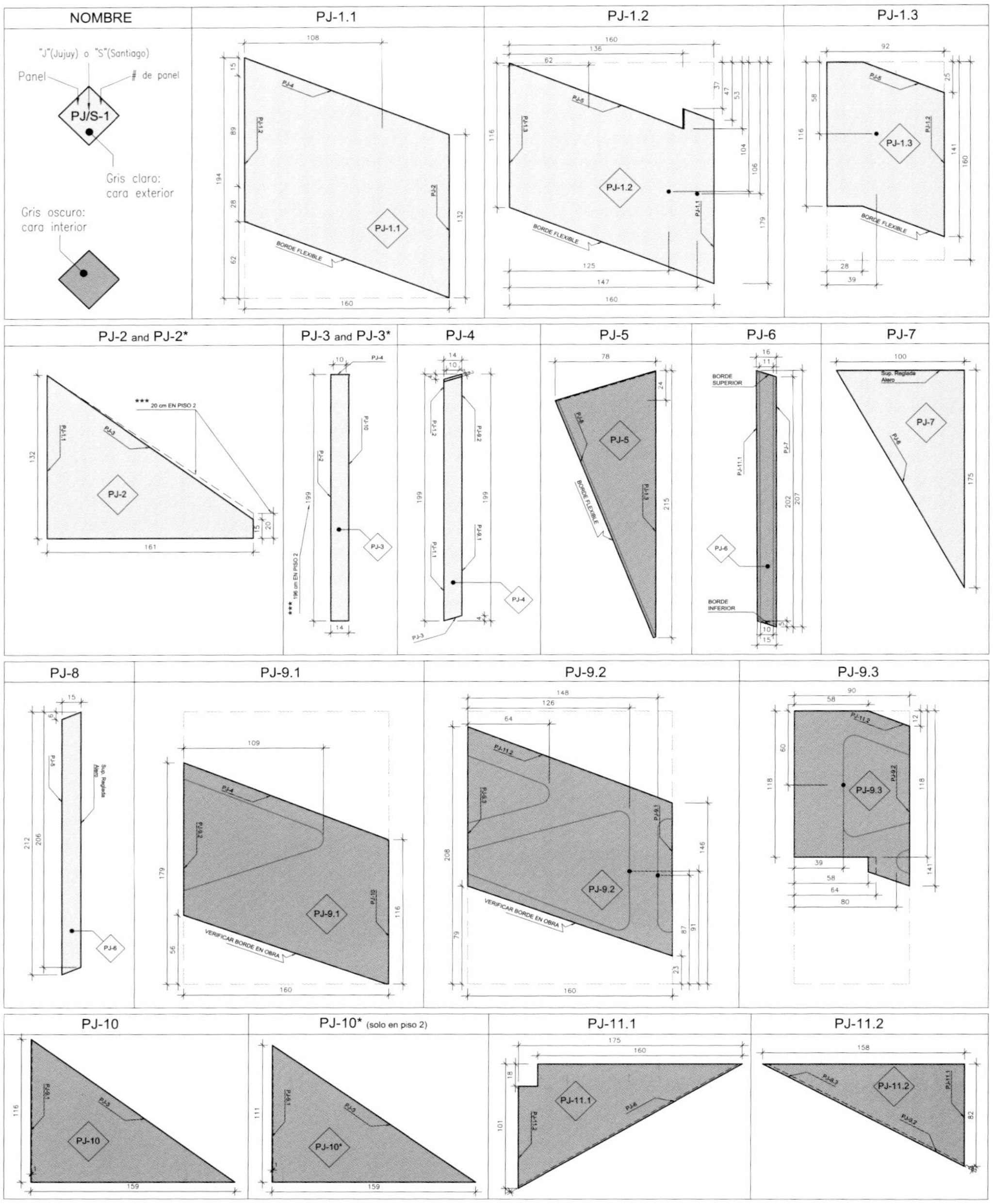
NOMBRE
"J"(Jujuy) o "S"(Santiago)
Panel
de panel
PJ/S-1
Gris claro: cara exterior
Gris oscuro: cara interior
PJ-1.1
PJ-1.2
PJ-1.3
BORDE FLEXIBLE
PJ-2 and PJ-2*
20 cm EN PISO 2
PJ-3 and PJ-3*
PJ-4
PJ-5
PJ-6
BORDE SUPERIOR
BORDE INFERIOR
PJ-7
PJ-8
PJ-9.1
VERIFICAR BORDE EN OBRA
PJ-9.2
PJ-9.3
PJ-10
PJ-10* (solo en piso 2)
PJ-11.1
PJ-11.2

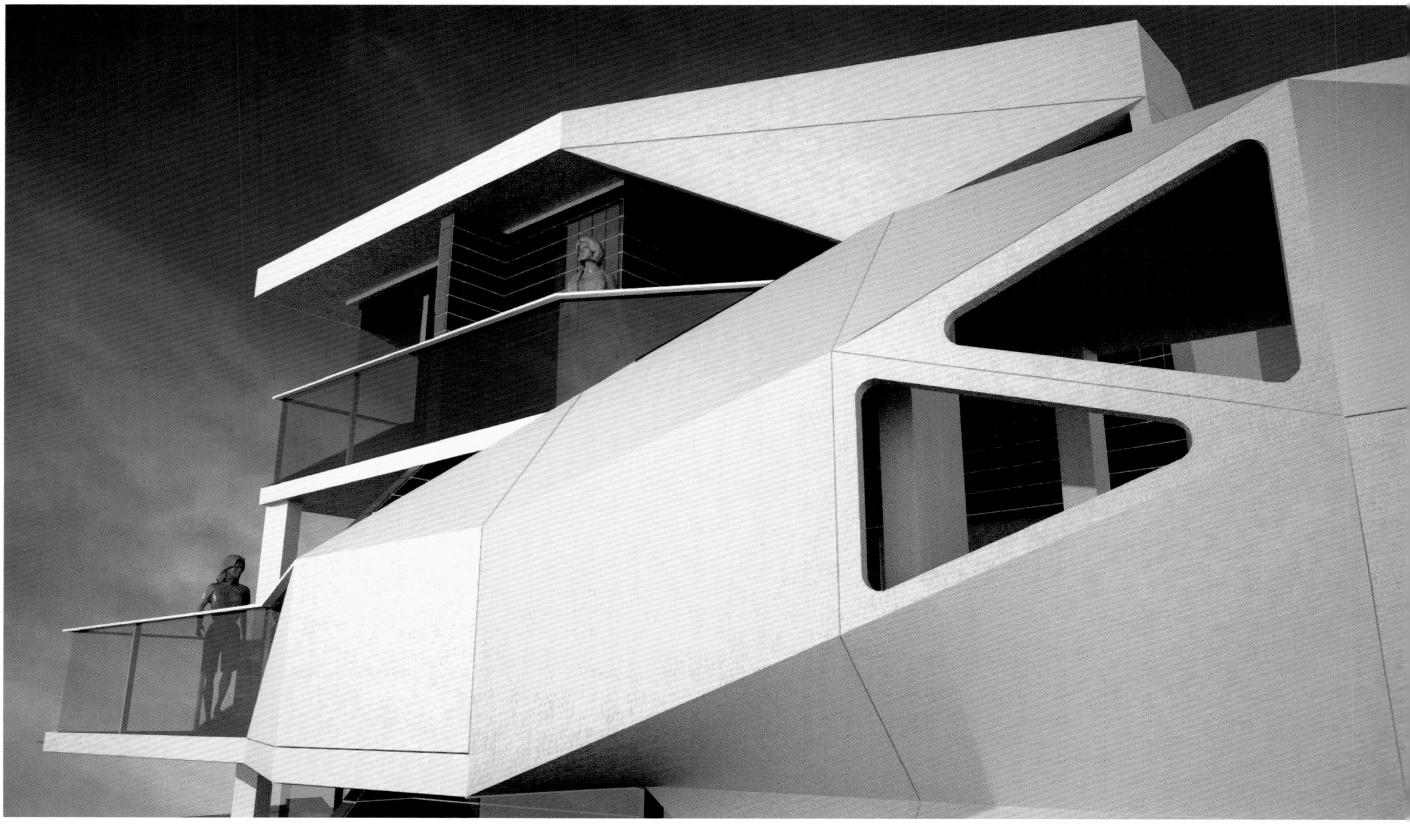

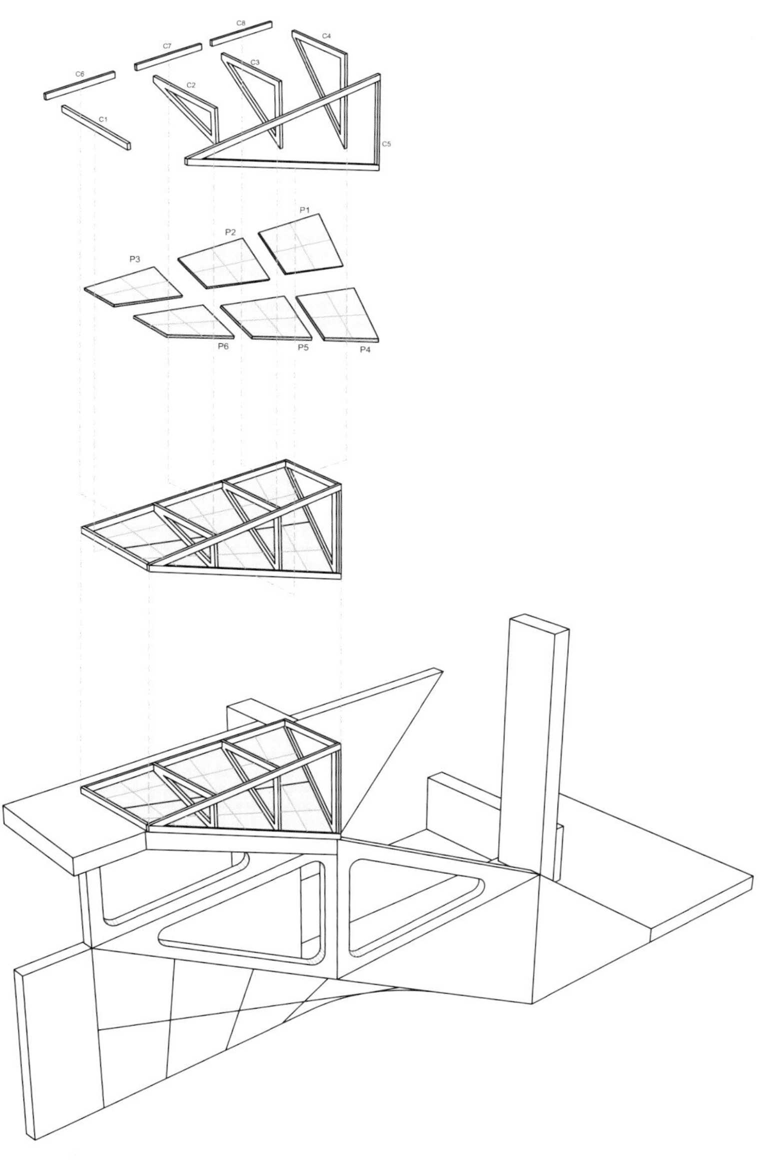

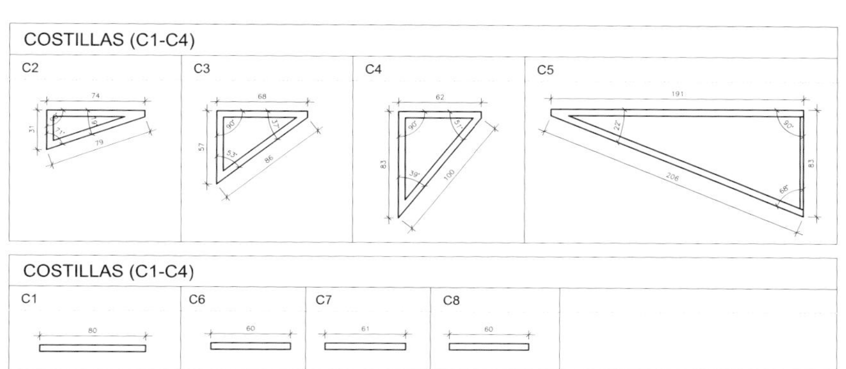

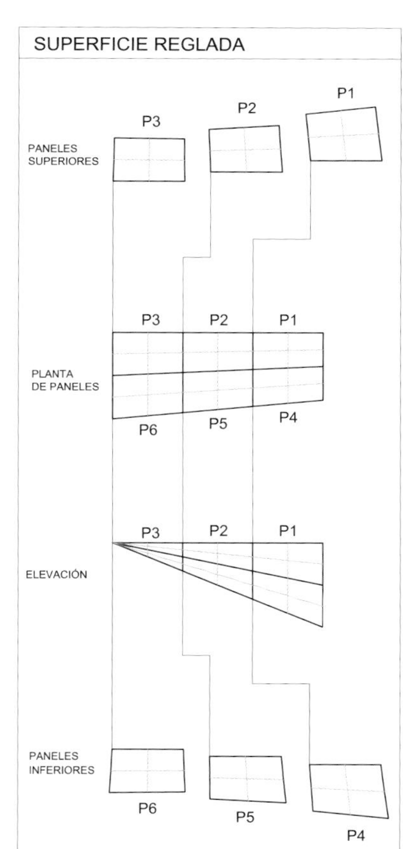

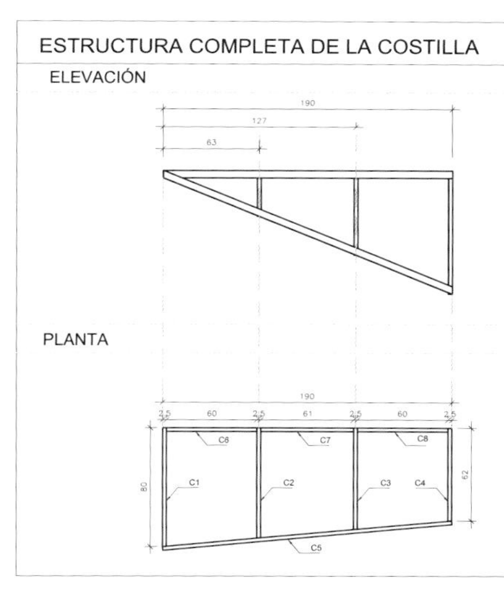

PANELES

P3
P2
P1
P6
P5
P4

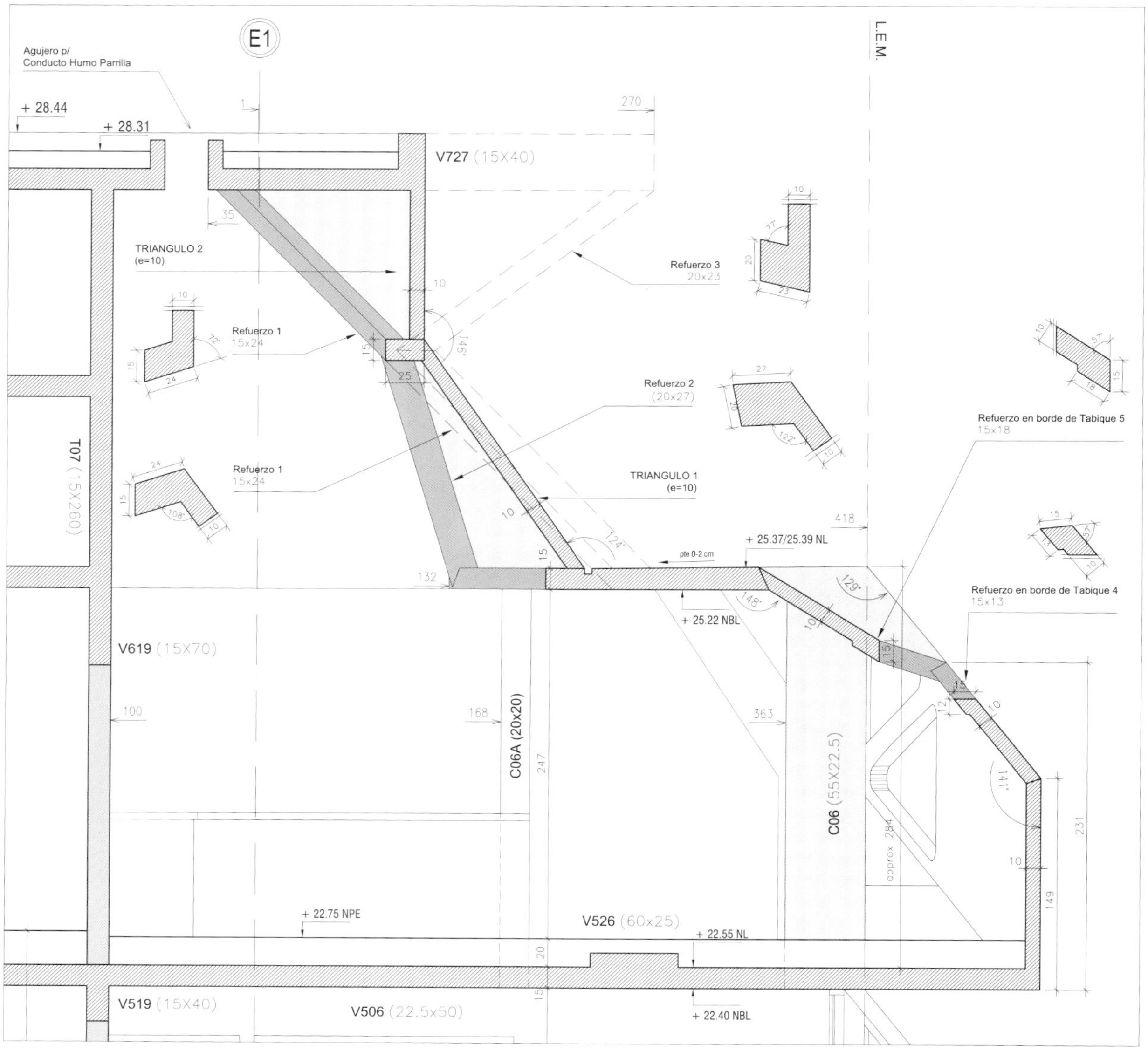

SECCION 4 - 4 S/ TERRAZA - ESCALA 1:20 (**reemitido)

室内

该项目包括 13 个共享楼面的小型公寓及一个位于通风层的复式公寓。建筑立面几乎全由现浇混凝土构成，而阳台户内的区域则铺满了灰色的威尼斯商人瓷砖。

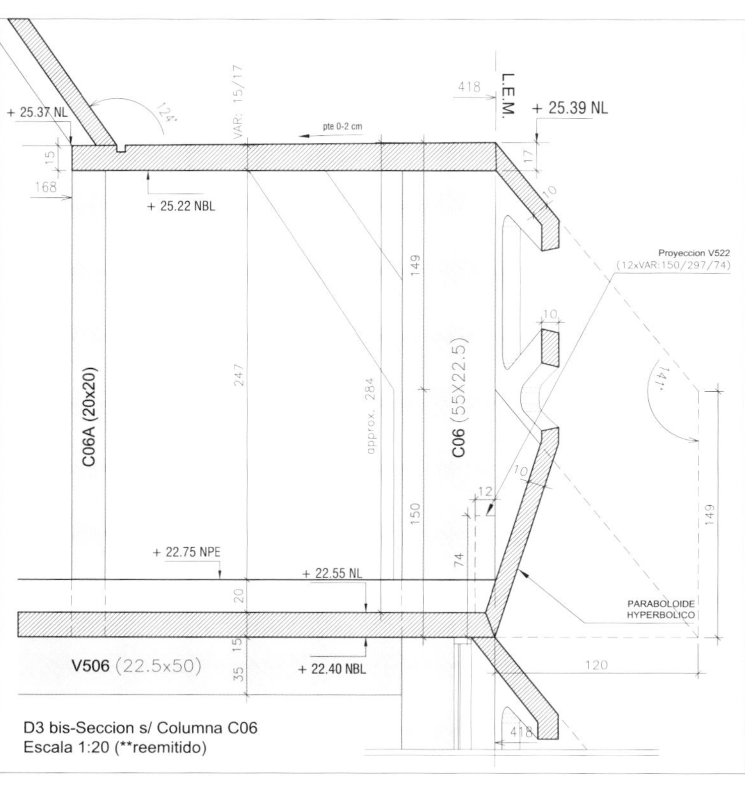

D3 bis-Seccion s/ Columna C06
Escala 1:20 (**reemitido)

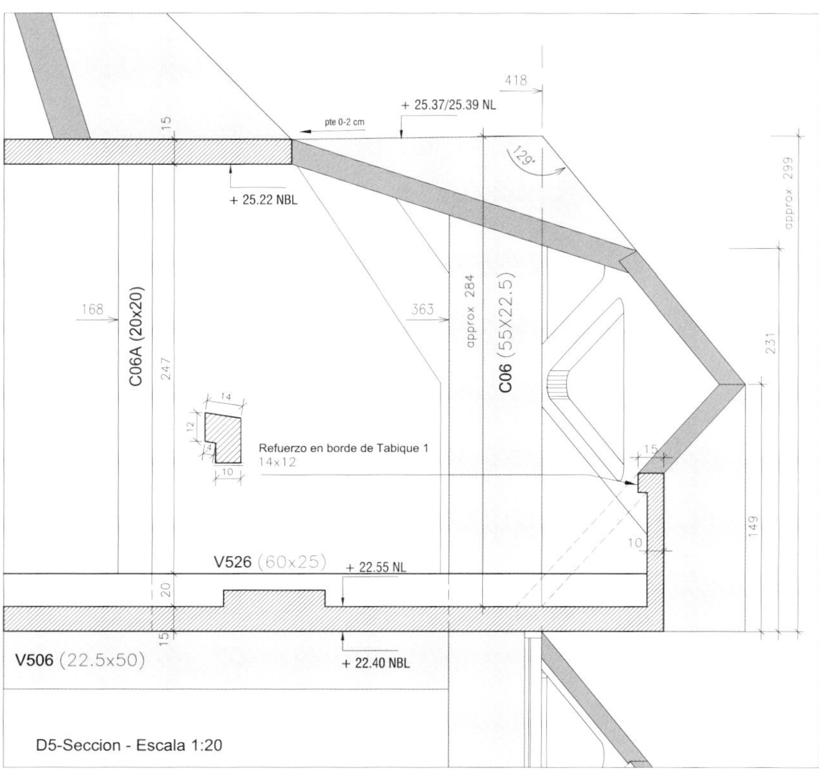

D5-Seccion - Escala 1:20

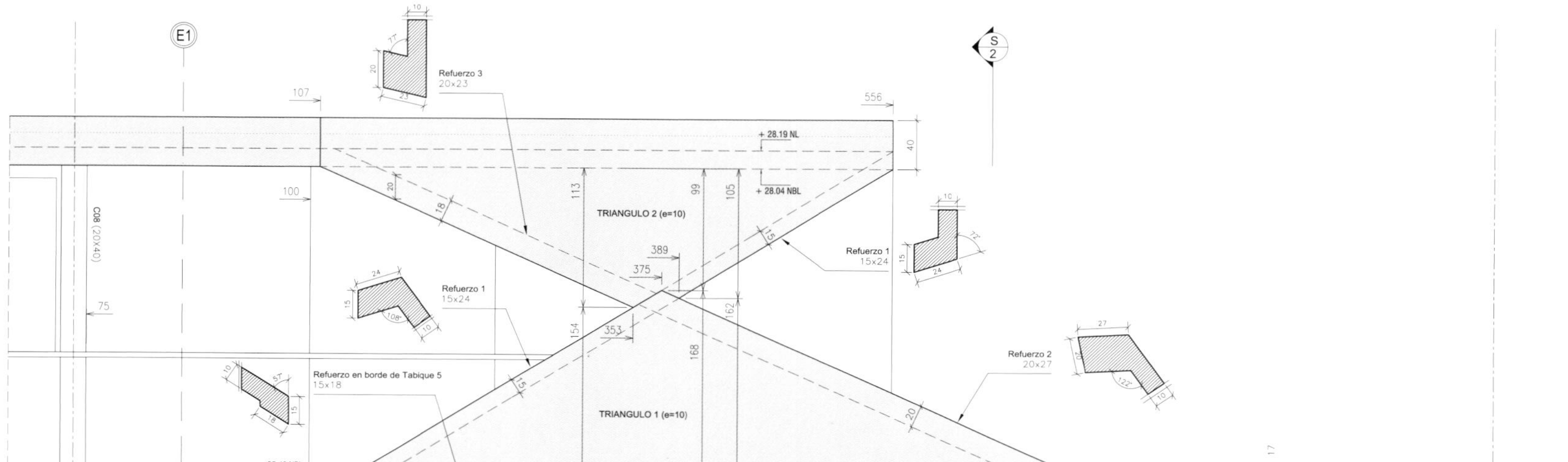

FACHADA ESTE TERRAZA - escala 1:25

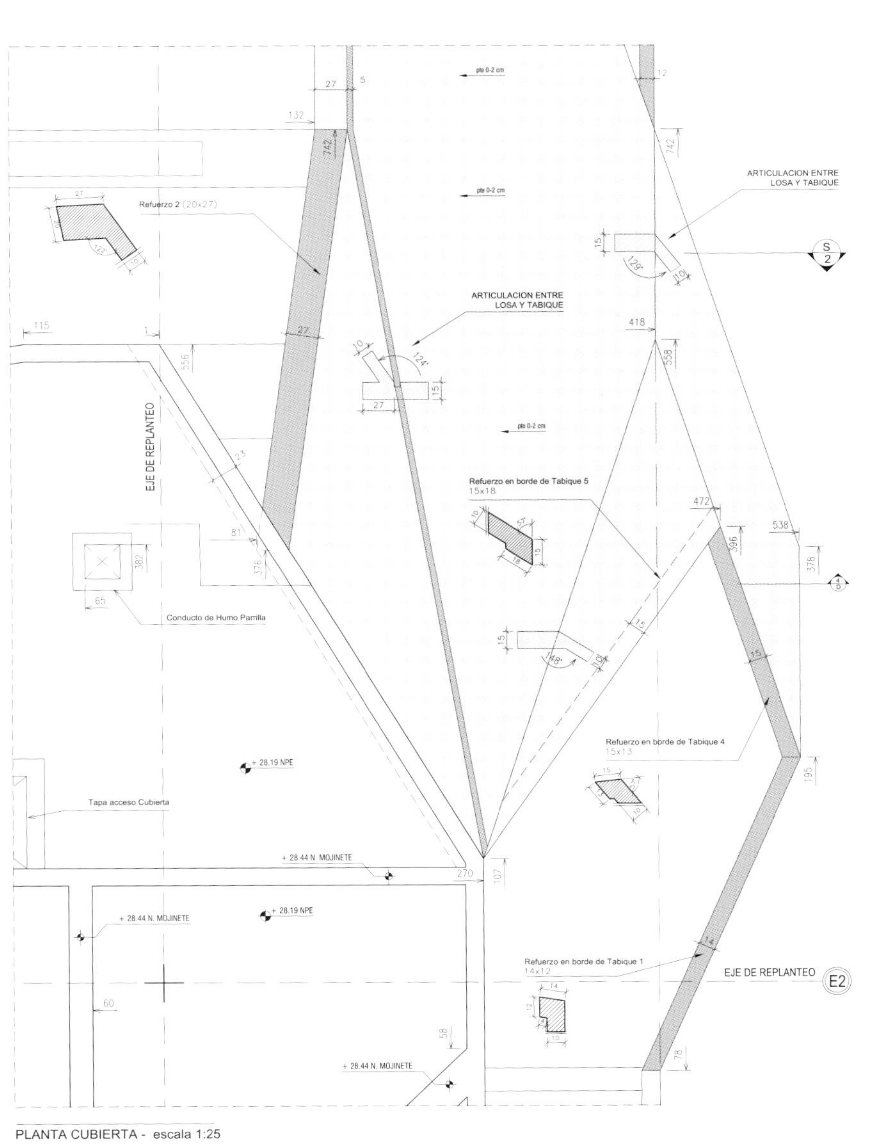

PLANTA CUBIERTA - escala 1:25

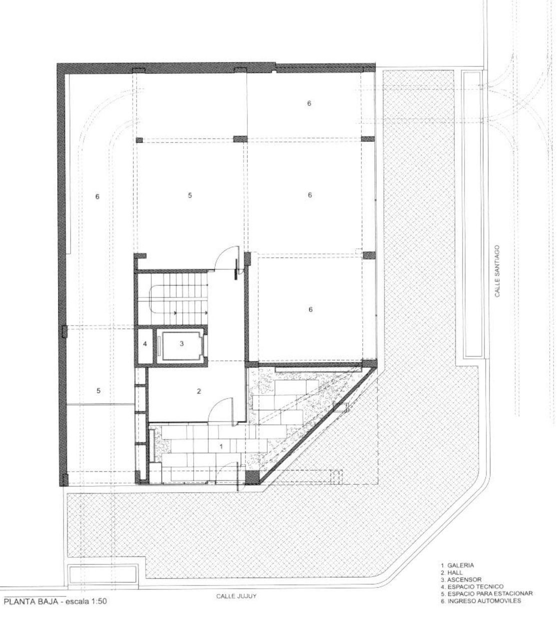

PLANTA BAJA - escala 1:50

1. GALERIA
2. HALL
3. ASCENSOR
4. ESPACIO TECNICO
5. ESPACIO PARA ESTACIONAR
6. INGRESO AUTOMOVILES

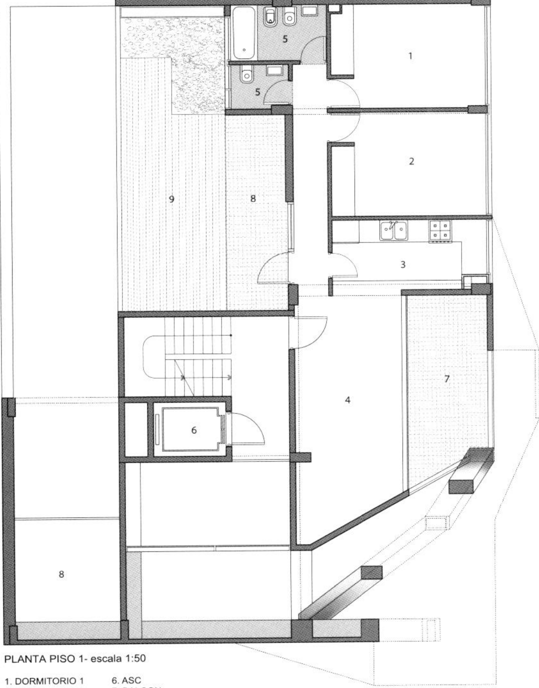

PLANTA PISO 1- escala 1:50

1. DORMITORIO 1
2. DORMITORIO 2
3. COCINA
4. LIVING / COMEDOR
5. BAÑO
6. ASC
7. BALCON
8. GALERIA
9. TERRAZA

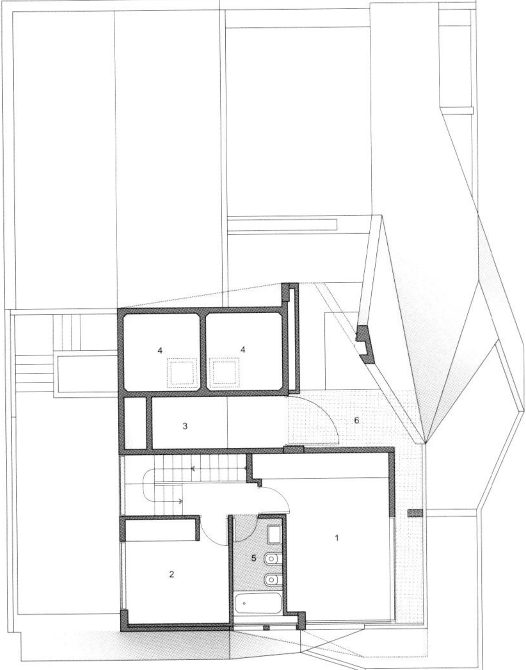

PLANTA PISO 9 / NIVEL TANQUE DE AGUA,
SALA DE MAQUINAS Y 2DO PISO DUPLEX - escala 1:50

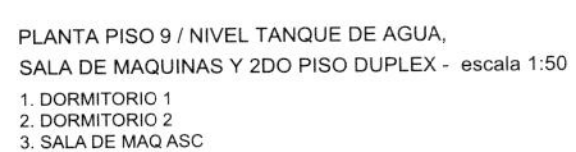
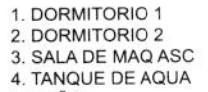

1. DORMITORIO 1
2. DORMITORIO 2
3. SALA DE MAQ ASC
4. TANQUE DE AQUA
5. BAÑO
6. BALCON

公寓设计：Sergi Pons Architect
竣工时间：2011 年

项目地址：西班牙巴塞罗纳
场地规模：8 391 平方米

楼层数：17
开发商：Patronat Municipal de l'Habitatge

茱莉亚公寓：三色标识

这座由政府拨款建造的老年公寓，临街而立。一目了然的结构和醒目的色彩，使其脱颖而出。

设计突破

公共空间是方案设计的核心。从宽阔的走廊可以俯瞰整个城市，走廊上的楼梯，双倍宽的休息区以及遮阳平台都提示设计者希望给予老人们更多的机会与邻居相互交流并参与公共活动，形成过去街区一样融洽的邻里关系。塔楼与周围新的运动中心和住宅社区共享一个小型公共广场，可以做为从道路到建筑各个入口的过渡空间。

商业突破

该项目是巴塞罗纳城市改造工程的一部分。一个体育中心、一个住宅开发项目、一个老年公寓，将共享这个毗邻绕行公路的地块。针对这样一个特别的地理位置，公寓建筑无论是从形象还是功能上，都起到了一种补充作用。它活跃了整个社区，开拓了老年人的生活圈，加强了住户之间的交流。

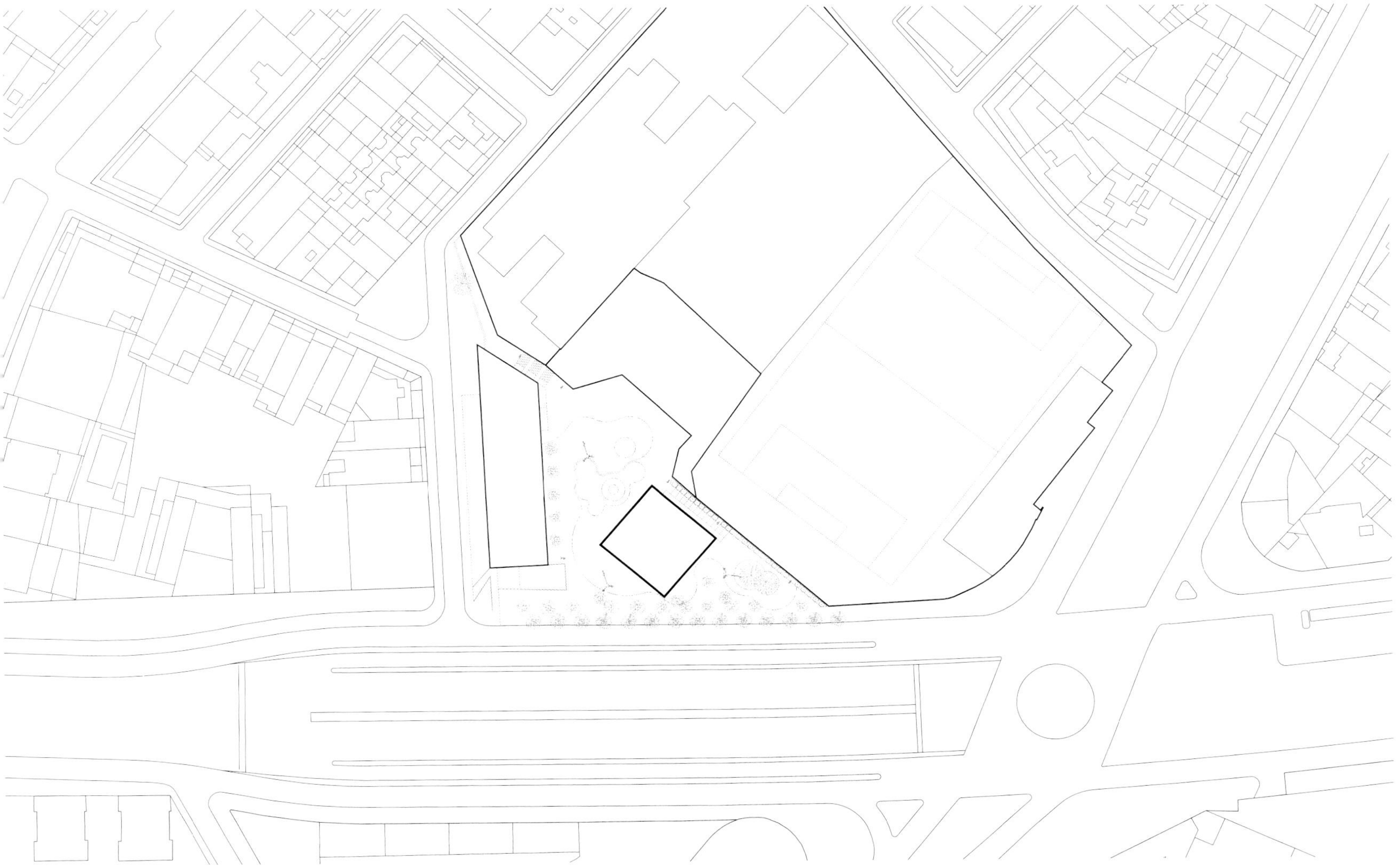

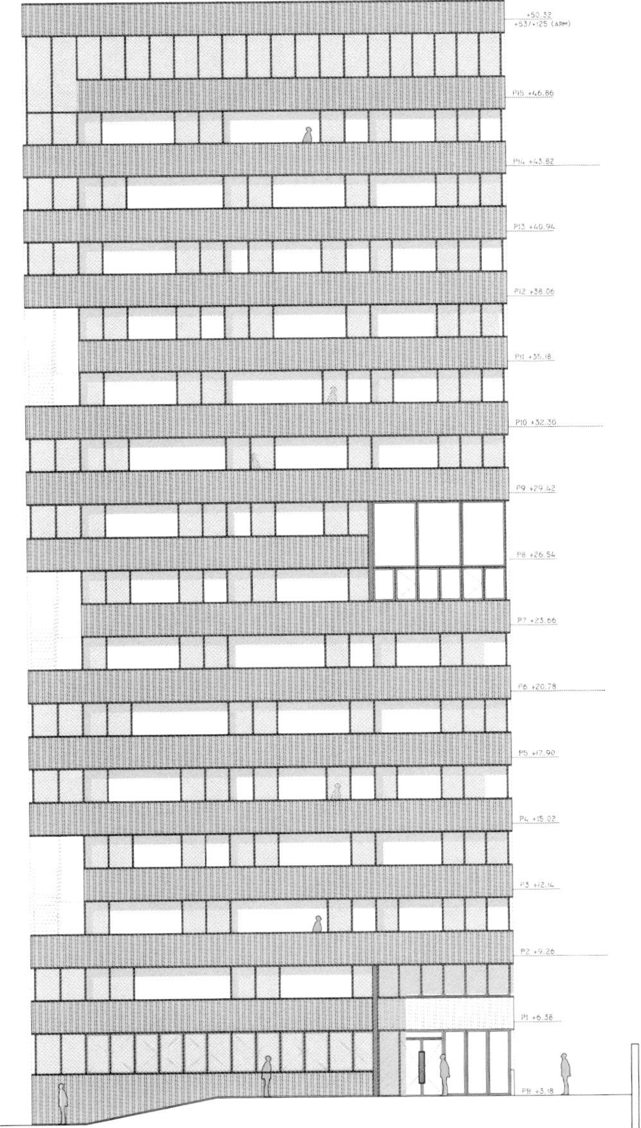
+53/+125 (ARM)
+50.32
+53/+125 (ARM)
P15 +46.86
P14 +43.82
P13 +40.94
P12 +38.06
P11 +35.18
P10 +32.30
P9 +29.42
P8 +26.54
P7 +23.66
P6 +20.78
P5 +17.90
P4 +15.02
P3 +12.14
P2 +9.26
P1 +6.38
PB +3.18

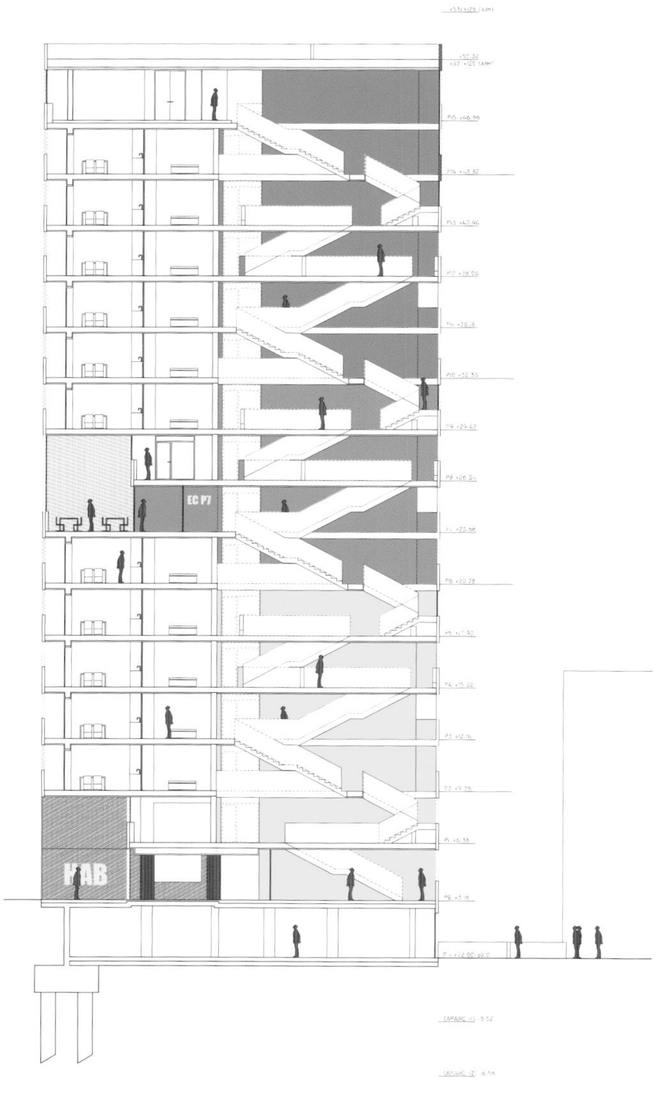

建筑

建筑分为三个部分，用不同的颜色标识以便于定位。设计师使用了黄色和两种不同明度的绿色，这些颜色不仅提神，也具有使心情平静的作用。混凝土悬臂结构，可以从外面明白地看到。

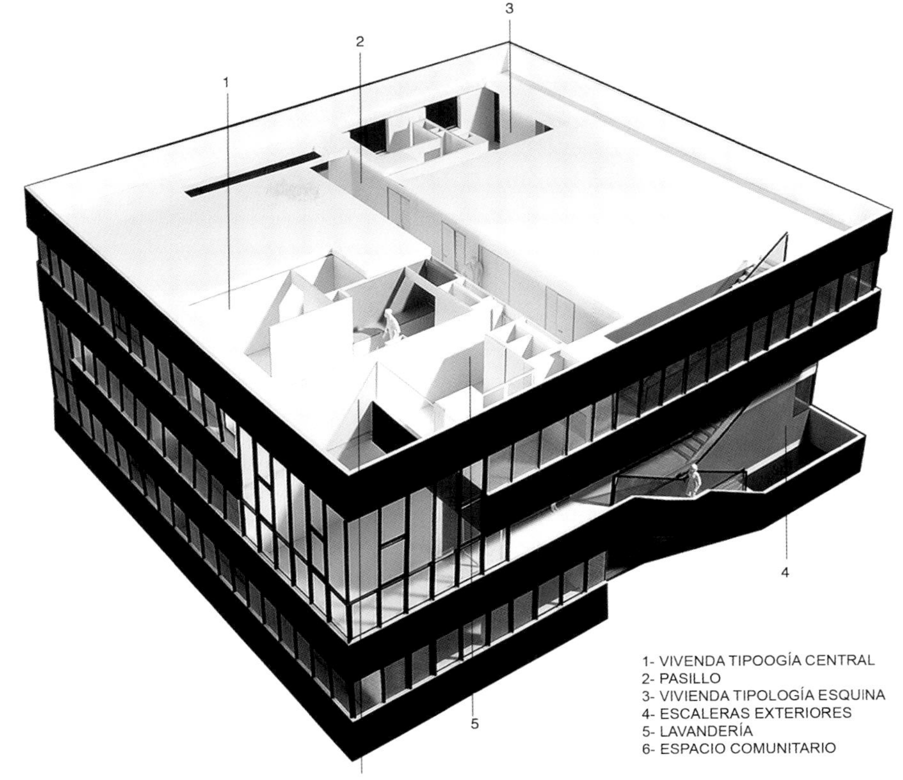

07
07

设施

走廊和楼梯围绕在建筑外围，通向两层高的共享空间。每个分区都分配了一个这样的共享空间，成为人们进行集体活动的主要场所。

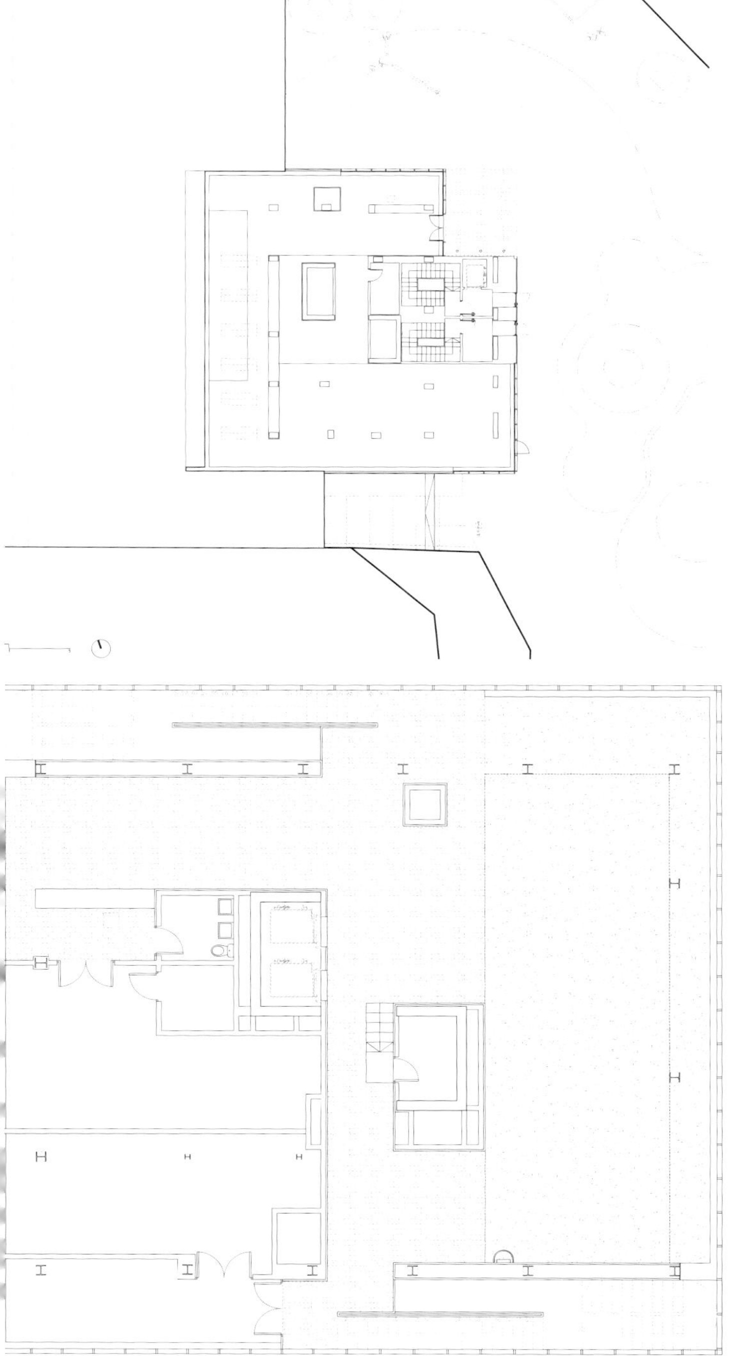

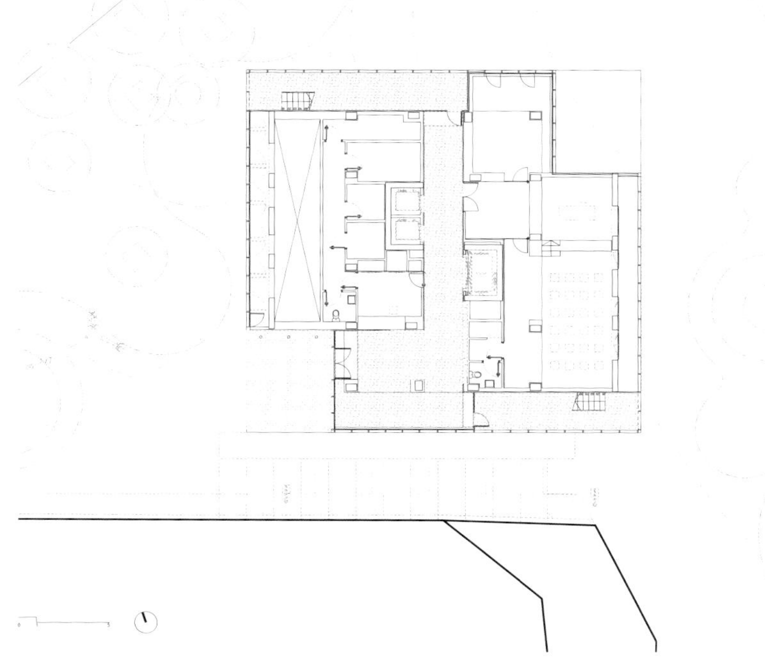

景观

屋顶是一个共享花园，设计者希望老人和儿童都能使用。

室内

这座塔楼位于城市边缘的高速路旁，包括 77 个由政府为领取退休金的老人分配的公寓。

公寓设计：LEVS Architecten
竣工时间：2012 年

项目地址：荷兰阿姆斯特丹
场地规模：2 000 平方米

楼层数：15
开发商：Far West + Rochdale Projectontwikkeling

The Silverling：光、空气与空间

由 Van Eesteren 主持的阿姆斯特丹城市规划开始后，Slotermeer 和 Geuzenveld 街道上的西部近郊住宅中，便出现了一个绿化区域。这个公园的设计，正是整个计划的中心点。于是。这周围便陆续出现了许多造型独特的建筑。本项目便是其中一个。该项目共 15 层，位于 Eendrachtspark，像个银色的巨人，威风凛凛。而金属表皮沿着塔楼弯曲，就像是巨人的铠甲一般。

设计突破

铝制的双层金属表皮，赋予建筑圆滑的曲线和动感。水平的条纹上覆盖了镀锌层，为建筑穿上了时尚的外衣。这样具有革新意义的幕墙，不仅增添了艺术美感，还从功能上为住户提供了宽敞的阳台，最大化了自然采光和观景视野。建筑被特意抬高，腾出一个停车空间，并在其顶部设置了绿化。

商业突破

阿姆斯特丹是一座奇特的城市。全市共有 160 多条大小水道，由 1 000 余座桥梁相连。漫游城中，桥梁交错，河渠纵横。该项目以造型呼应水文，已经成为了阿姆斯特丹西部郊外的标志性建筑，诠释了新时代的城市再造。无论是地理位置和空间功能，还是艺术美感和未来价值，它都有突出的地方。

© MARCELOR VAN DER BURG

建筑

独具创意的幕墙系统，由横向的铝板带组成，并镀上锌层。这样的双表皮系统，还为住户提供了宽敞的阳台。即使是东北角的公寓单位，也可以被晨辉和午后的暖阳照射到。金属立面上的褶皱，使得立面既可以凸出也可以呈空心的球状，从而增加了建筑表面的立体感。与之相反，建筑的主体结构其实并不如立面灵活，而是中规中矩、棱角分明，这样便于体块的堆积及空间、成本的节约。主架构和自由形式的表皮，完美结合。“光、空气和空间”的理念，赋予了建筑独特的现代感，并使得该项目成功诠释了城市的再造。

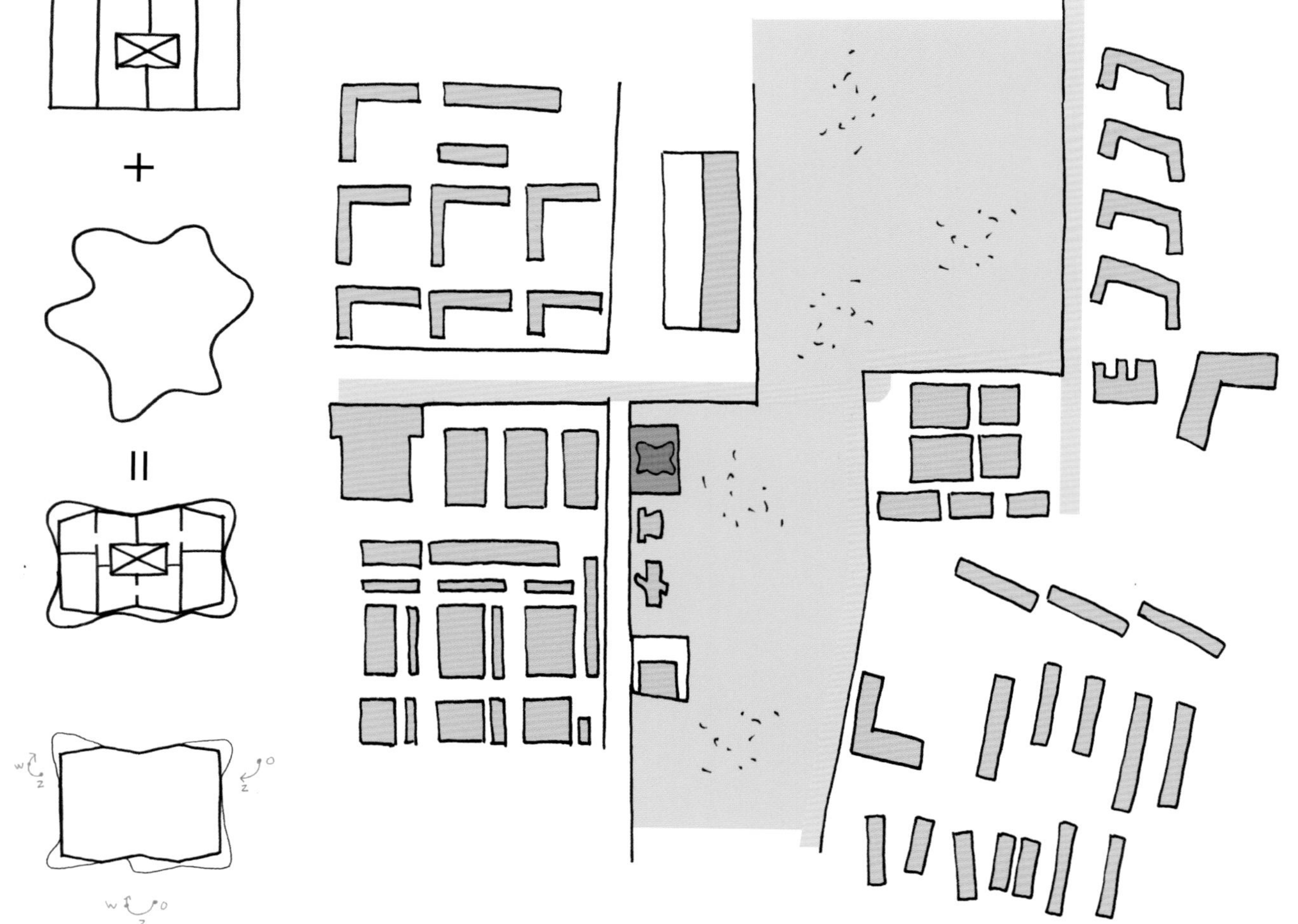

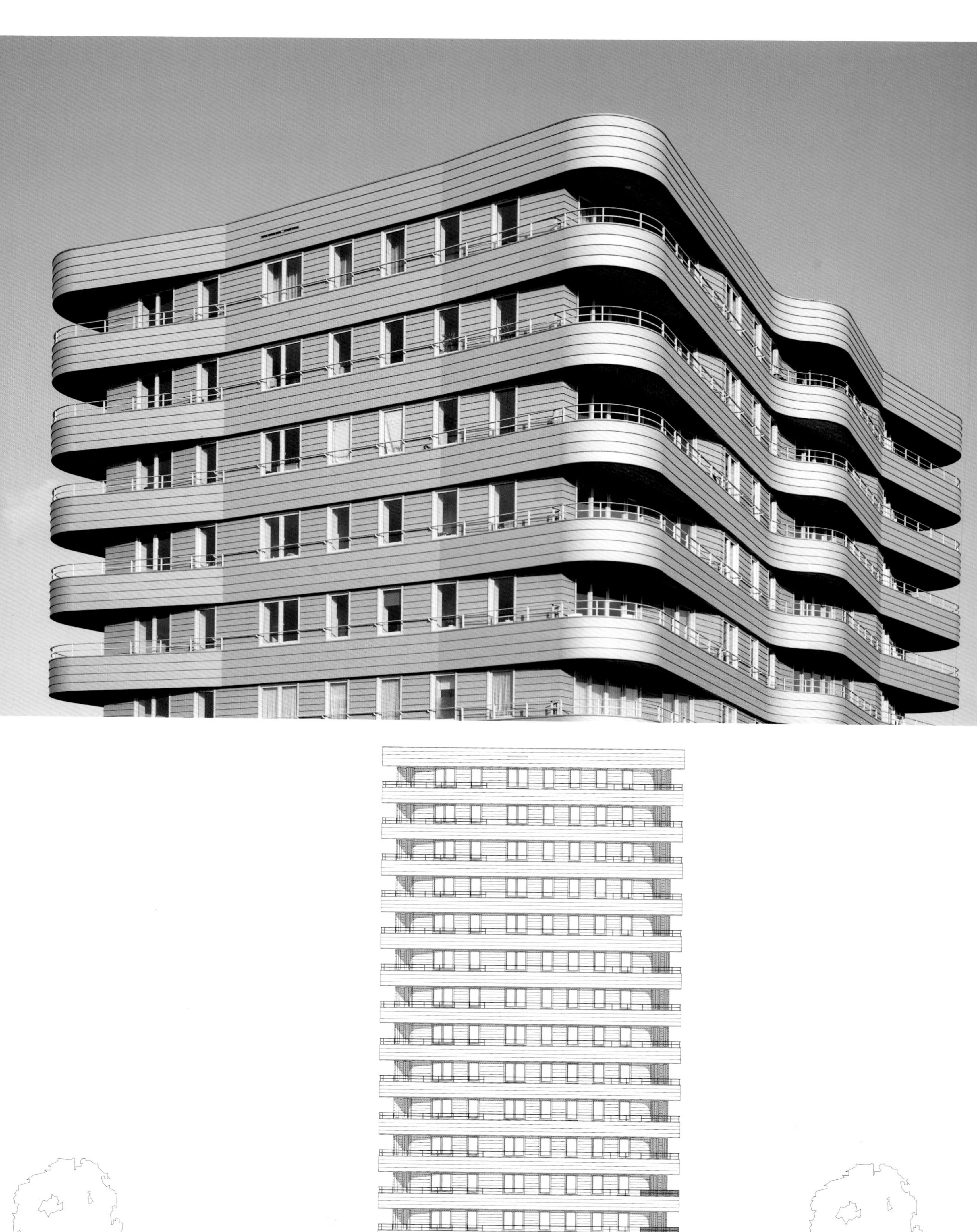

室内

该项目总共包括了 68 间社会及私人公寓。每层 5 个公寓单位的布局，结构清晰。另外，每个公寓都拥有一个宽敞的波浪状阳台。

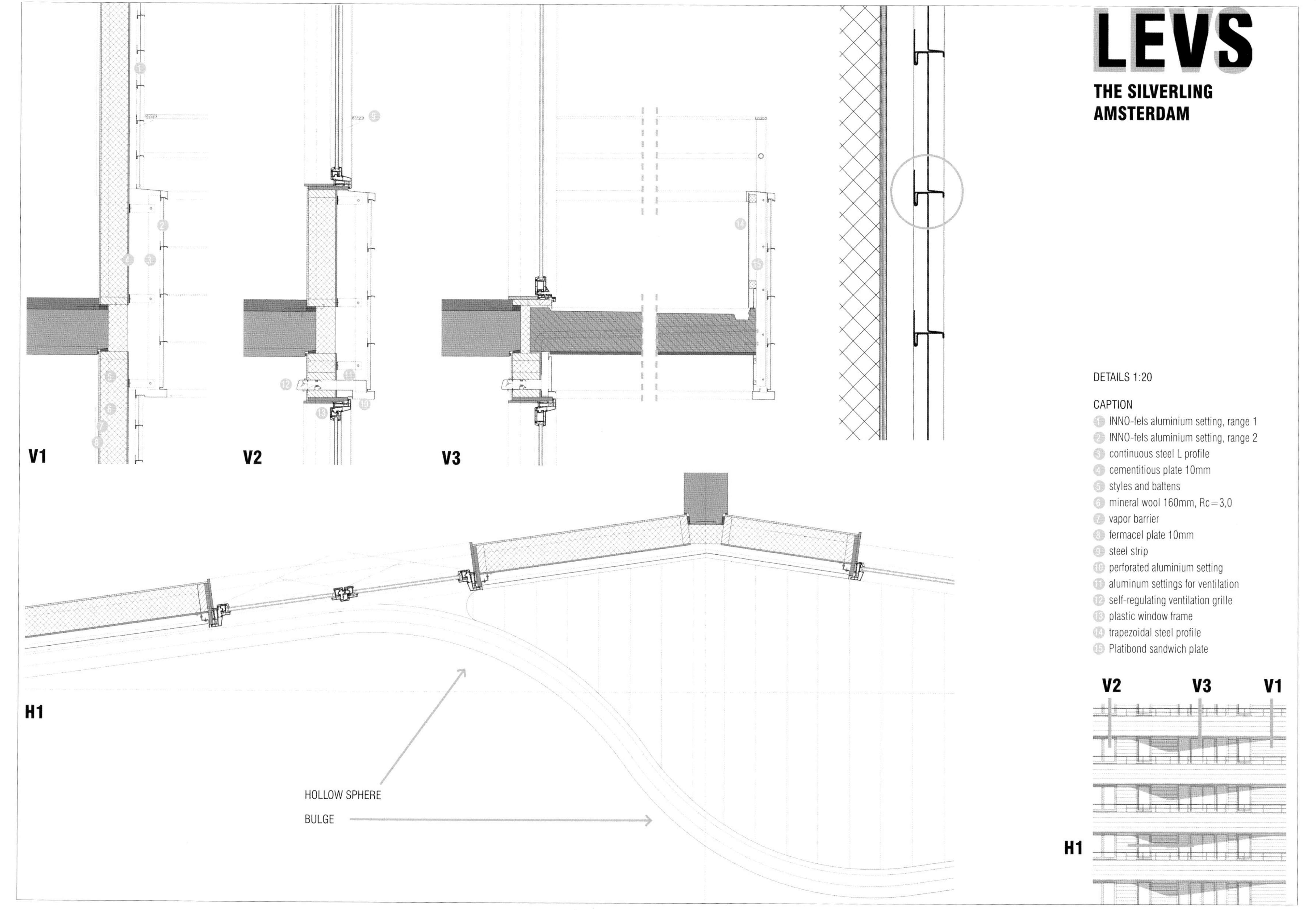
LEVS
THE SILVERLING
AMSTERDAM
V1
V2
V3
H1
HOLLOW SPHERE
BULGE
DETAILS 1:20
CAPTION
1 INNO-fels aluminium setting, range 1
2 INNO-fels aluminium setting, range 2
3 continuous steel L profile
4 cementitious plate 10mm
5 styles and battens
6 mineral wool 160mm, Rc=3,0
7 vapor barrier
8 fermacel plate 10mm
9 steel strip
10 perforated aluminium setting
11 aluminum settings for ventilation
12 self-regulating ventilation grille
13 plastic window frame
14 trapezoidal steel profile
15 Platibond sandwich plate
V2
V3
V1
H1

© Jannes Linders

108 - 242

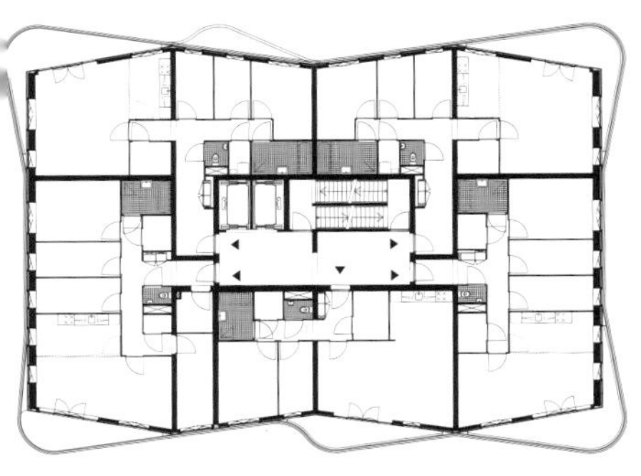

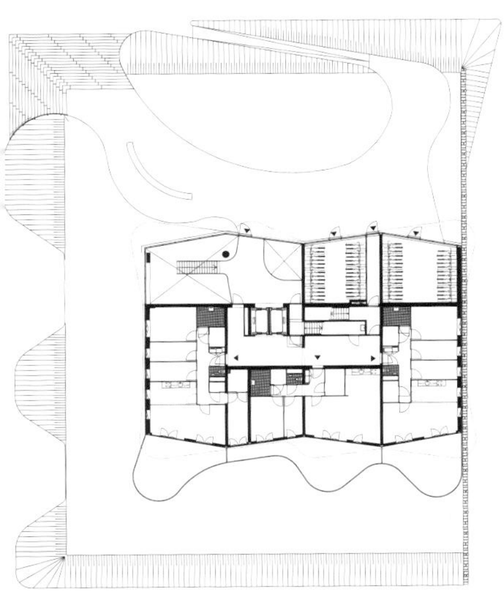

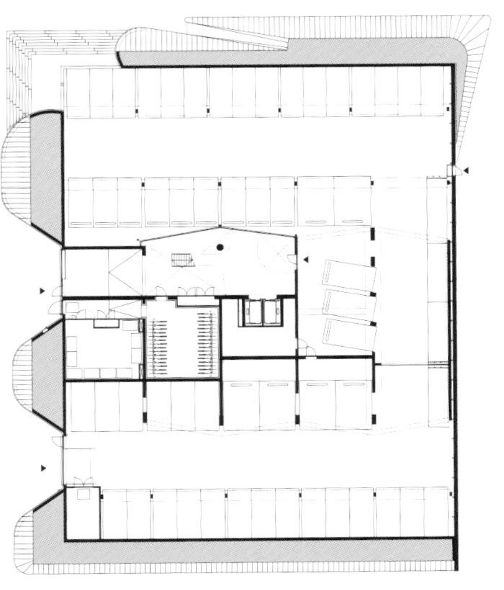

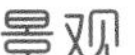

景观

为了体现花园城市的价值，光、空气和空间都被赋予了现代感。宽敞的阳台、停车场，都被植入进景观，安置在了绿色的小山丘下。通过平台和穿过“山丘”的街道层，都可以进入公寓楼。这两层被双层高度的大堂连接。大堂的外面，一个具有雕塑感的楼体居于角落，展现了独特的艺术感。

设施

就像是 Eendrachtspark 边缘区域的其他建筑一样，塔楼是整个“绿色枢纽”中的地标式建筑。然而，建筑和公园之间并没有产生强烈的对比。因为，整个首层被设计成了“绿色的小山丘”，融入了周围的景观。同时，这样的设置，使得两倍楼层高度的入口，视野通透，景致迷人。

公寓设计：SPEECH Tchoban & Kuznetsov
竣工时间：2010 年

项目地址：俄罗斯莫斯科
场地规模：4 485.6 平方米

楼层数：4, 6, 9
开发商：OOO Skanklin

Granatny, 6：装饰性细部

该项目坐落于莫斯科历史中心，靠近 Nikitskiy Gate 温馨小巷的中心区域。该项目的地块布局暗示了楼群中心广场周围区域的设计：越进入区域内部的住宅楼越高，从四层到九层递增。通过设计阐述理念的同时，建筑师给自己设定了一项任务，那就是证明传统的华丽缀饰是没有过时的，可以符合 21 世纪的要求。

设计突破

这是传统装饰主义和当今现代公寓的大胆结合。通过精心的设计，建筑在立面上展示了传统装饰主义的华丽感，同时在筑结构和功能上体现了当今高端的技术水平。在传统元素中加入些许现代元素，让装饰主义蜕变为新的风格；流畅的线条、低调的奢华，建筑没有表现出一丝浮夸。

商业突破

个性化的建筑外观，兼具典雅与品位，是吸引买家的一大亮点。运用现代的美学来诠释旧的古典，从外而内呈现高品质的居住环境。在精简线条的视觉效果中，又蕴含着奢华感，有别于其他公寓建筑，脱颖而出。另外景观方面的园艺设置，也让该项目成为传统城市建筑与绿色庭院建筑的完美结合。

景观

在景观建设完工后，设计师还将着手完成庭院的园艺工作，力求让该建筑群成为传统城市建筑与绿色庭院建筑的完美结合。

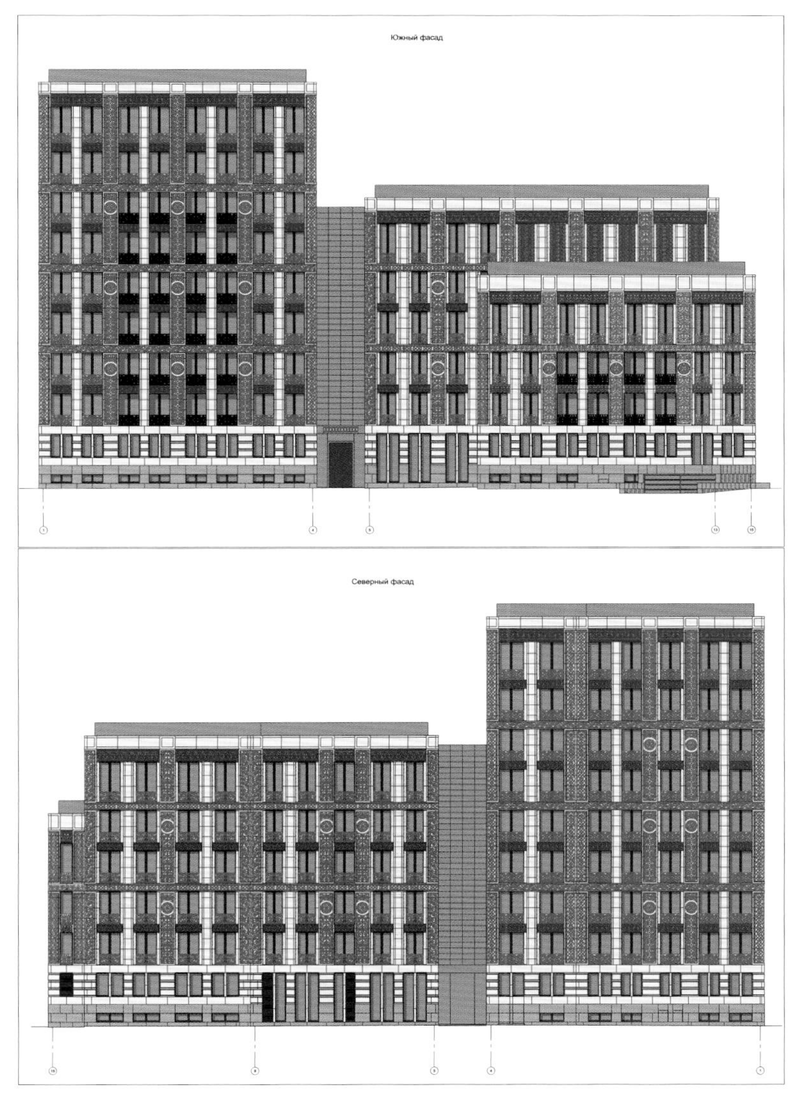
Южный фасад
Северный фасад

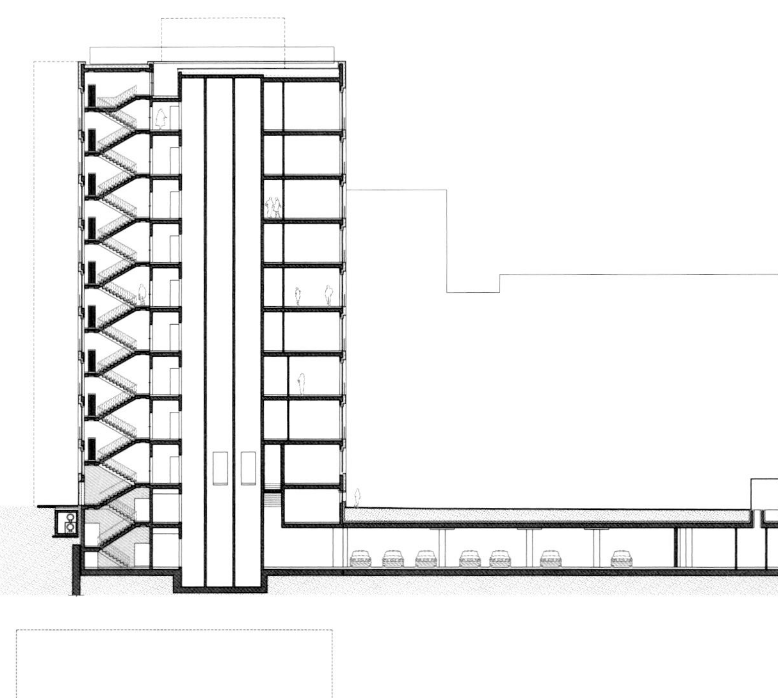

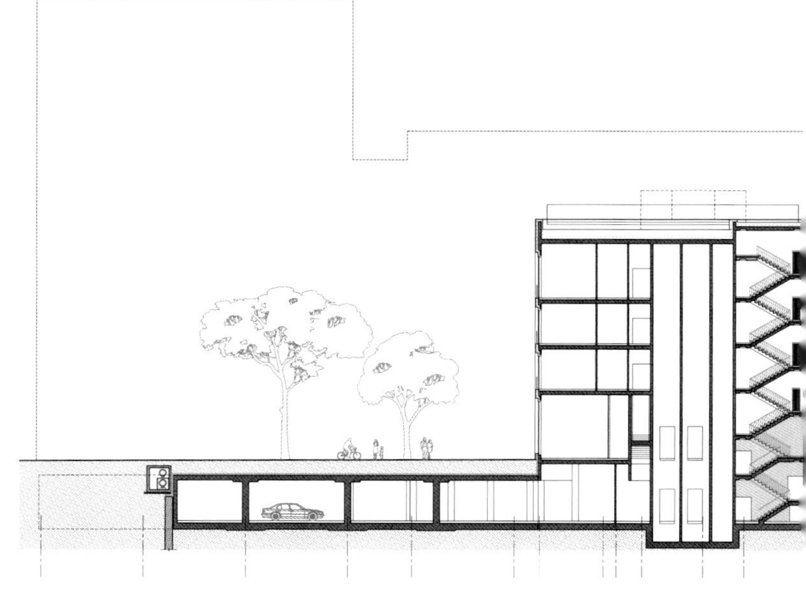

建筑

该楼群的简约空间布局，是由周围规模不一的建筑所决定的。追求简约形式、要求高度重视建筑正立面的细节，这些建筑正立面采用了天然石头制成的装饰性浮雕板。其主题和设计模式根据建筑板材的大小、功能和位置的变化而变化。建筑表皮共有 30 多个装饰选项可供选择，但都基于三个历史原型：拜占庭、俄罗斯和莫斯科老式石模。三座建筑各自使用了其中的一种装饰。装饰基本图案不仅出现在石刻面板，也出现在其他元素中：如铸铁晶格和法国的阳台玻璃围栏。利用惰性耐用材料可以确保建筑寿命更长，以及在天气时间等因素影响下延缓建筑的老化。通道和公共区域的内装，都是由一个个单独的元素和装饰串联而成，包括地毯、顶灯、墙面装饰、门以及门把手。这样的组合，延续了装饰立面的主题。

室内

该建筑群拥有三栋建筑，27 套高级公寓，每层两户。

设施

地下室内除了 82 个停车位，还有泵房、通风室、围护桩、技术设备室和疏散楼梯。

公寓设计：FARO Architecten
竣工时间：2008 年

项目地址：荷兰阿姆斯特丹
场地规模：31 870 平方米

楼层数：15
开发商：Kristal Farwest

斯卡拉公寓：战前风格再创造

该项目位于毗邻火车轨道的带状地块，也是 Kolenkitbuurt 改造规划里的第一个建筑。整体改造的目的是为了提高生活质量，并从空间和建筑上与 A10 侧的 Bos en Lommer 战前区域进行衔接和统一。

设计突破

该项目以横向的结构，统一的立面，呼应了周围的环境和其他的建筑。它将火车轨道、Erasmusgracht、居民区，紧紧联系在了一起。朴实的砖制立面，组合以矩形的现代窗体，再加上在楼体凹入区域点缀的透明楼梯及电梯，将传统与现代，融合一体。这是对传统的一种保留，更是基于现代的一次再创造。

商业突破

该项目所在的地块位于火车铁轨和公路干道，在规划上具有一定的挑战性。楼体形态被设置成类似铁轨的横向几何体。为了体现造型的多样性，两端加入了两个 L 形的区域，一块围合出一个景观平台，一块纵向发展，在低矮的建筑群中脱颖而出。而隔声材料的运用，保障了一个安静的居住环境。

situatietekening - schaal 1:1000

建筑

设计团队在 230m*30m 的地块上设计了一个与众不同的项目。地块的两端都有各自着重的功能——Erasmusgracht 侧的 15 层建筑每层三户公寓、Bos en Lommerweg 侧 7 层的建筑内设生活设施。Leeuwendalerweg 侧的建筑，共 6 层。位于首层的两户家庭临街，享有生动的街景。长长的建筑体被透明的楼梯及电梯凹入区域点缀，为其上的公寓楼层提供了便利。整体的设计受到了上世纪 20 年代至 40 年代精致的砖制楼房的启发。战前建筑，多以橘黄色或棕色的砖结合白色的点缀。通过设计团队的再创造，该项目保留传统的同时，又深化了现代感。

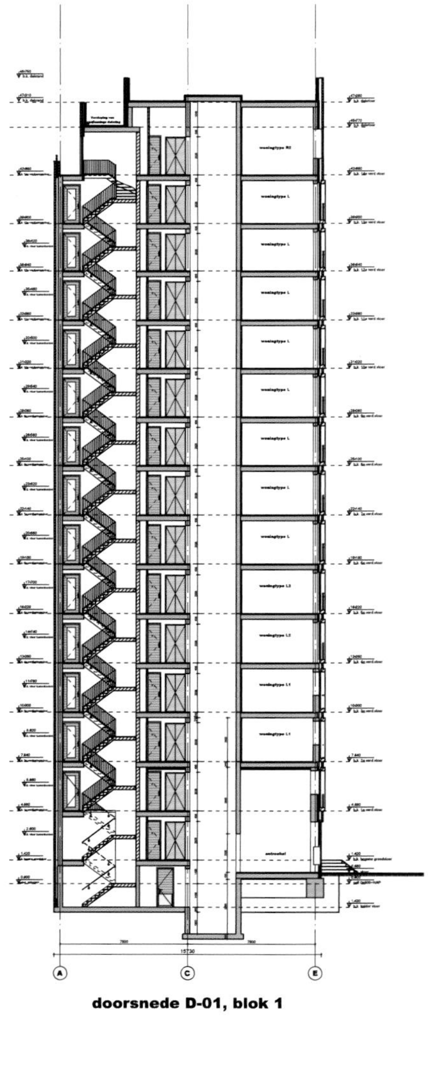

doorsnede D-01, blok 1

doorsnede D-02, blok 1

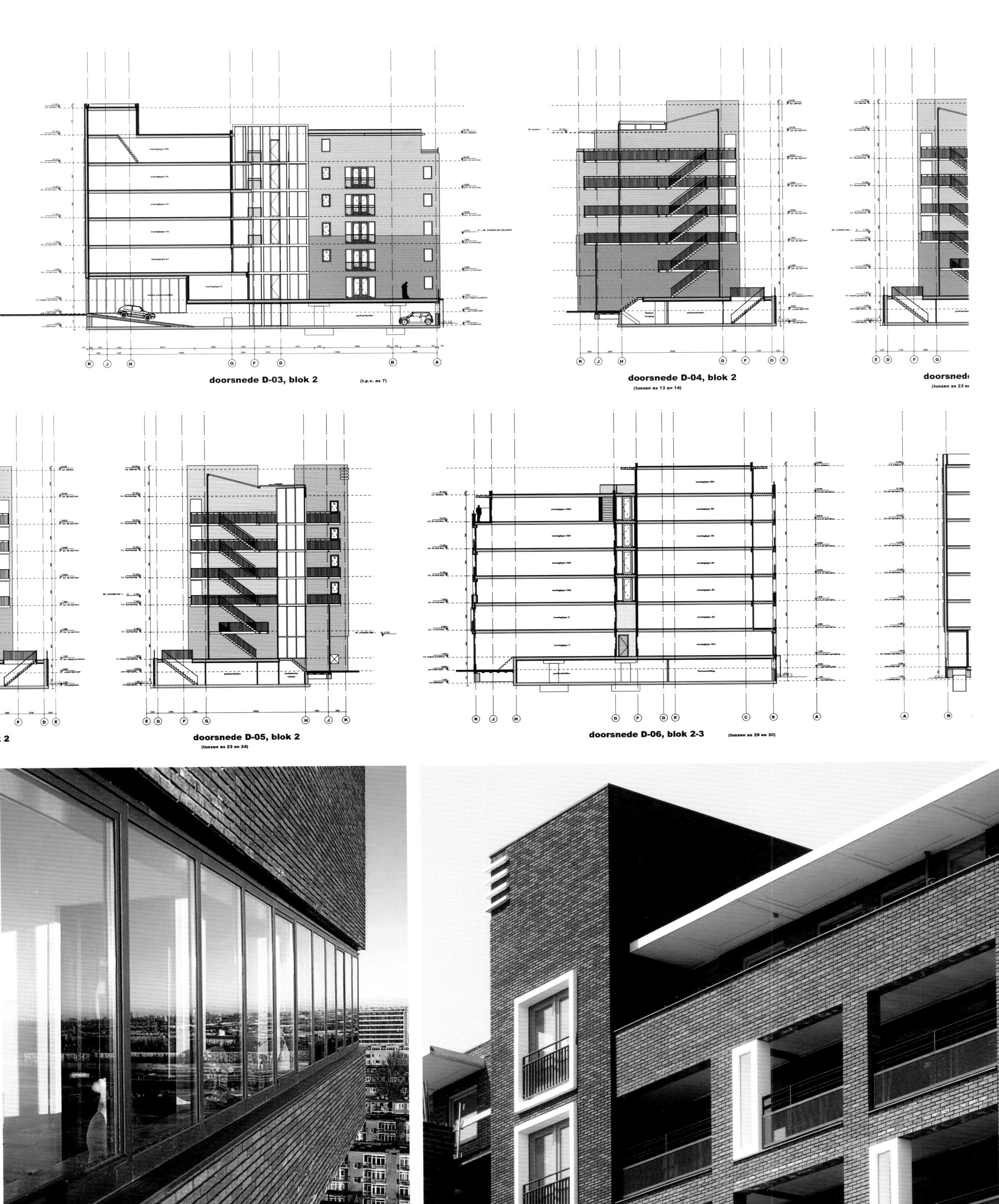
doorsnede D-03, blok 2
(t.p.v. as 7)
doorsnede D-04, blok 2
(tussen as 13 en 14)
doorsnede D-05, blok 2
(tussen as 23 en 24)
doorsnede D-06, blok 2-3
(tussen as 29 en 30)

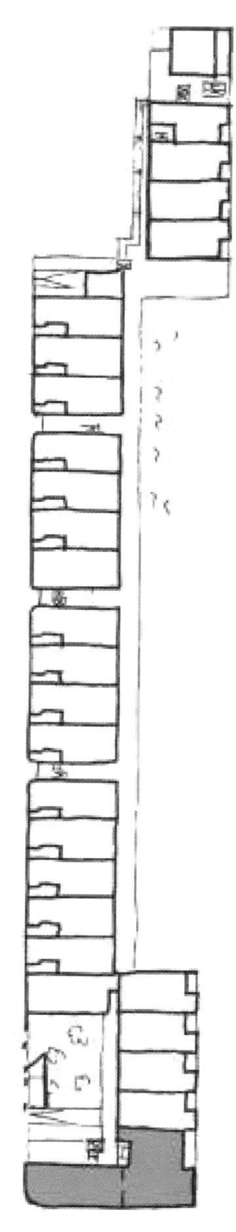

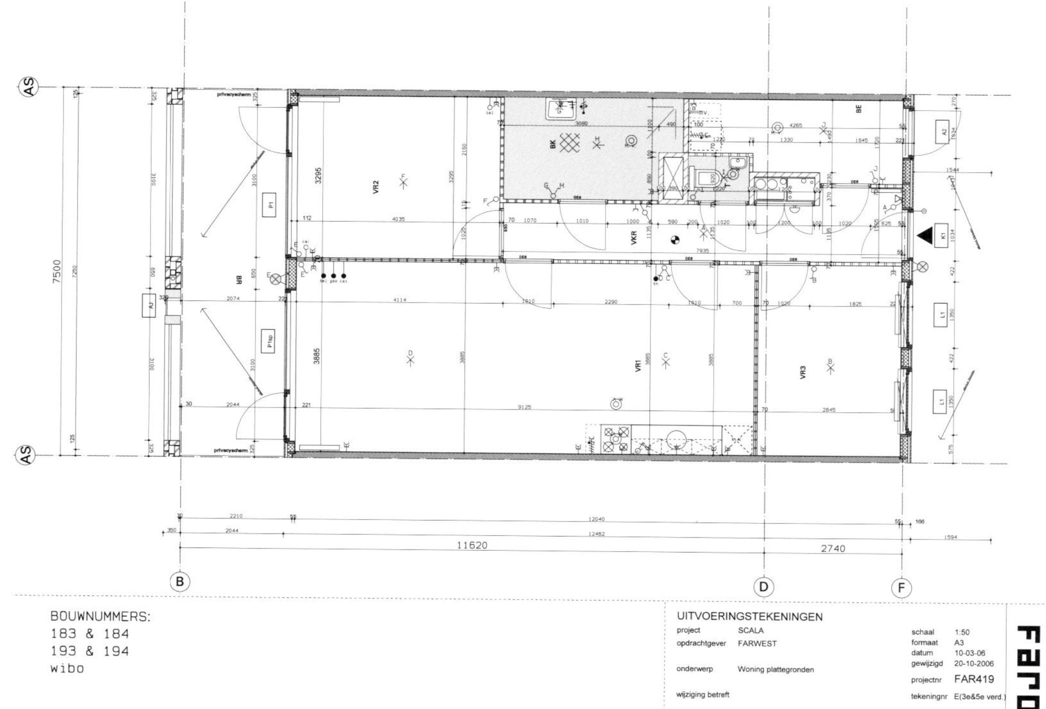

室内

所有的公寓单位都是 7.5m 宽。在这个宽度内，设计团队设置了不同的公寓，或租或售，有的临街有的位于高楼内。

设施

该项目的停车场位于半埋地的地下室内。这样的设置既抬升了首层，也在水体上创造了一个宽敞的平台。

景观

该项目的户外区域一侧毗邻小巷，一侧毗邻火车轨道。

公寓设计：Antonio Citterio Patricia Viel and Partners
竣工时间：2011 年

项目地址：意大利米兰
场地规模：5 200 平方米

楼层数：8（另有地下 1 层）
开发商：Dolce Vita Salaino 10 S.r.l.

Salaino 10：绝对的私密性

经过城市改造，这个区域变成了居住用地。整个区域体量的重新规划，为该项目的独立性提供了可能。面向街道的立面采用了装饰性混凝土，穿孔后的纹理和图案让人不禁联想到周围优秀建筑上象征自由的图纹。这样独特的处理，也体现了该项目的私密性。

设计突破

现代感十足的半透明立面和封闭式的首层花园，是该项目的一大特色。立面上的特别设计，避免了一览无余的单调，亦保证了内部空间的私密性。在有限的空间内，设计没有落入传统楼顶花园的俗套，而是通过抬高层的花园补充，让绿化依然得到保障，充分平衡了自然与建筑之间的和谐度。

商业突破

绿化区域占据了项目地块将近一半的面积，也成为了项目的亮点。挑高花园，人性化的功能分区等，体现出对居住者的细节关怀。该项目在保证品质的前提下强调经济性，成功地扬长避短，保证并提升了物业品质。在户型设计上，注重观景和交际生活的结合，让住户可以充分享受现代化的舒适生活。

© Amendolagine Barracchia

0 1

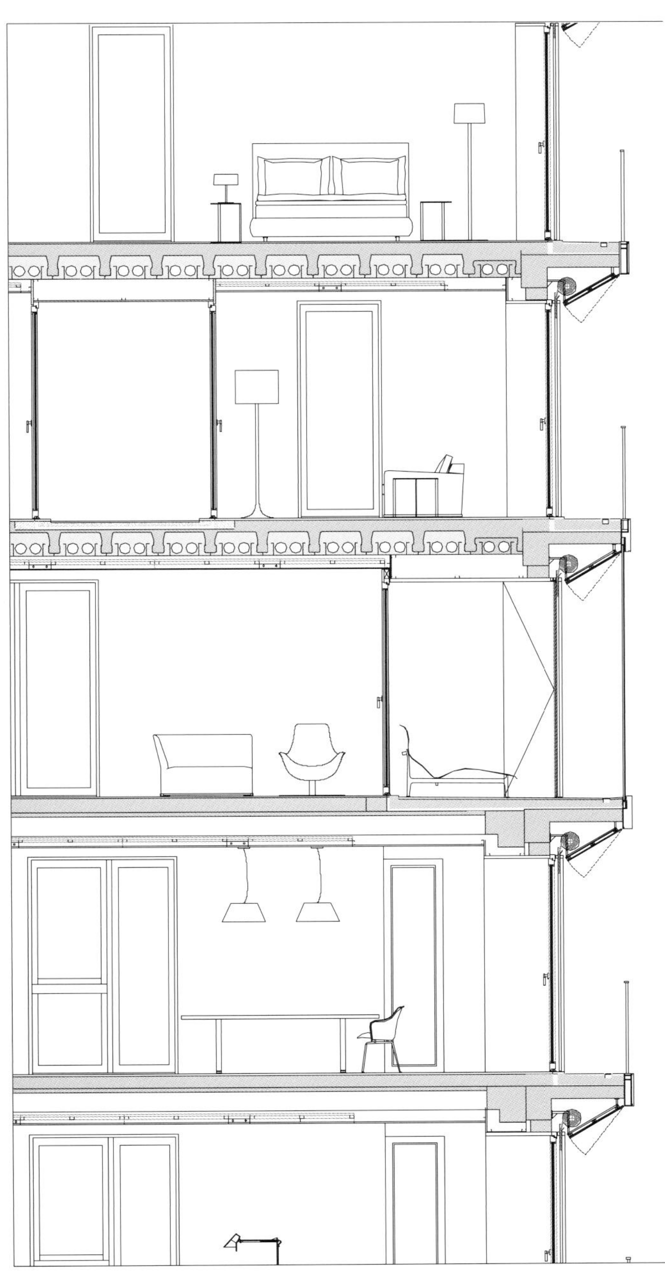

建筑

建筑的主体量共 8 层，另附有一个阁楼，高度与周围的建筑 Via Solari 及 Via Valparaiso 平齐。立面部分经过全面的改造，创造了双表皮。沿着建筑周长连续的每层楼的凉廊，金属质感的古铜色丝网玻璃面板被间断排列，保护住户私隐的同时，也提供了观览全城的绝佳视野。

0 5 10m

景观

这是一个位于封闭式花园里的独立公寓。沿着街道的围墙呈半透明，包裹着绿化，延续着Solari公园的迷人景致。建筑上还设置了一系列平台和抬高式花园，将其水平层融入绿化，而不是落入简单屋顶的俗套。

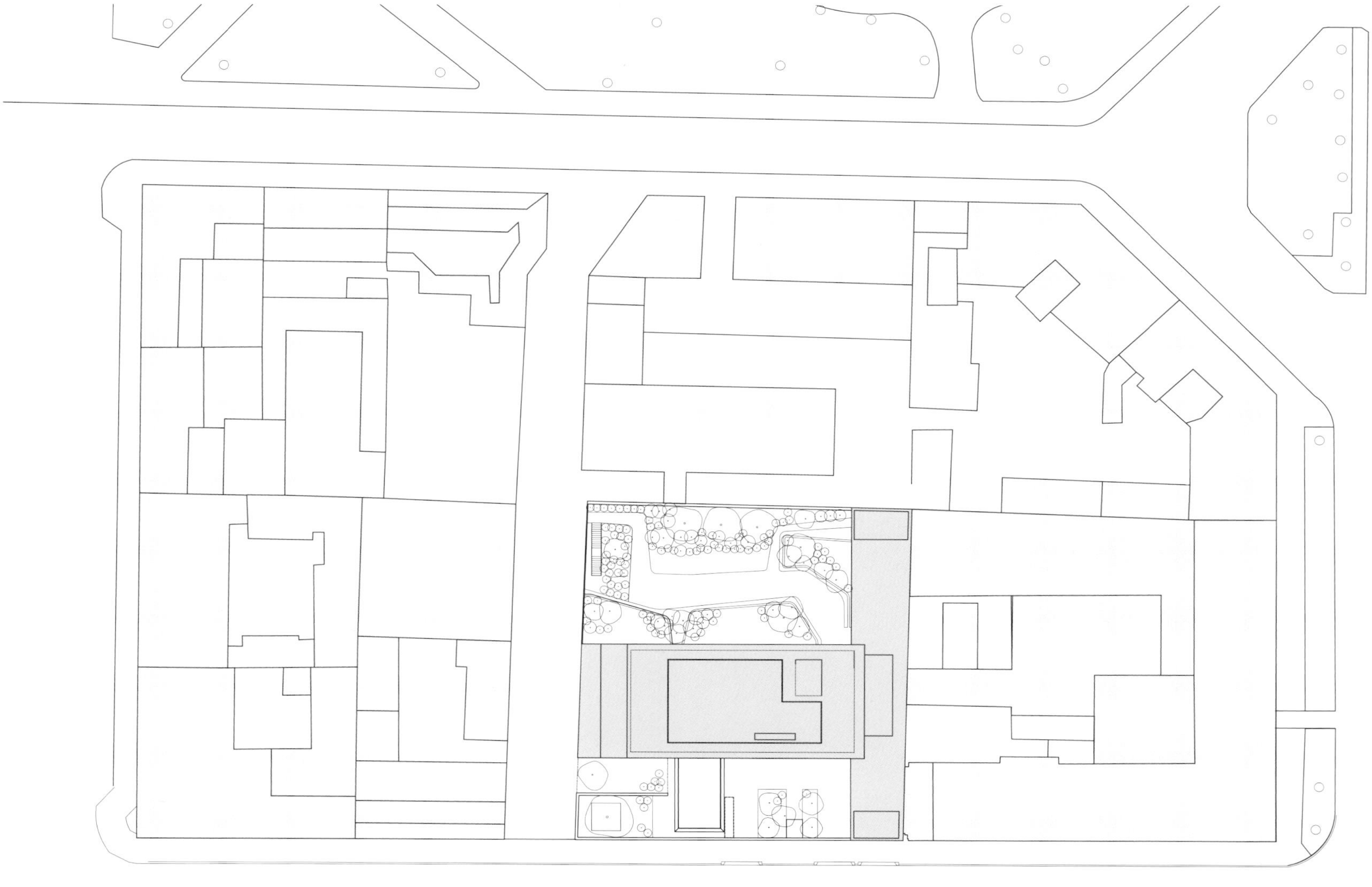

室内

建筑的内部，同样设计精巧。墙面覆盖了金属及木板。地面采用亮色，可以有效反射户外投射的自然光。

设施

建筑的地下层包括了酒窖、停车场和技术设备。

公寓设计：HONDELATTE LAPORTE ARCHITECTES
竣工时间：2012 年

项目地址：法国巴黎
场地规模：1 445 平方米

楼层数：9
开发商：PARIS HABITAT

Rebière 公寓：五彩花瓣

该建筑从属于一个大型住房项目 Autrement Rue Rebière。整个计划共有 180 个住房单位，旨在改善城市环境，区域包括 Porte Pouchet、17 大街、巴黎环路、克里希工业区和圣图安市场。这样的设置使得 Rue Rebière 区域变窄，沿着 Parisian Batignolles 公墓的地块变成了长 600m 宽 12.6m 的条形区块。

设计突破

建筑所有立面均覆盖棋盘图案的两色板块，时间和角度不同时，可以反射不同的色彩。脱离项目建筑独立存在的三个花瓣状空中平台同通过走廊相连，每个公寓都有自己的平台，将室内空间延伸至室外，享受全景景观。大部分公寓住宅有两个到三个朝向：南、东南和西南朝向，内部空间明亮。

商业突破

该项目属于 Autrement Rue Rebière 计划。它以清新的风格和极具标识性的立面，吸引市场的注意力。其突出的特色是花瓣状的阳台，既丰富了建筑个性和视觉效果，同时也最大化了住户的生活空间。就像是一间“额外的房间”，独立而混合，既属于户外也属于室内，让住户可以在此闲坐阅读，畅谈观景。

Actions
STRUCTURE JEUNE

建筑

该项目内的公寓单位多以两面或三面朝向为特色——南面、东南、西南三个朝向。采光通透的室内，同样加强了外立面的特征性。城市规划管理准则不允许住宅单位的窗口（即西立面）面向公墓。所有的立面，包括面向公墓的面，并没因此而做特殊处理。它们都是由两种颜色的格子花纹面板（白色和镀锌金属）构成。通过不同时间、不同角度、不同的光照，它们变幻出不同的色彩。

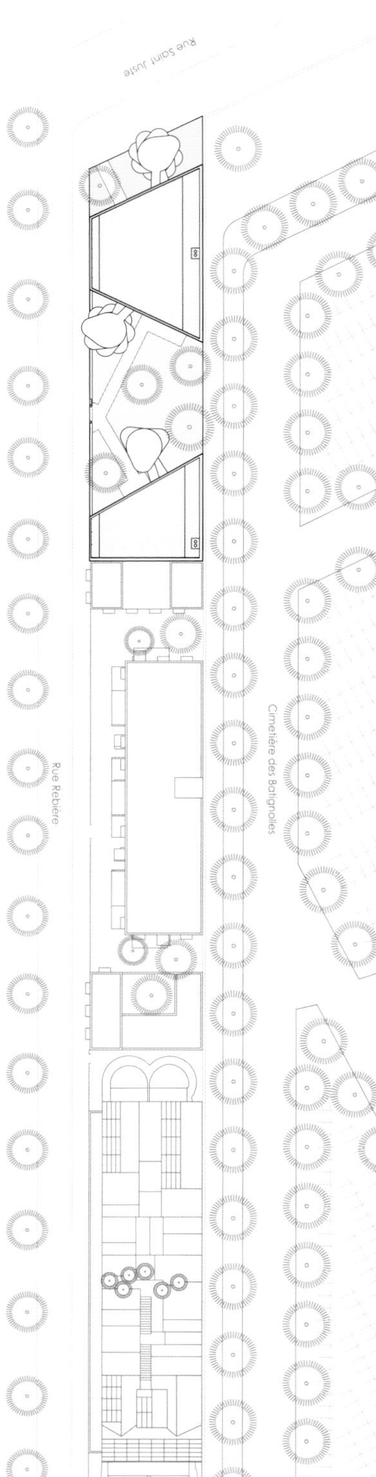

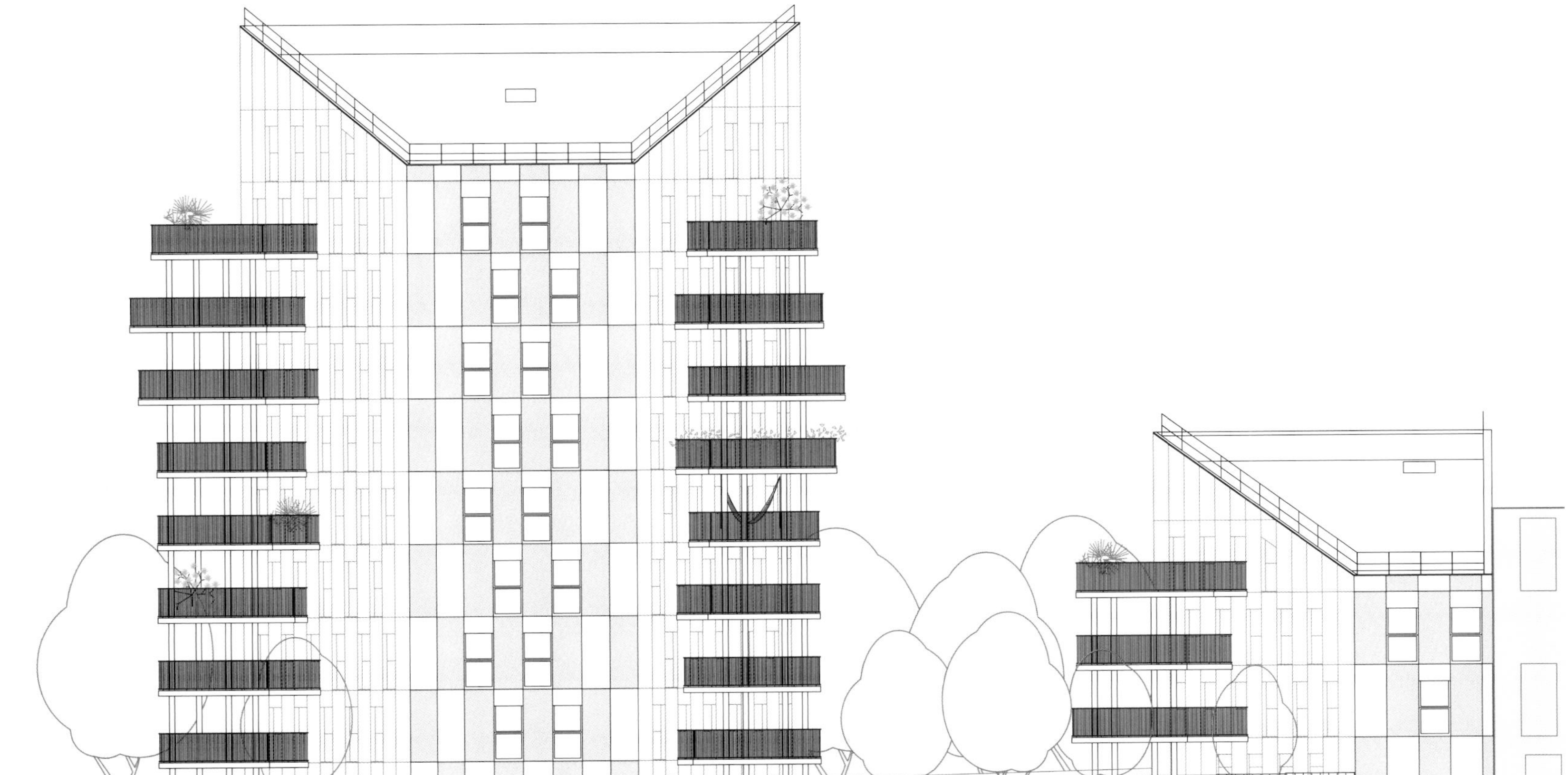

景观

作为 Autrement Rue Rebière 计划的先锋项目，本公寓由两个楼体组成，一个三层楼一个九层，被日式樱树花园分成两个部分。

设施

建筑的外部，三个柱状体，承载了盘旋而上的、花瓣一般的阳台。

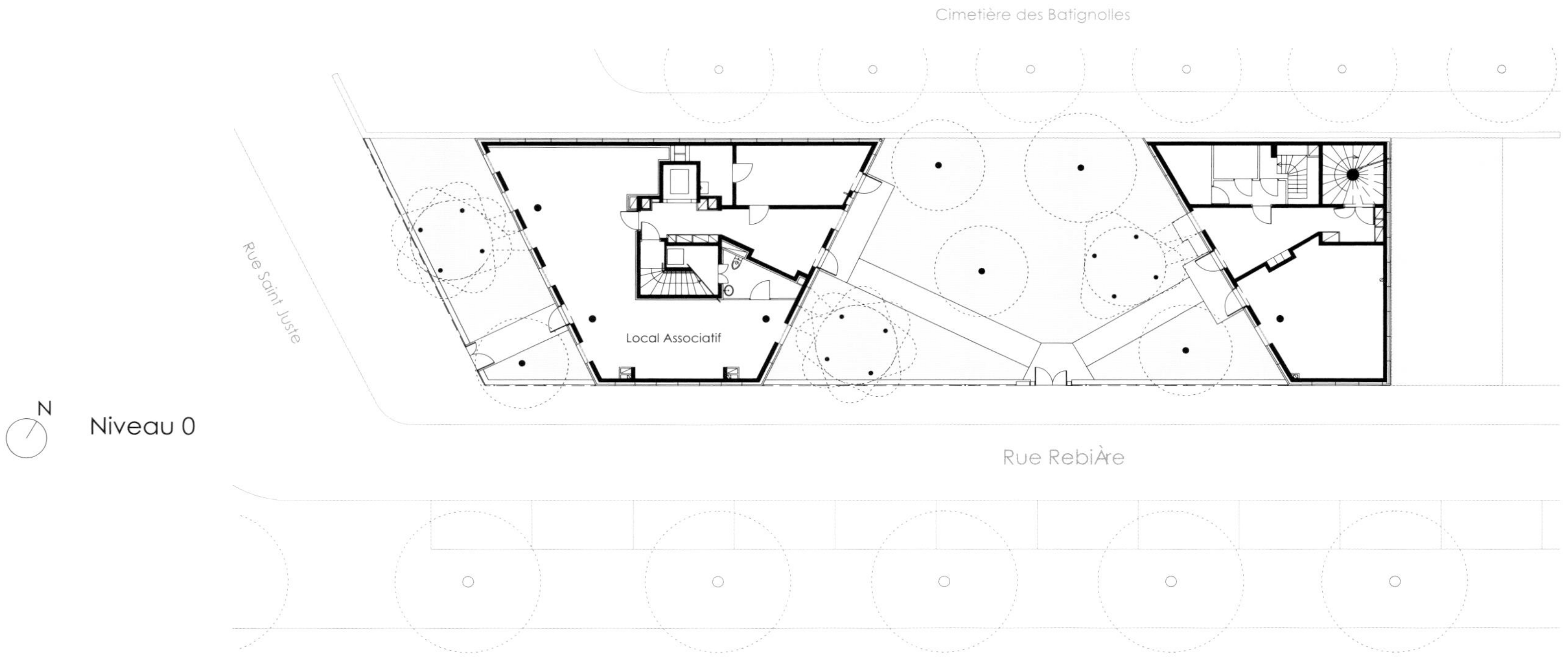

Cimetière des Batignolles

Rue Saint Juste

Local Associatif

N

Niveau 0

Rue RebiÀre

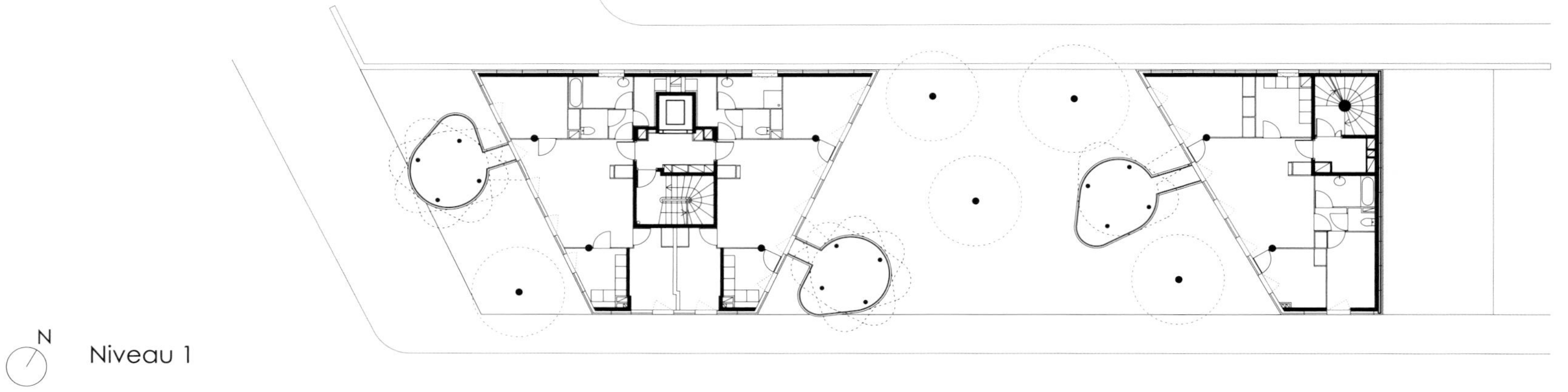

N

Niveau 1

室内

每个公寓单位都有它独特的阳台。阳台被设计成“额外的房间”，这个独立而混合的空间既属于户外也属于室内，具有辨识性的色彩赋予了每个公寓单位独特的氛围。这些 14 平方米的开放式房间，直接连接客厅，增加了一系列用途和更充分的采光。在尺寸上，它们足够八个人围桌而坐，或是设置吊床。住户可以享受 360° 全景视野，俯视 11 公顷的 Batignolles 公墓及 Porte Pouchet 的主要绿化空间。在第五层，他们还能坐拥从蒙马特到埃菲尔铁塔的巴黎城市美景。

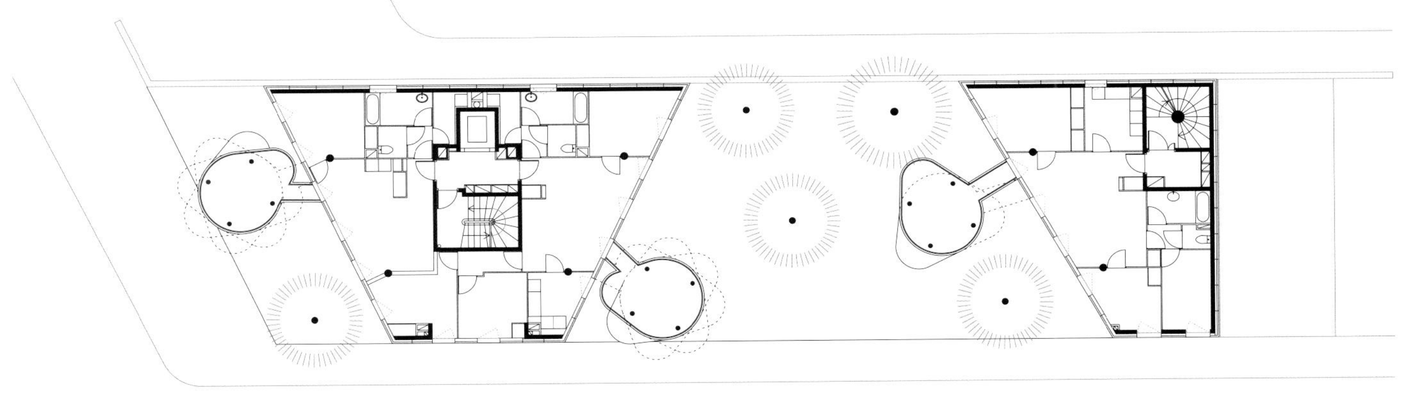

N

Niveau 2

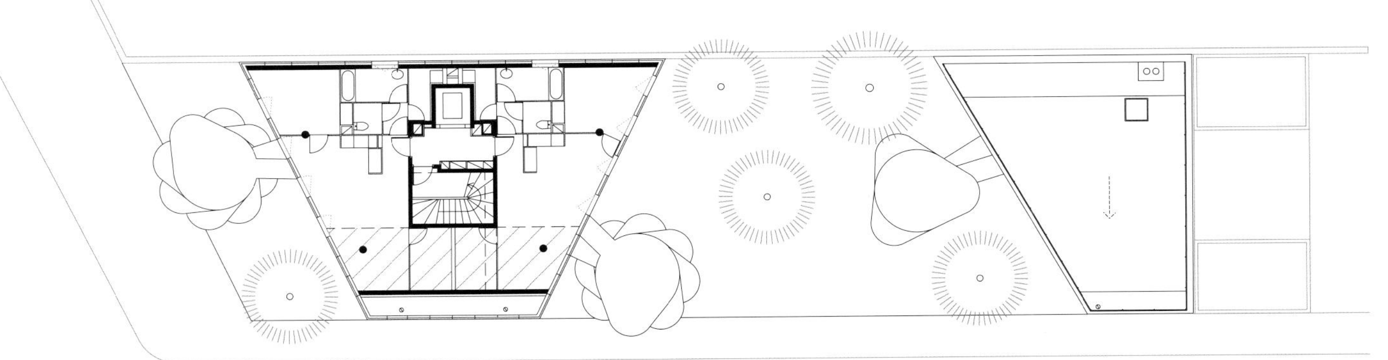

N

Niveau 9

公寓设计： Klab Architecture
竣工时间： 2011 年

项目地址： 希腊雅典
场地规模： 1 200 平方米

楼 层 数： 11
开 发 商： Archipili Ltd.

城市方块：纵向村落

该项目位于 Arryvou 和 Olympiadou 两条街道之间。于是设计团队采用了两个塔楼结构的形式，让住户可以同时拥有两条街道的视野。建筑脱离了周围的蔓延式的城市文脉，打破了雅典典型的锯齿式地块的常规，以一种极具戏剧性的动态立面展现在世人面前。为了满足不同用户的需求，设计团队采用了不同的楼层平面，表现为一个个立方体，用新奇的雕塑式造型与城市互动。

设计突破

该项目建在雅典人口稠密住宅区，这栋 U 型住宅楼（实质为背靠背的两栋楼）采用了错层的凹凸设计，从正面看有错乱的抽屉的感觉，而悬臂式突出部分有利于采光和通风。虽然受到土地面积的限制，但在它仍旧配有电梯式停车场，出入口都在内街一面的楼底处。简约的纯白立面，点缀以明红、亮黄和蔚蓝，丰富了视觉效果。

商业突破

该项目以一种现代的形式保留了当地传统特色。在人口稠密区 Pagrati 的狭窄区块上，垂直的街道之间，重新复制聚落的空间特质，形成了容许住户间独立和从城市文脉中脱颖而出的规划效果。这样的垂直村落设计理念被成功落实，有效解决了区域住户过密和空间单调等问题，并突出了公寓的内在价值。

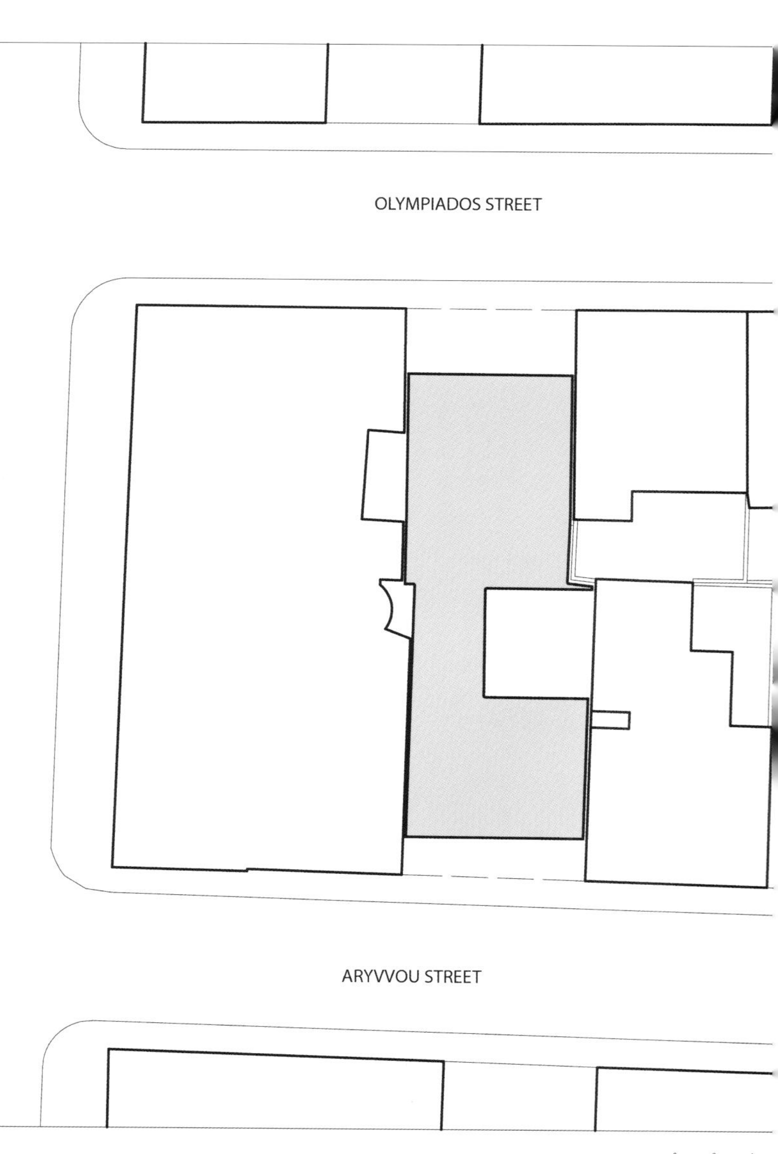

OLYMPIADOS STREET
FILOLAOU STREET
ARYVVOU STREET

建筑

设计团队将整个项目设计成一个矛盾体。它既像是一个类似基克拉迪群岛村落的城市村落，又是一个垂直的缓解城市人口稠密的建筑方案。在这个村落，在同样的社会准则下，每个住户都与众不同。它具体表现为，被挂在露石混凝土幕墙上的一个个白色悬臂式立方体。加上小小的开口，不禁让人联想到村庄的防护墙。

ίχνος υπογείου
ίχνος υπογείου

ΚΤΙΡΙΟ ΟΜΟΡΟΥ ΟΙΚΟΠΕΔΟΥ
ίχνος υπογείου
ίχνος υπογείου

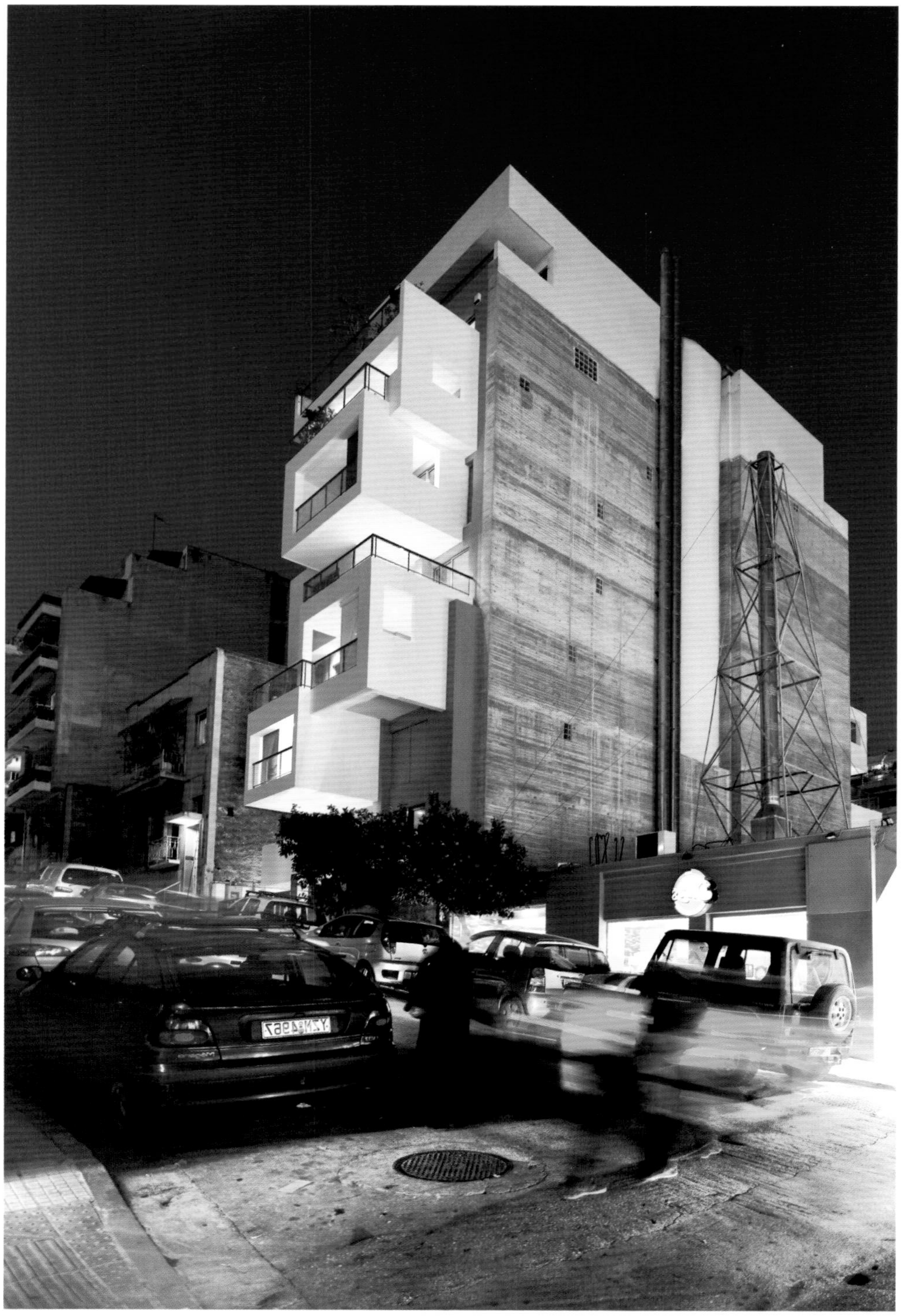

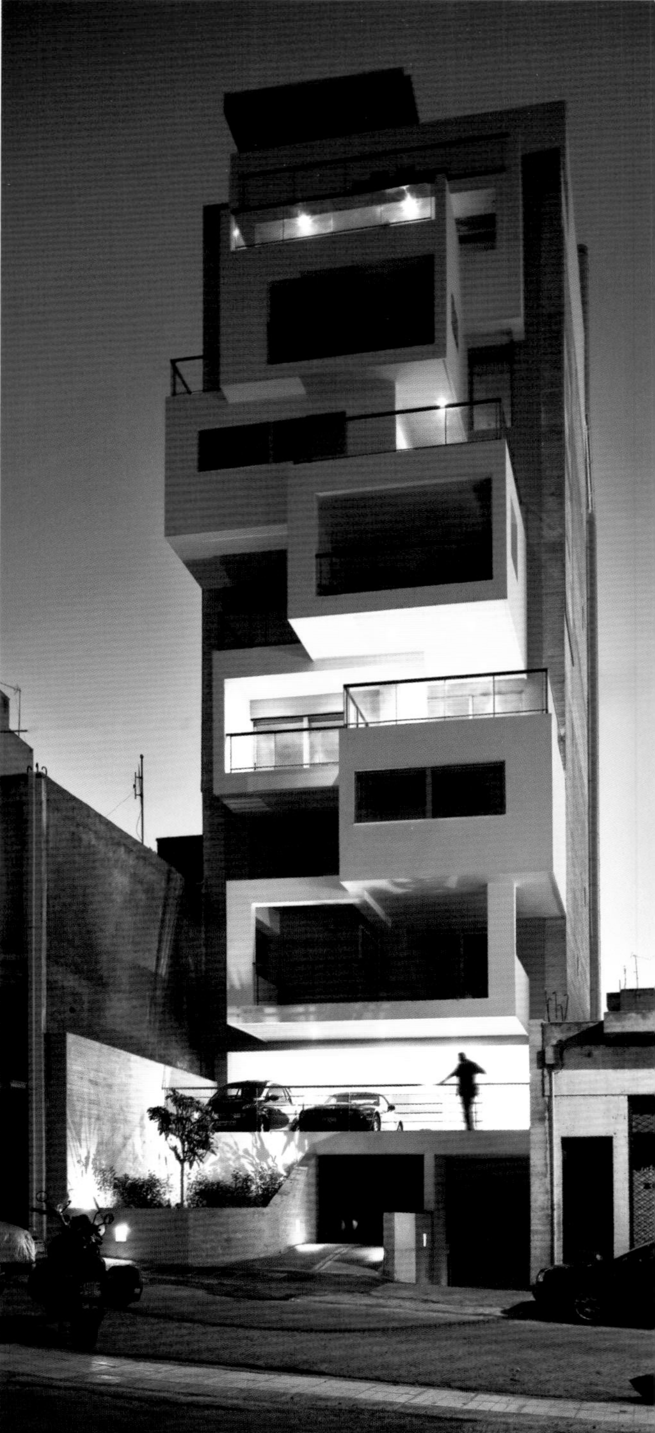

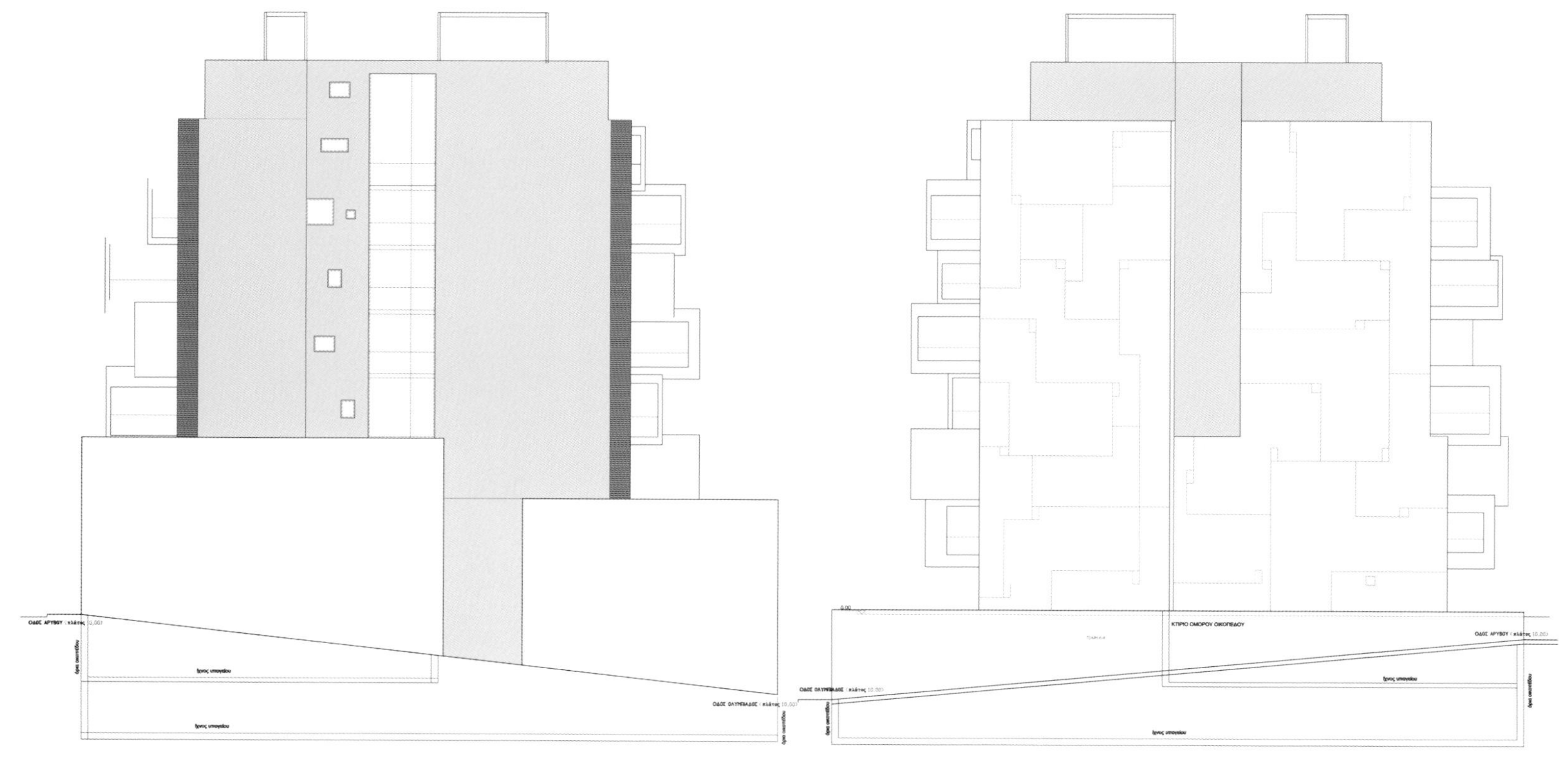

景观

该项目位于狭长的地块，两条互相垂直的街道上。于是，产生了两个部分的住房设计。这两个部分由一块共用墙连接。共用墙位于项目的中心，也成为了建筑内部的交通树——包括了楼体、电梯和廊道。与此同时，也产生了纵向的庭院，为两侧的楼体提供自然采光。

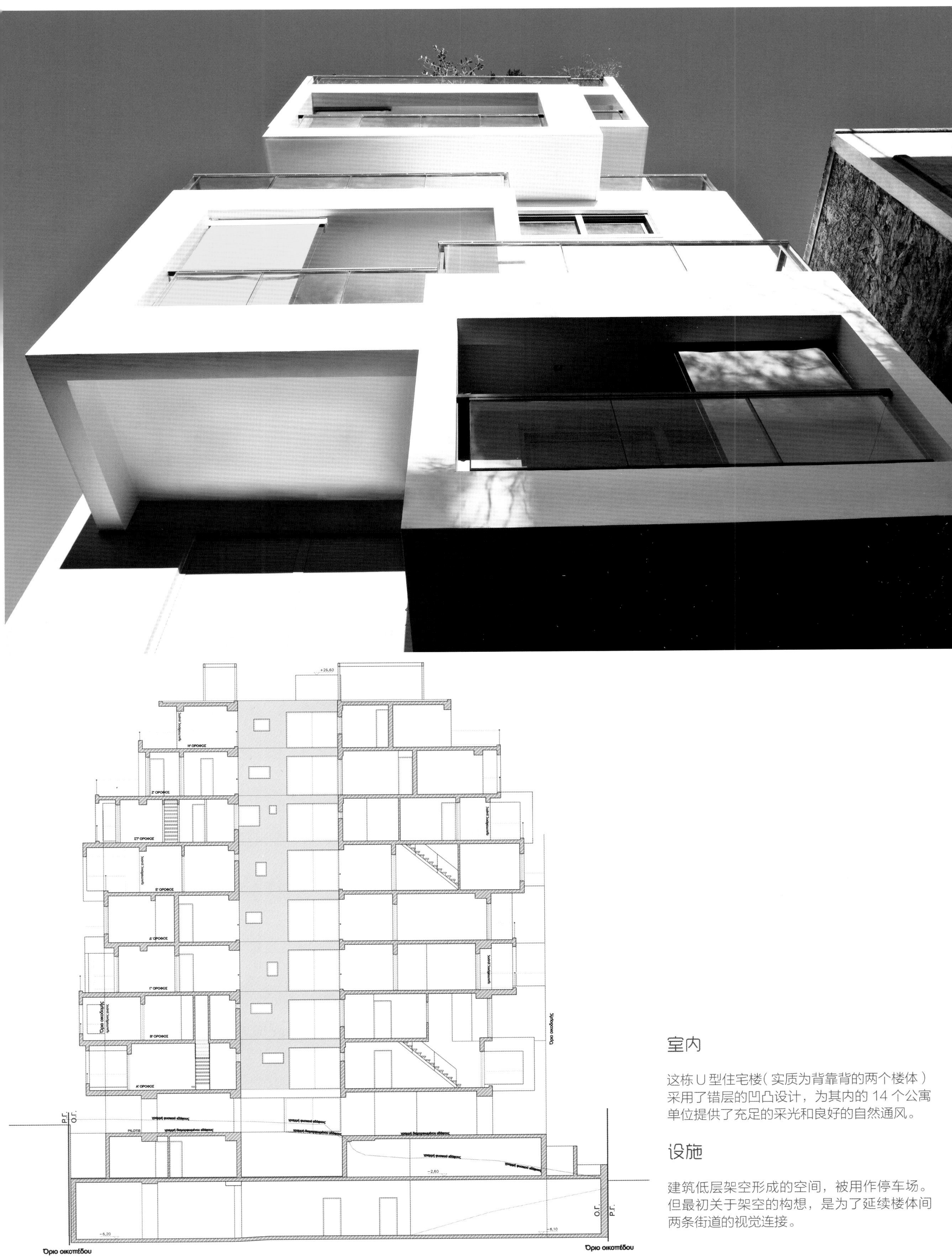

室内

这栋 U 型住宅楼（实质为背靠背的两个楼体）采用了错层的凹凸设计，为其内的 14 个公寓单位提供了充足的采光和良好的自然通风。

设施

建筑低层架空形成的空间，被用作停车场。但最初关于架空的构想，是为了延续楼体间两条街道的视觉连接。

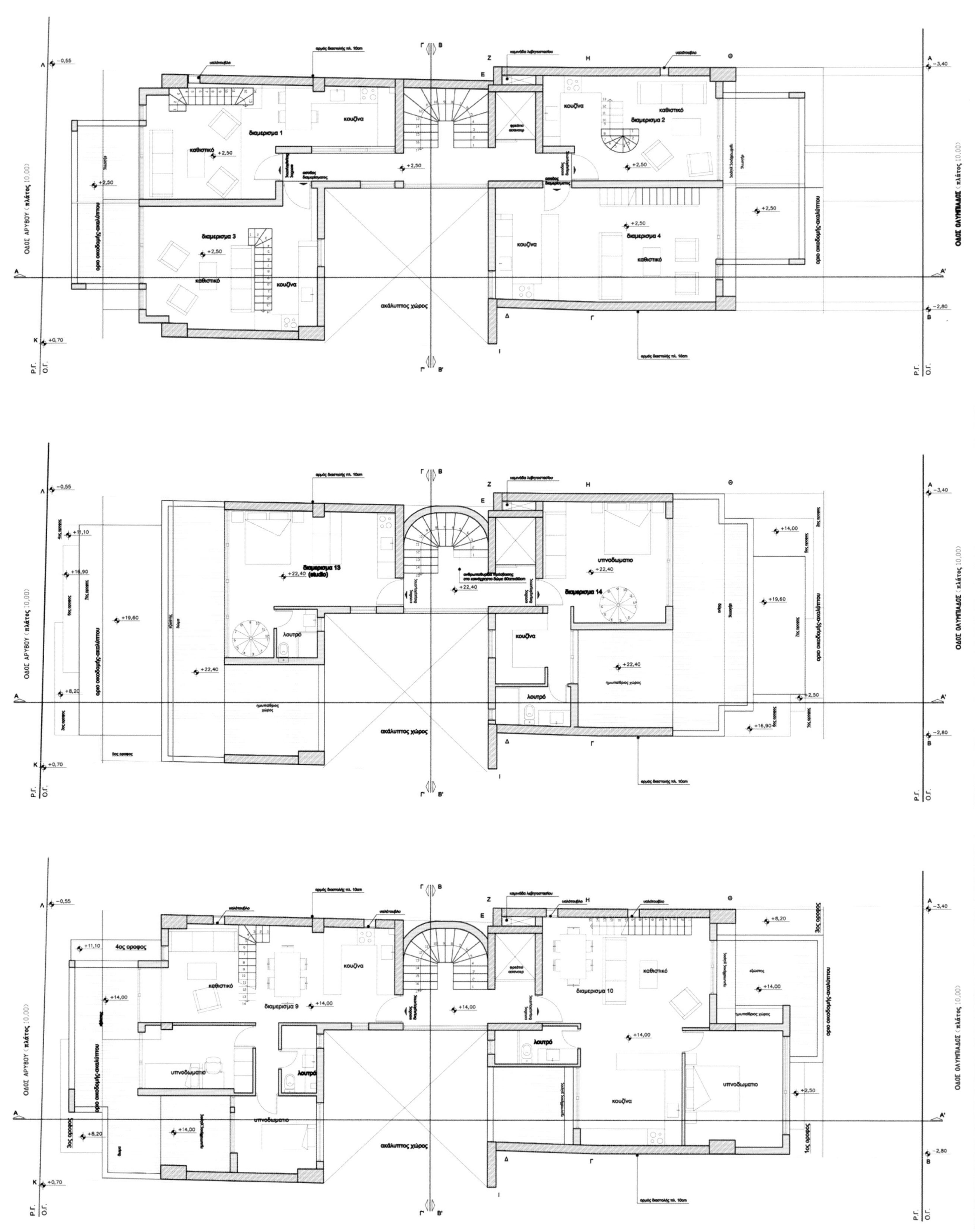

公寓设计：C. F. M ller Architects
竣工时间：2010 年

项目地址：丹麦奥尔胡斯
场地规模：4 600 平方米

楼层数：12
开发商：L gten Midt A/S

Siloetten 公寓：筒仓改造

丹麦的许多城镇都有历史遗留的工业筒仓，大多数已经不再使用，但依然主导着当地的天际线。Aarhus 北面的 Løgten 镇，也有这么一座筒仓，如今被改造成乡村高层建筑—— 一个由 21 户高品质公寓单位组成的独特的“层叠式别墅”。于是公寓和房屋混合的建筑内，产生了标准公寓和独立式住宅两种选择，并保障了连低层也可以全景视野。而且，每个公寓单位都是独一无二的。

设计突破

新建的钢结构伸展出醒目的形式，像是搭建乐高积木一般，将各个单位组织在一起。在建筑的一边故意露出筒仓的一侧，保持建筑的历史感，并认为该类型的结构可以作为农村的历史标记，与教堂钟楼或古老的风车一样，展现本地的历史。该项目兼具单层和独栋住宅的特点，即使在低层也能享受到充分的景观，并且，没有重复的套型。

商业突破

在丹麦，许多城镇位于工业的孤岛上，拥有大片被废弃筒仓占用的土地。该项目用恰当的手法转换空间，为筒仓的重生和土地再利用提供了一种新的思路和途径。于是，原有筒仓被转变成公寓建筑的核心，由新建的 21 个高品质公寓单位围绕，凭借独特的外观和对原有价值的保留和利用，成为当地醒目的建筑之一。

景观

突起、移位等特殊的建筑结构赋予了每个户型大量的户外空间，并使其享有奥尔胡斯海湾和城市美景。

建筑

原有的筒仓结构包括了楼梯、电梯，并为共用的屋顶平台建设提供了基础。围绕着塔楼，公寓单位以美妙的方式在钢铁结构上爬升，并创造出更充足的采光和景观，就像是搭建乐高玩具。

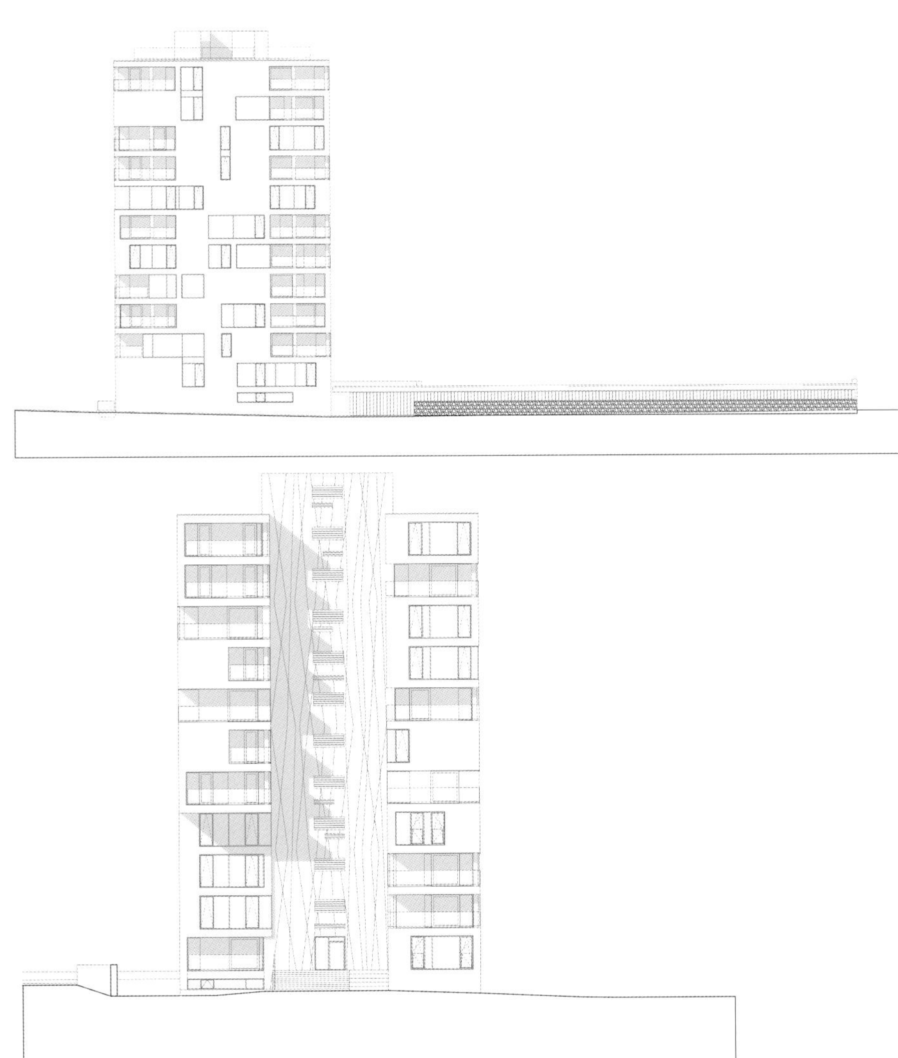

设施

项目的基部设置了一个“乡村中心”，一个混合使用的空间，包括商铺、超市、公园等。

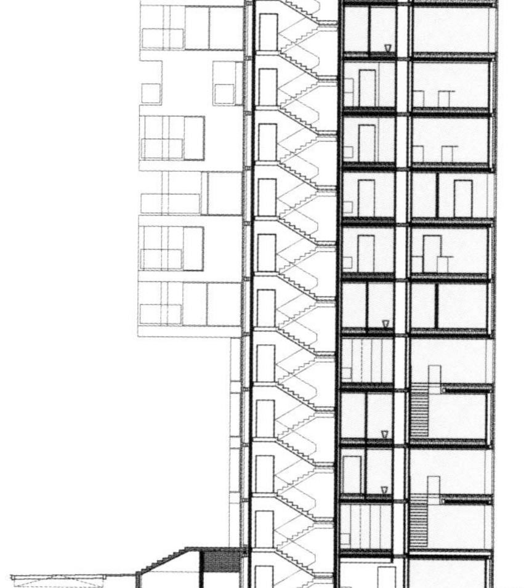

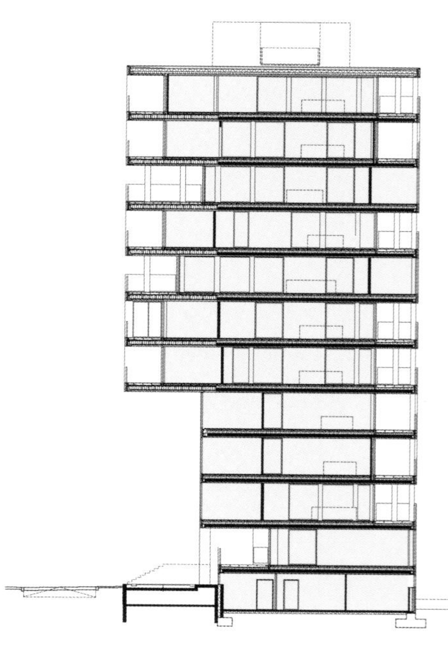

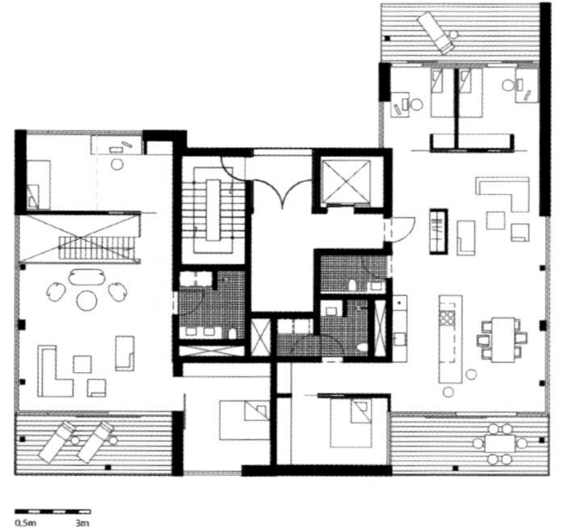

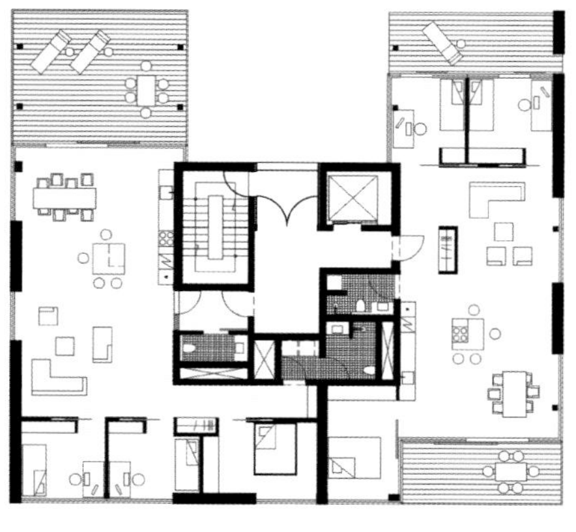

室内

无论是北立面还是南立面，每户公寓单位都享有各个时段的自然采光。

公寓设计： AGUILAR Y VARONA ARQUITECTOS ASOCIADOS SLP
竣工时间： 2011 年

项目地址： 西班牙 毕尔巴鄂
场地规模： 3 100 平方米

楼层数： 6（另有地下 1 楼）
开发商： JAUREGUIZAR PROMOCION Y GESTION INMOBILIARIA

Residecial Ramón y Cajal：简约不简单

该项目位于毕尔巴鄂区，毗邻德乌斯托大学，河对岸是翻新过的 Abandoibarra 区，那里坐落着古根海姆博物馆和其他标志性建筑。该地区曾位于昔日两条狭窄街道的拐角处，而如今已成为居民的休憩区，在那里居民可以尽情享受大片的空地。靠近铁路的一排旧居民楼已被拆除，而入口却为周围的建筑物保留下来了。

设计突破

该项目突破了地块和周围环境的局限，最大限度地利用了空间。无论是地下空间的设计，还是景观区域的植入，都体现了结构和材质的机智运用。光影的效果和材料的特性，互相作用，使得庄重之感在建筑上体现的淋漓尽致。简约而不乏现代的立面，与周围的旧式住宅和工业建筑，完美地融合在一起。

商业突破

如何在旧街区脱颖而出，又不产生违和感，是该项目需要突破的要点。最大的利用空间和环境，是建筑顺应市场需求的表现。当地湿度大，具有良好通风的生活空间，才能深得住户的喜爱。研究了生物气候和技术解决方案，设计团队决定在结构和立面上做文章，建立了一个相对完善的通风系统。

VEN
A CONOCER
TU NUEVO
HOGAR

建筑

设计团队设想出一套综合解决方案，与毗邻的古典建筑相融合。利用阳光照射区域，重新组合了建筑的内部和外部空间。毗邻的塔楼常给人们这样的印象：建筑是黑暗的、不宽敞的。但是该项目的建筑体块在符合规划局的要求下，对顶层的每个角度都采用退后处理。设计旨在追求建筑的独特性。建筑物的拐角较为光亮而退后处理区域却变得黑暗了，进而通过体量及材料来强调庄重感。

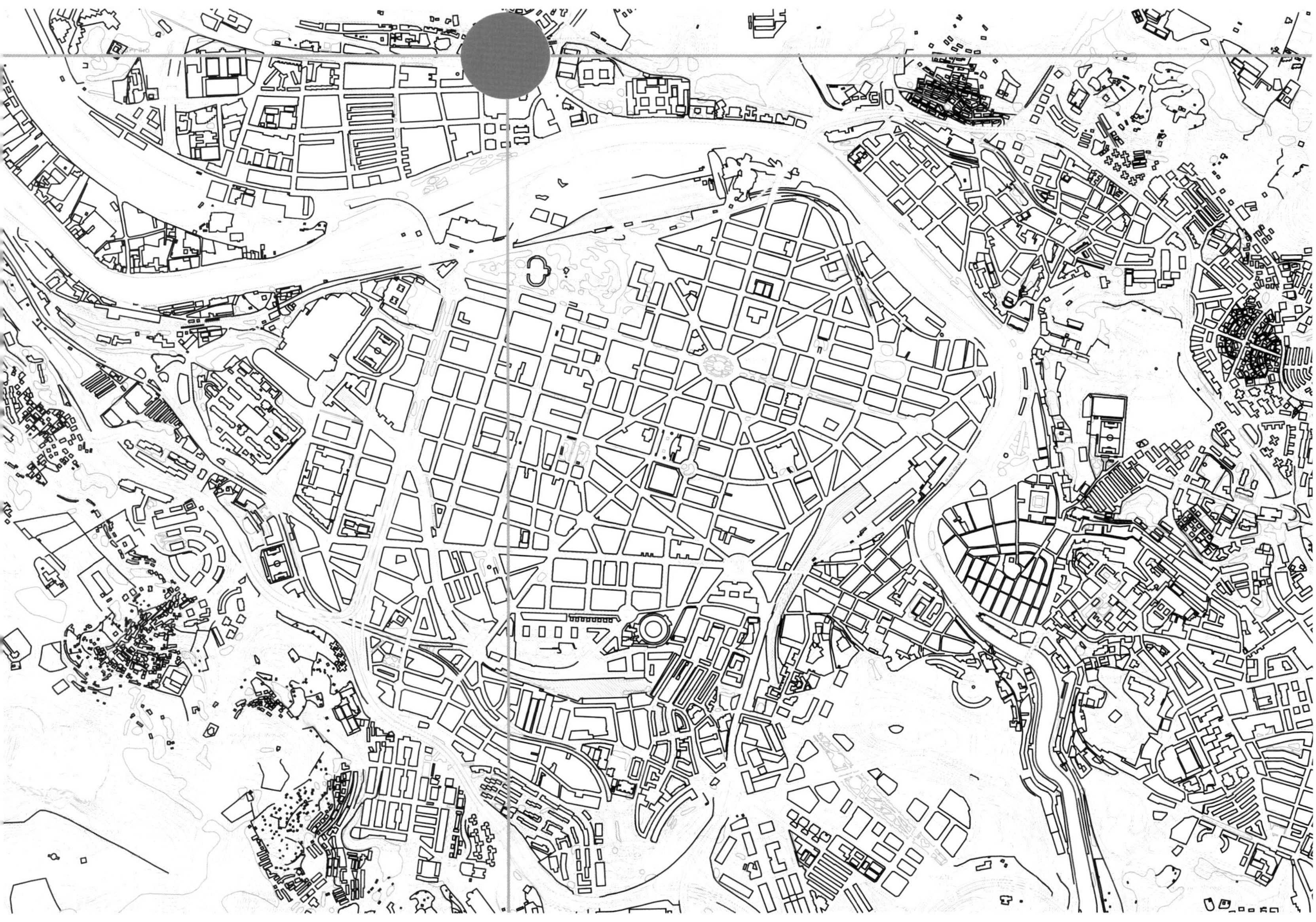

PC +38,60 m.
PC +37,87 m.
PC +30,60 m.
R +17,74 m.
+17,30 m.
+16,71 m.
+16,50 m.
R +16,10 m.
+16,00 m.

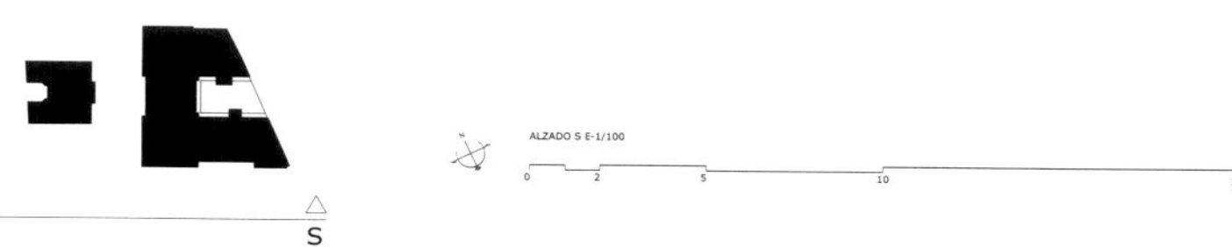
S
ALZADO S E-1/100
0
2
5
10
20

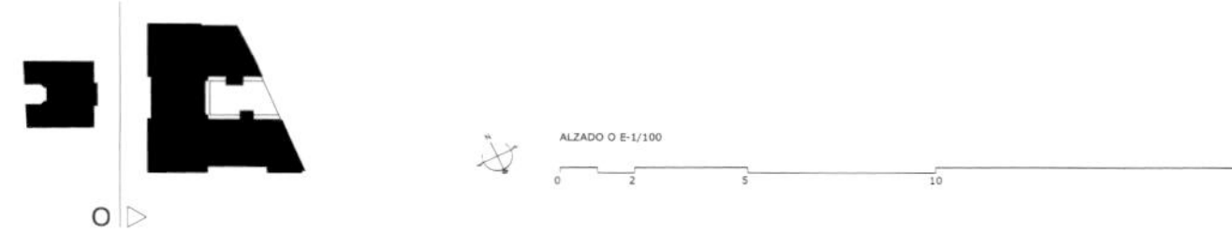
O
ALZADO O E-1/100
0
2
5
10
20

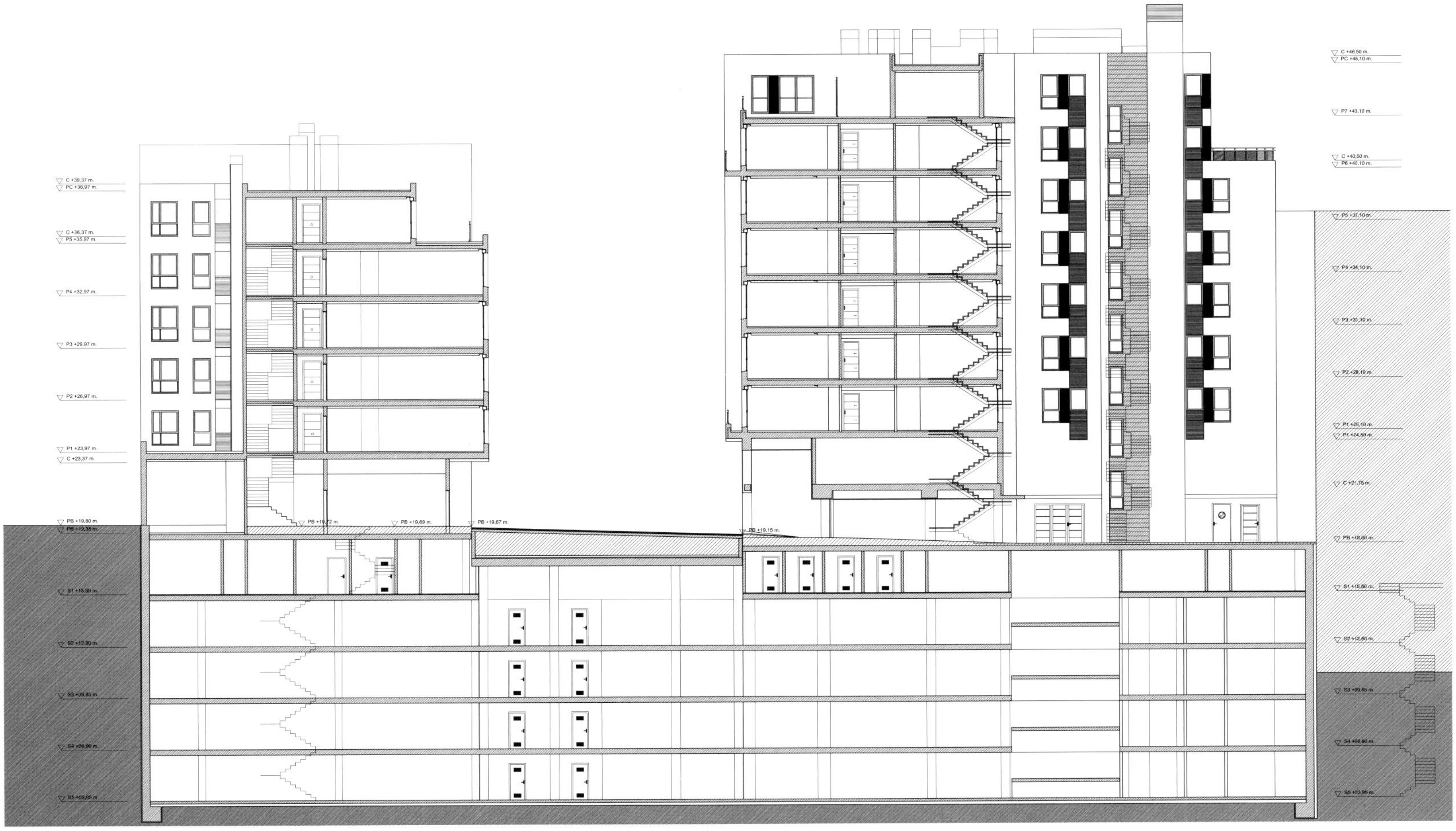

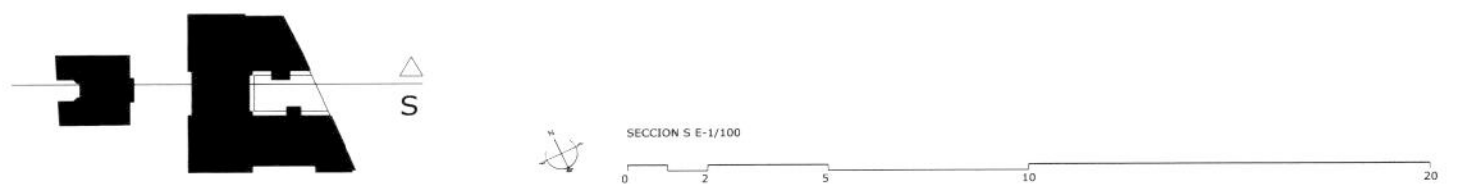

VEN
A CONOCER
TU NUEVO
HOGAR
jaureguizar

jaureguizar

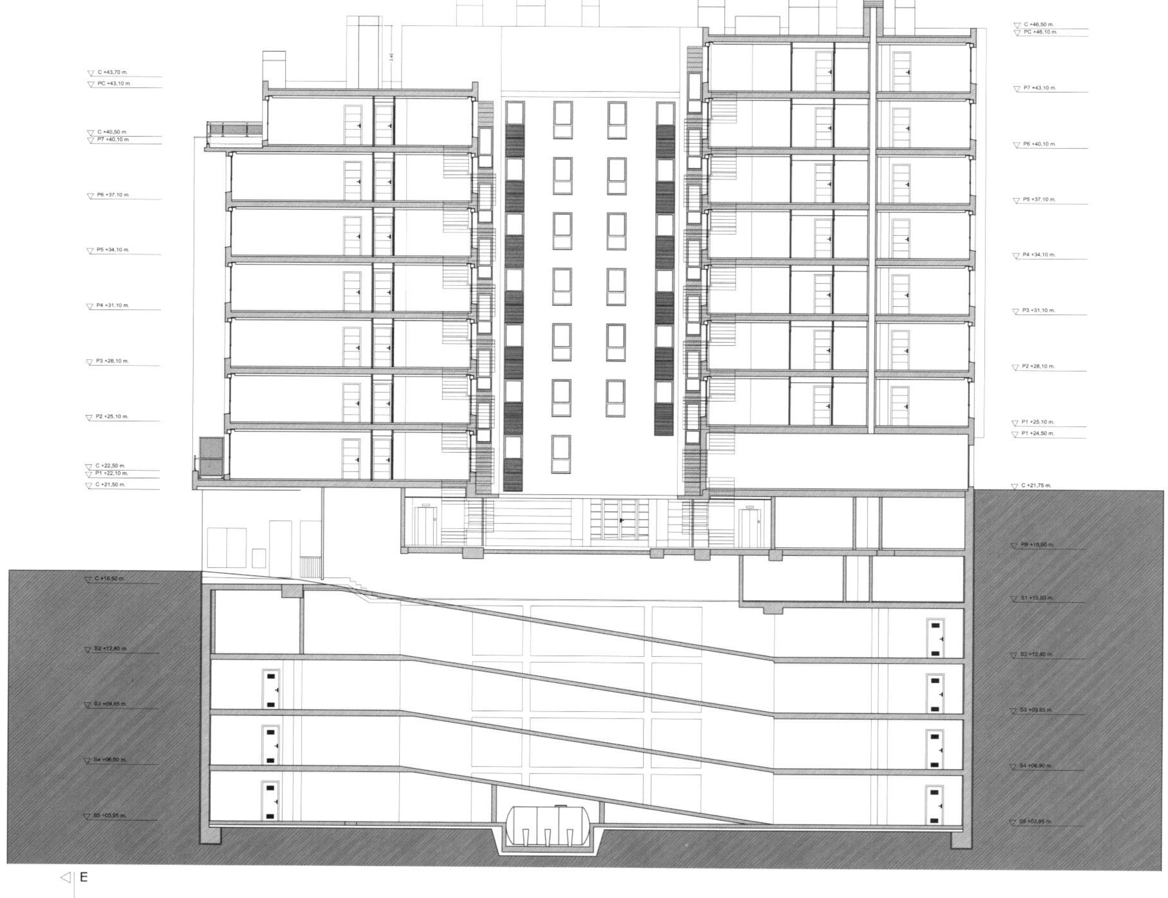

景观

外立面和内部花园结合了现代建筑设计，线条冷峻、色彩淡雅，同时融入了柠檬绿的石料和巴利亚多利德区域的深绿。

设施

毕尔巴鄂地区的湿度非常大，设计团队就此研究了生物气候和技术解决方案，建议采用通风的建筑立面系统。该建筑的各处远景引出了最佳的技术解决方案——通过设计使建筑拐角处延续而不中断。设计团队采用了一个一米高的石块模板结构，来将拐角连接起来，同时将窗户的开口采用退后处理，并且使用灰色的闪光铝合金材料来强调深度感。

ALZADO ESTE DEL RETAL

SECCIÓN ALZADO -O- DEL RETAL

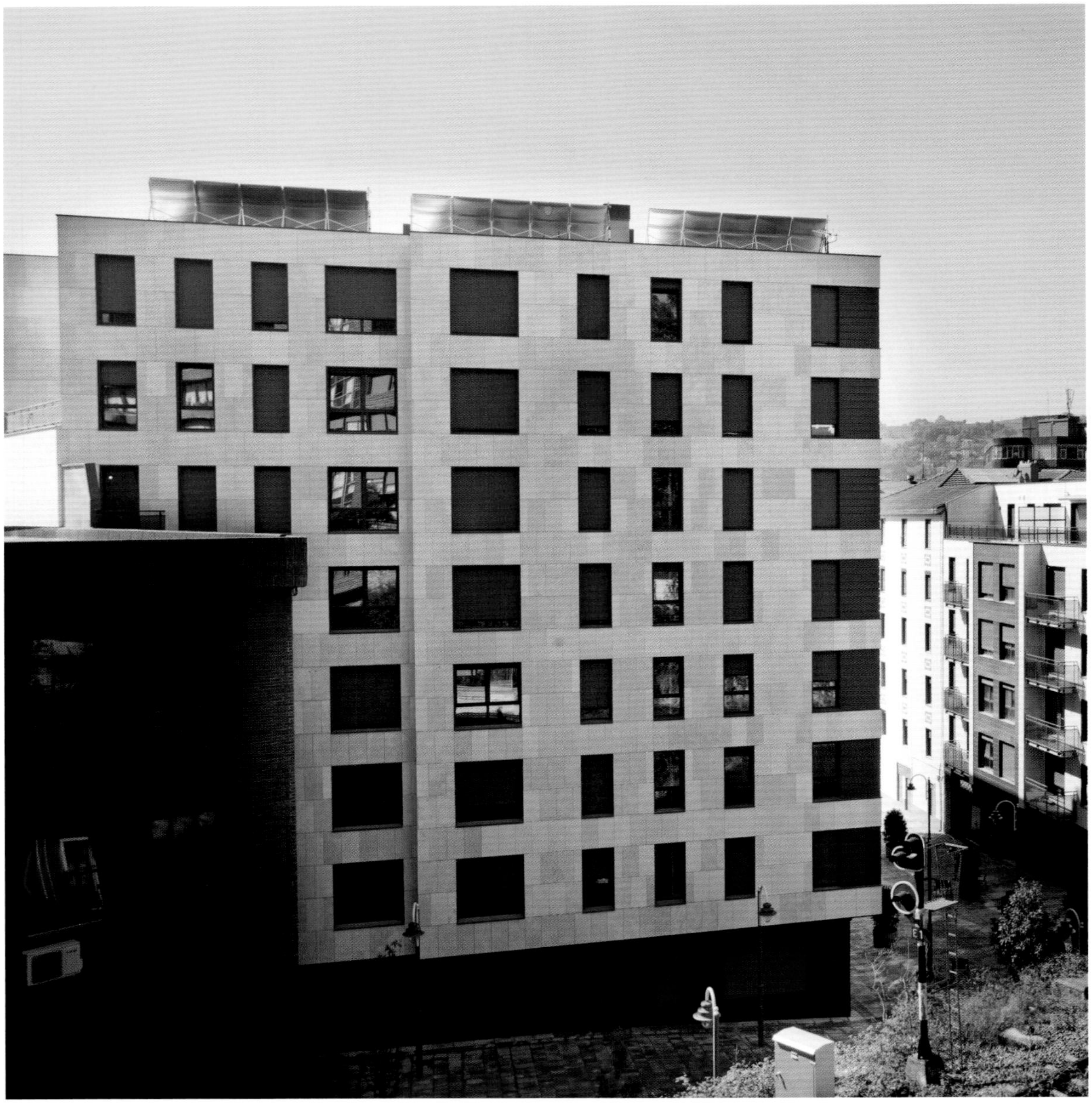

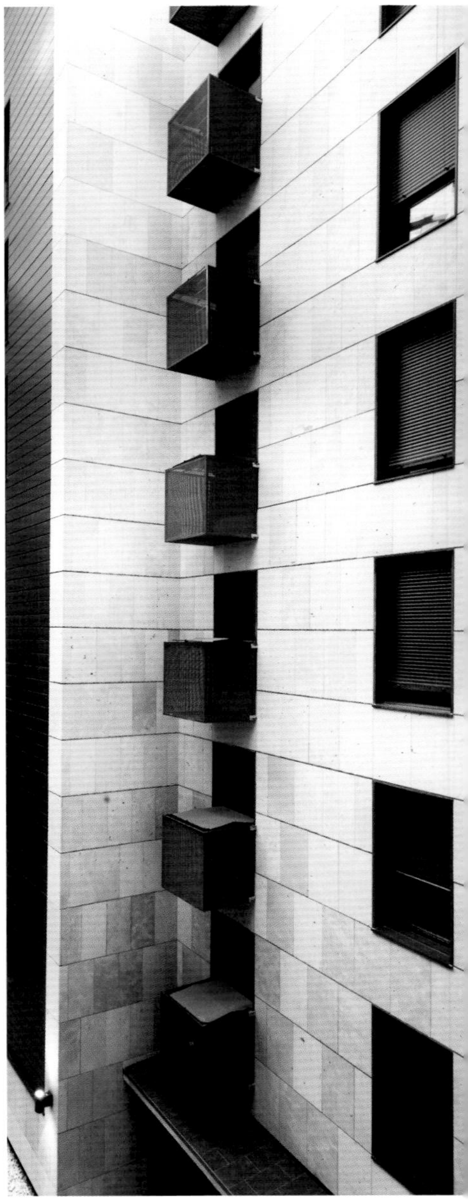

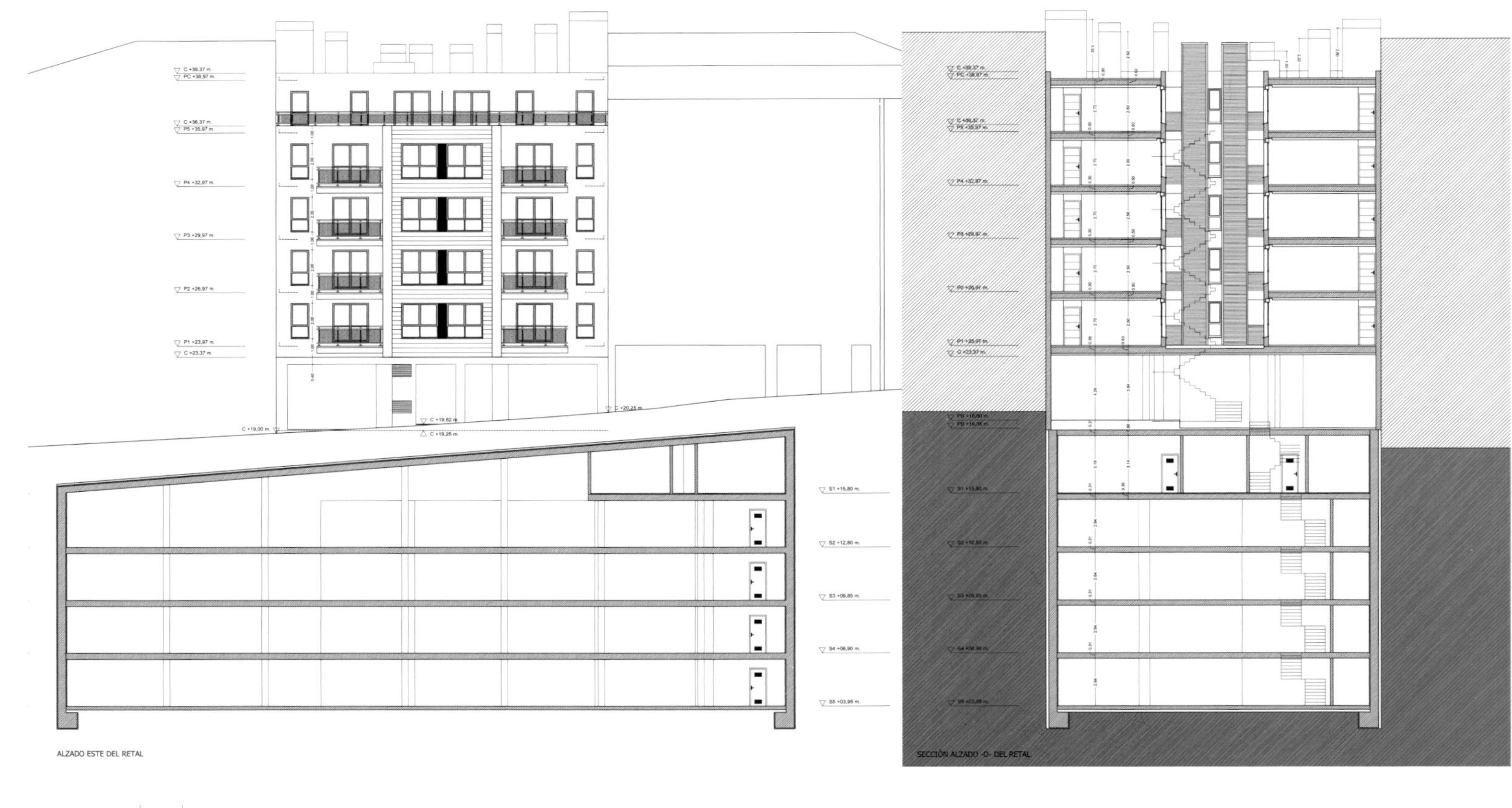

O ▷ ◁ E´
ALZADO E´ Y SECCION RETAL O E-1/100
0 2 5 10 20

Ramón
Nº 2-4

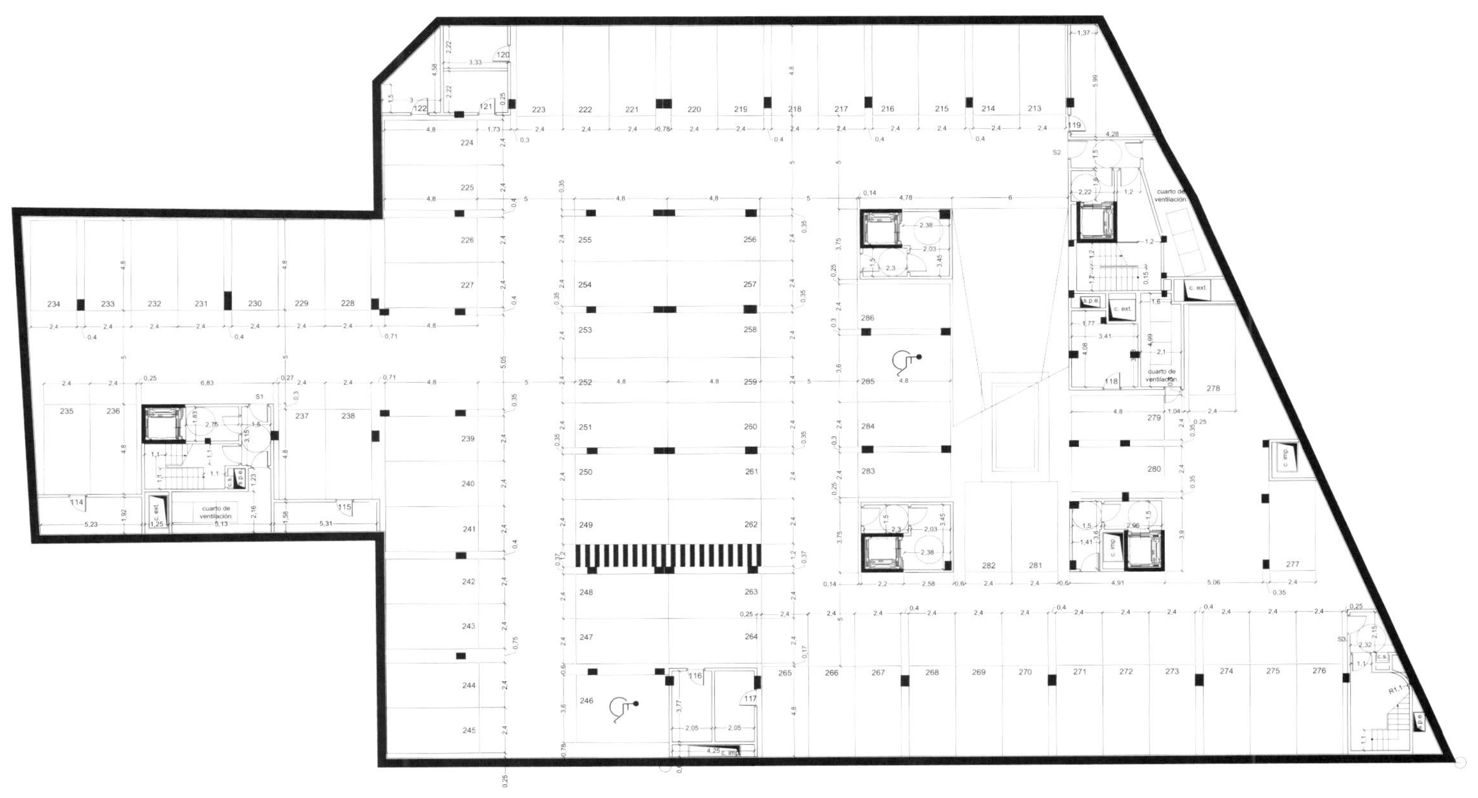

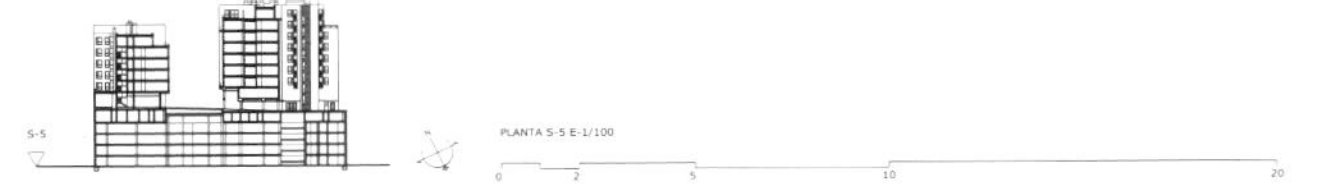

arquitectos Matías Varona Peña José Aguilar García arquitectos colaboradores Inés Hernández Masedo Jorge Rodríguez García

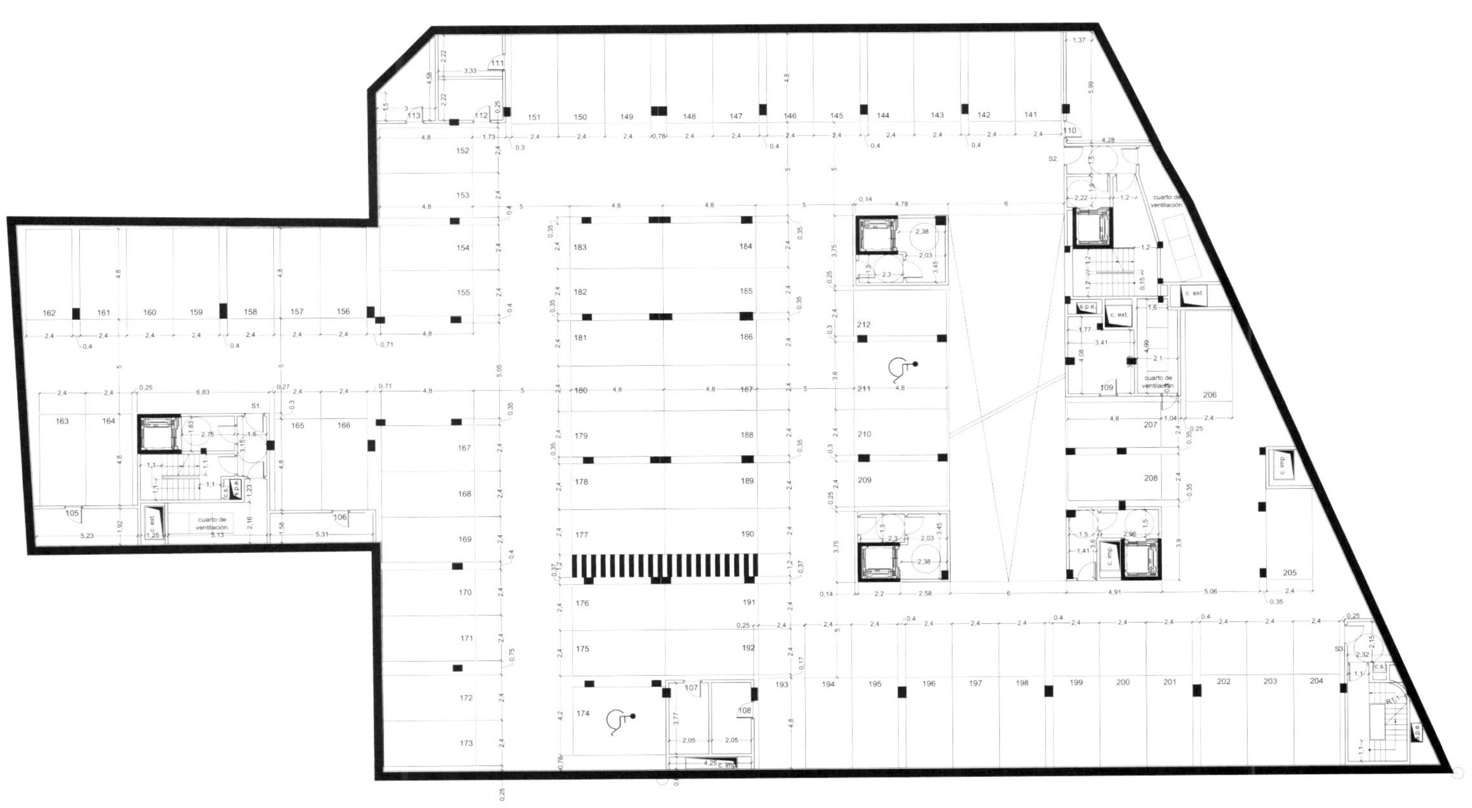

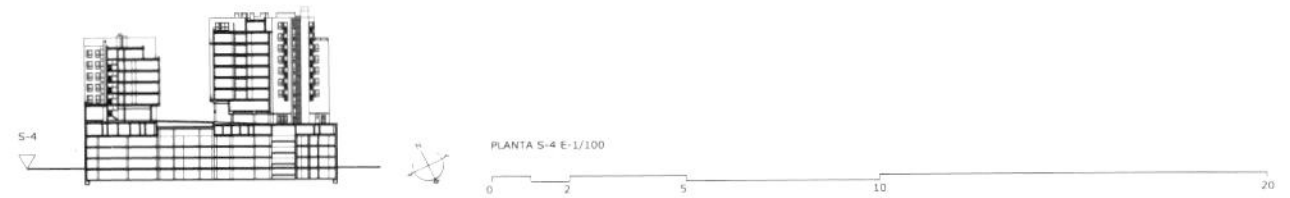

arquitectos Matías Varona Peña José Aguilar García arquitectos colaboradores Inés Hernández Masedo Jorge Rodríguez García

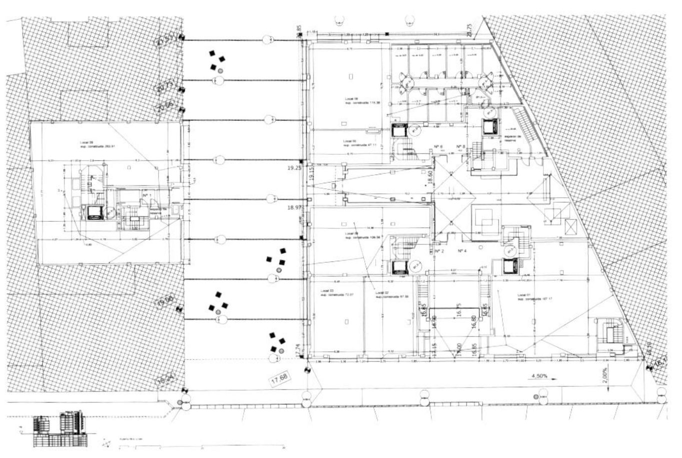

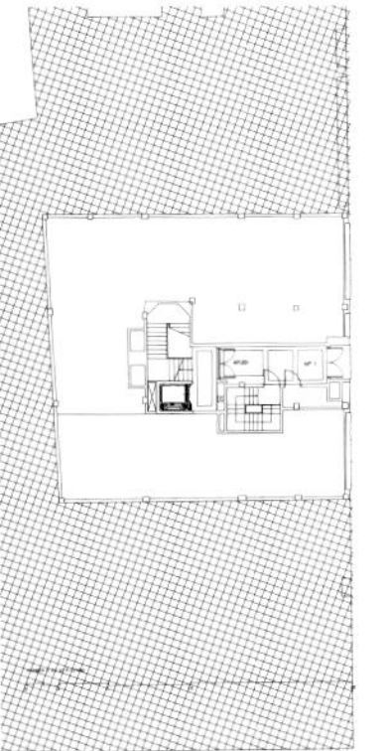

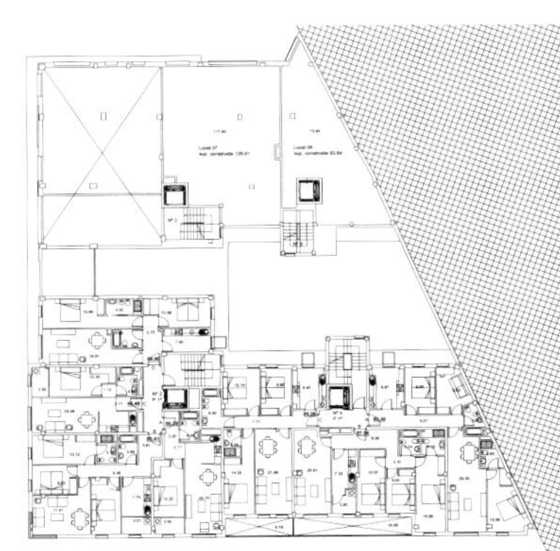

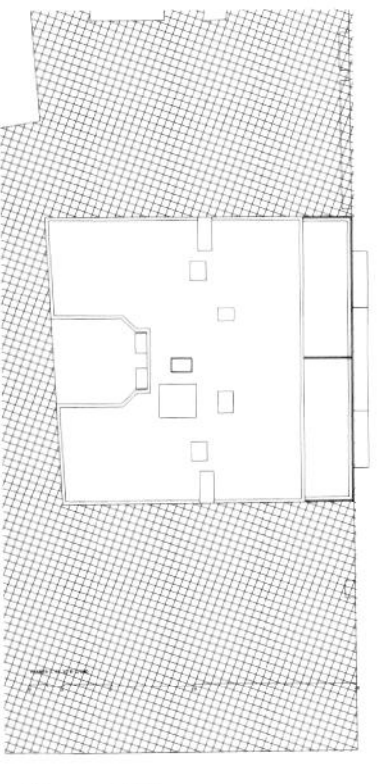

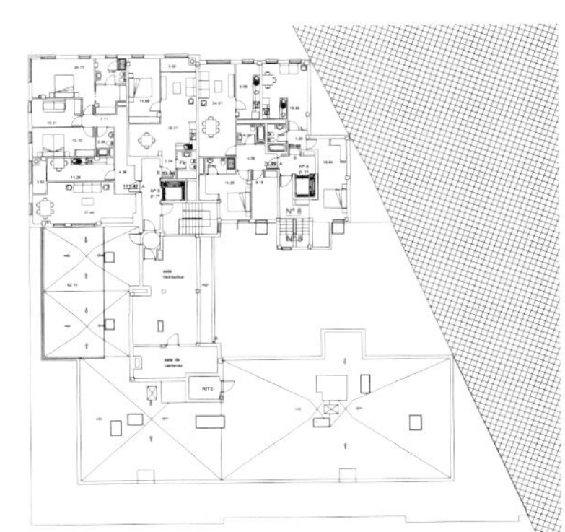

室内

外表宁静的建筑立面背后有着各式各样的住宅组合。建筑物内的庭院可为人们提供一片宁静的休闲区域，与建筑物的正立面一样重要。夜晚，隔壁工业楼正立面的灯光可以散射到该建筑上。

公寓设计： Nicolas Laisn Architecte Urbaniste
竣工时间： 2012 年

项目地址： 法国巴黎
场地规模： 1 800 平方米

楼 层 数： 7
开 发 商： Private

Pierre-Rebière 街公寓：纵与横的对话

该项目由两栋住宅大楼组成，共有 22 间公寓，位于巴黎西北的 Porte de Clichy 区。Rue Pierre-Rebière 街公寓是一条直路，长 600 m，宽 25 m。两头分别连接 Batignolles 公墓和 Honoré-de-Balzac 高中操场。一系列的新建筑将陆续建成，改造这条狭窄又冷清的街道。

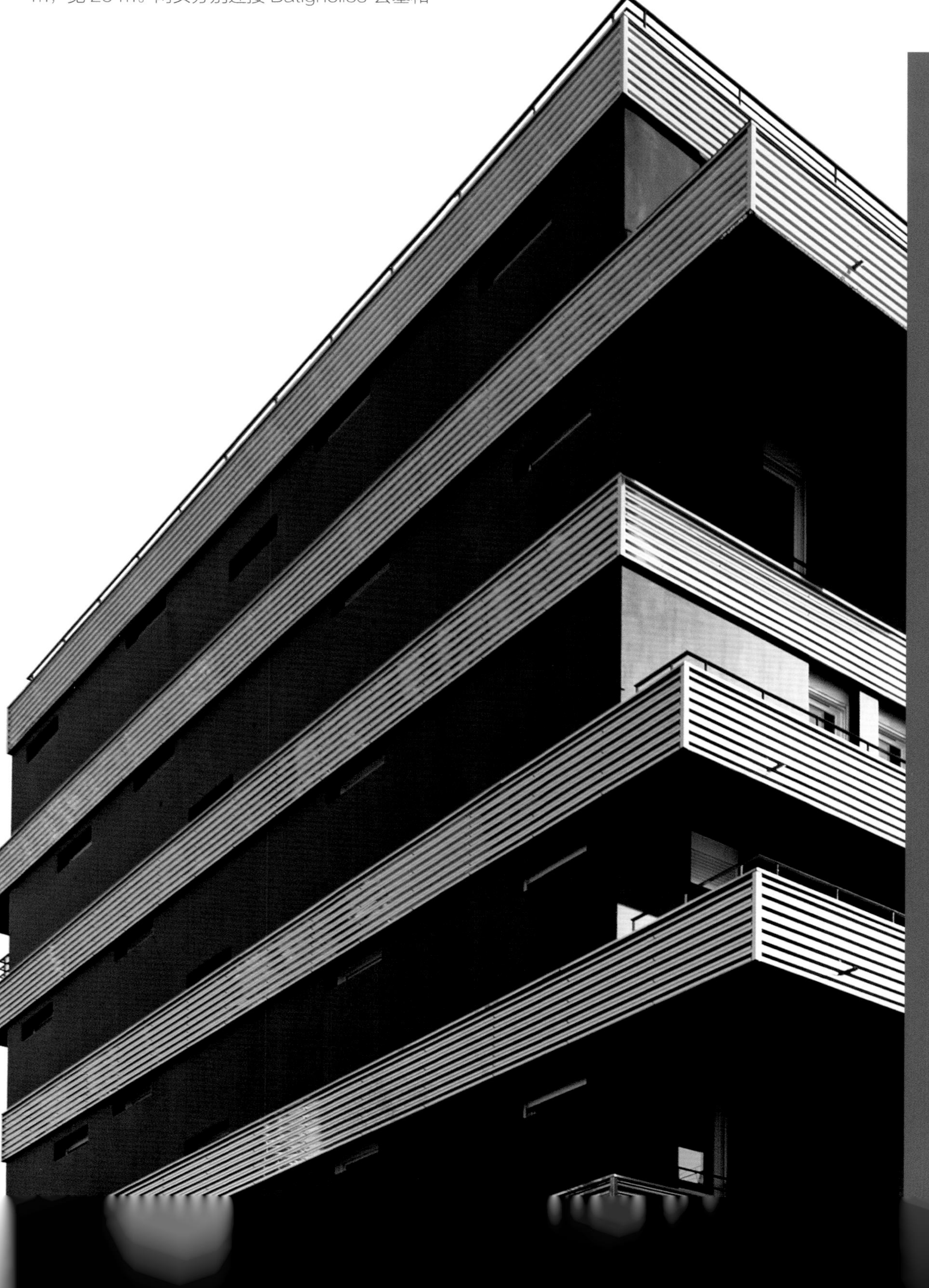

设计突破

设计团队将两个完全不同立面的建筑，放在了同一个区块，木质的朴素和金属的现代，垂直的纹理和水平的线条，形成了鲜明的对比。木质建筑较为狭窄，靠近场地的边缘。设计师通过小延伸来完成体量的设计，这个延伸则构成了首层的卧室和高层的阳台。黑色建筑是由一系列略有交错的楼层堆叠而成，表面覆盖有反光的不锈钢外衣。

商业突破

该项目的建成，丰富了狭窄而冷清的街道。建筑与墓地的关系，被妥善处理。其两栋各具特色的建筑有效相补，成功建立了环境文脉间的对话。位于首层的公寓，都特意配置了朝向优良的私人花园（南－西南－东南），可起到过滤街道噪音的作用。每栋建筑都有自己的入口，居民穿过一块小绿地就能来到入口大厅。

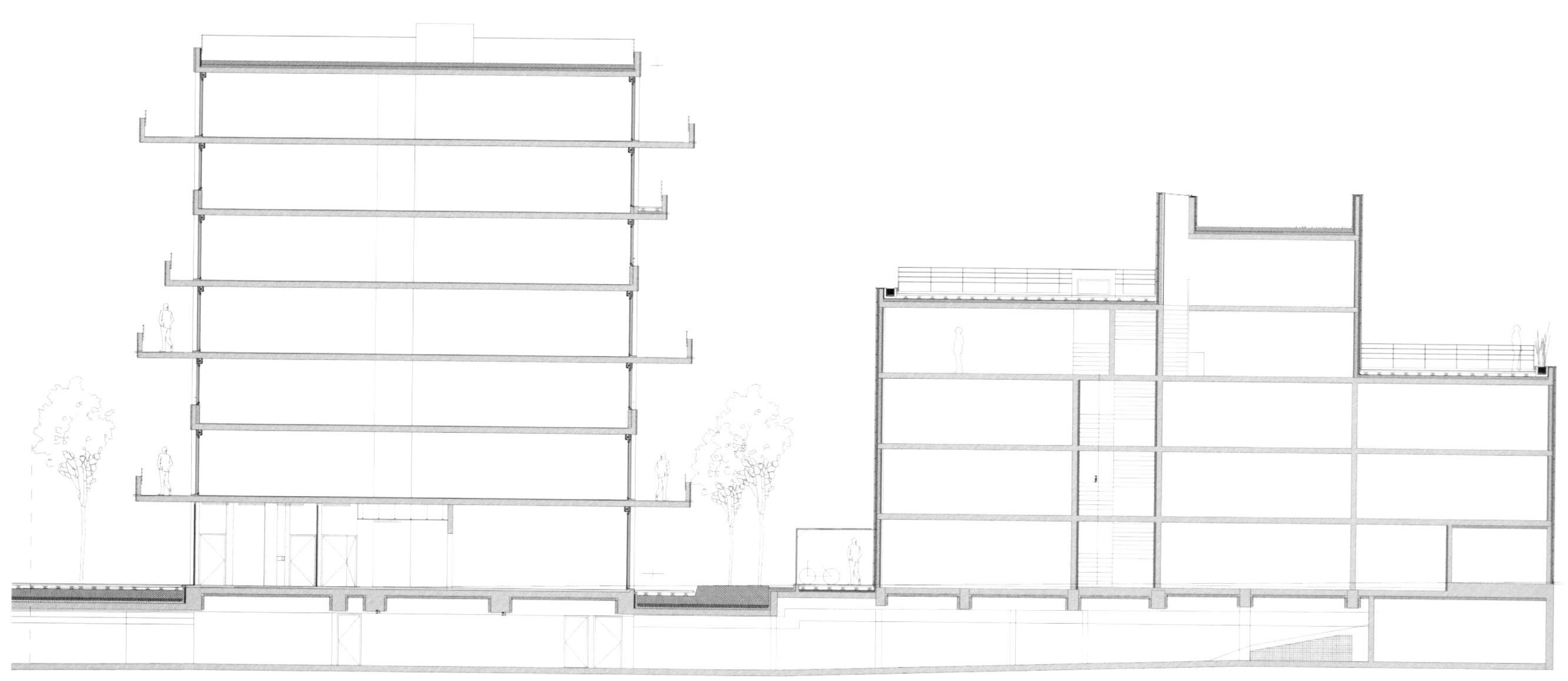

景观

两个建筑的公寓都有开阔的阳台，而种植的绿色植被则连接了街道与墓地。公寓面向街道和花园，如此一来就可以免受公墓一侧的噪音影响。位于首层的公寓都配置有朝向优良的私人花园（南－西南－东南），可起到过滤街道噪音的作用。

设施

每栋建筑都有自己的入口，居民穿过一块小绿地就能来到入口大厅。

建筑

黑色建筑的结构由从不同方向错开突出的楼层组成，参差不齐的背后其实井然有序。往各个方向凸出的楼层避免了上层遮挡下层采光的问题，并提供住户与天空近距离接触的机会；木质建筑由于场地狭小，设计师大胆地建造向外延伸结构，以加大住户可使用的面积，并在各立面设置许多窗口，以弥补建筑封闭结构的采光问题。第一个建筑采用了水平线条，而第二个建筑则是完全垂直的，两栋建筑相互不同又相互弥补，它们创造出一种对话，同时呈现出一种不连续的节奏感。

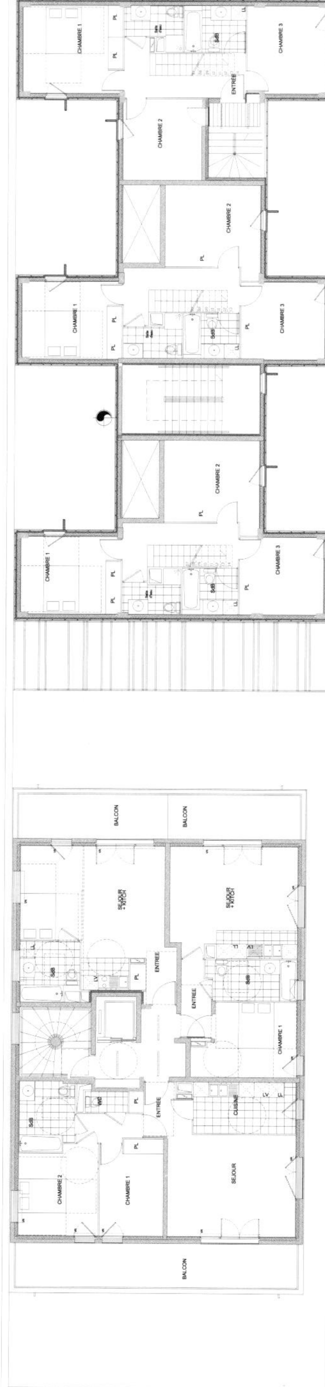

室内

水平线条的黑色建筑里，每层都设置有两个或三个单元，配置有电梯和自然光线充足的楼梯。这些公寓都有双面或三面朝外。位于角落朝南的客厅可以直面街道；卧室的方向或朝西或朝东。虽然厨房和浴室靠近公墓，却拥有小型的高通风口。如此一来，所有单元都能免受环路噪音和公墓的影响（没有窗口会直视到墓地）。木质建筑里的公寓单元都配有花园（位于首层）或大阳台。首层的客厅和卧室可以透过花园可以看到街景和公墓一侧。在中间楼层，凸出的小型体量让公寓在街道上看起来更为小巧。复式公寓的双面朝外客厅能从两侧的阳台接收充足的光线。在顶层，因为屋顶较低，顶层的单元能享有更大的面积。

公寓设计：MVRDV
竣工时间：2009年

项目地址：荷兰阿姆斯特丹
场地规模：730平方米

楼层数：11
开发商：O.M.A.

Westerdokseiland 公寓：迷人立面

这是一栋荷兰阿姆斯特丹港口住宅区的公寓大楼。大楼分成46个公寓和一个日间托儿中心。正面由延展成不同深度的阳台组成。

设计突破

建筑的立面由延展成不同深度的阳台组成。轻盈的结构现代感十足，和在周围厚重的砖瓦结构形成鲜明的对比。有限的空间，因为巧妙的布局、少柱结构、多层次的进深，变得更加丰富。项目在建筑形态上富有表现力和吸引力，最大化的亲水，并保证高质量的居住水准。

商业突破

该项目位于Westerdoks岛南岸的最新开发区，与其他建筑一起，围着VOC Cour庭院而建。由于这里的建筑由MVRDV, Art Zaaijer, Bosch Architecten 和JSA四个不同设计事务所共同设计，公寓必须展现自己独特的设计风格，并不露痕迹地融入周围的环境。周围不同的住宅类型，为其增值不少。

KOOPHANDEL 4

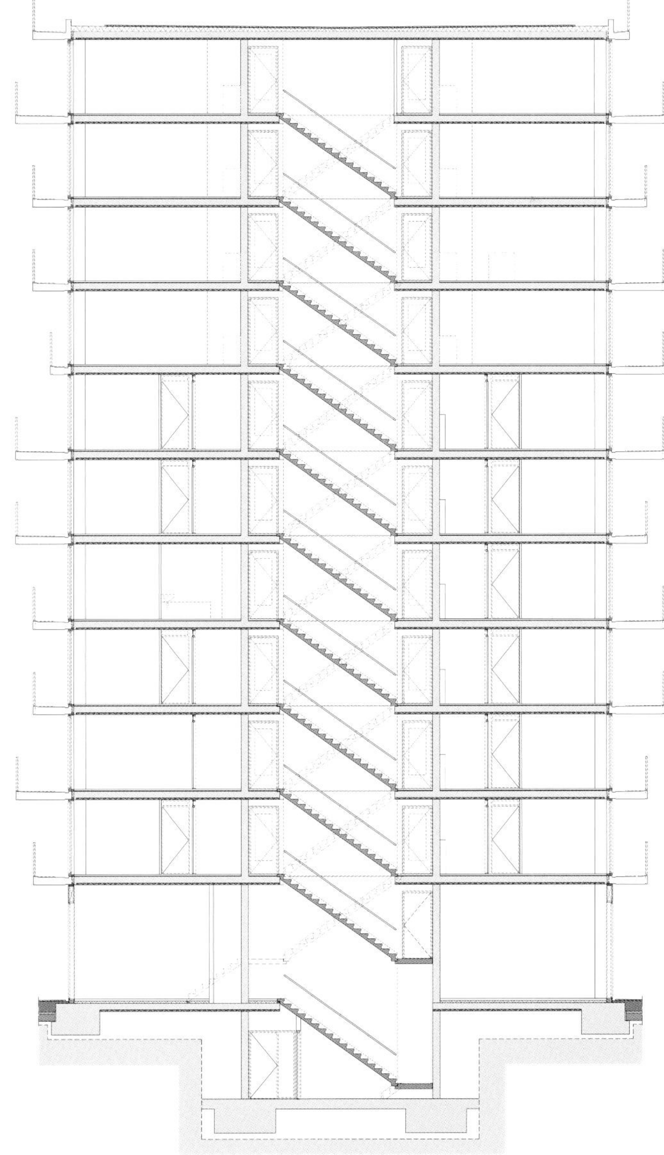

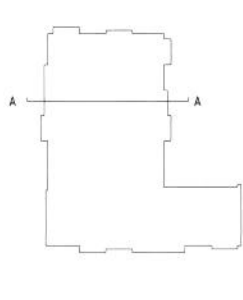

Doorsnede A-A

景观

该项目位于景观广场内部，有一个立面朝向 Westerdok 附近海域，拥有迷人海景。

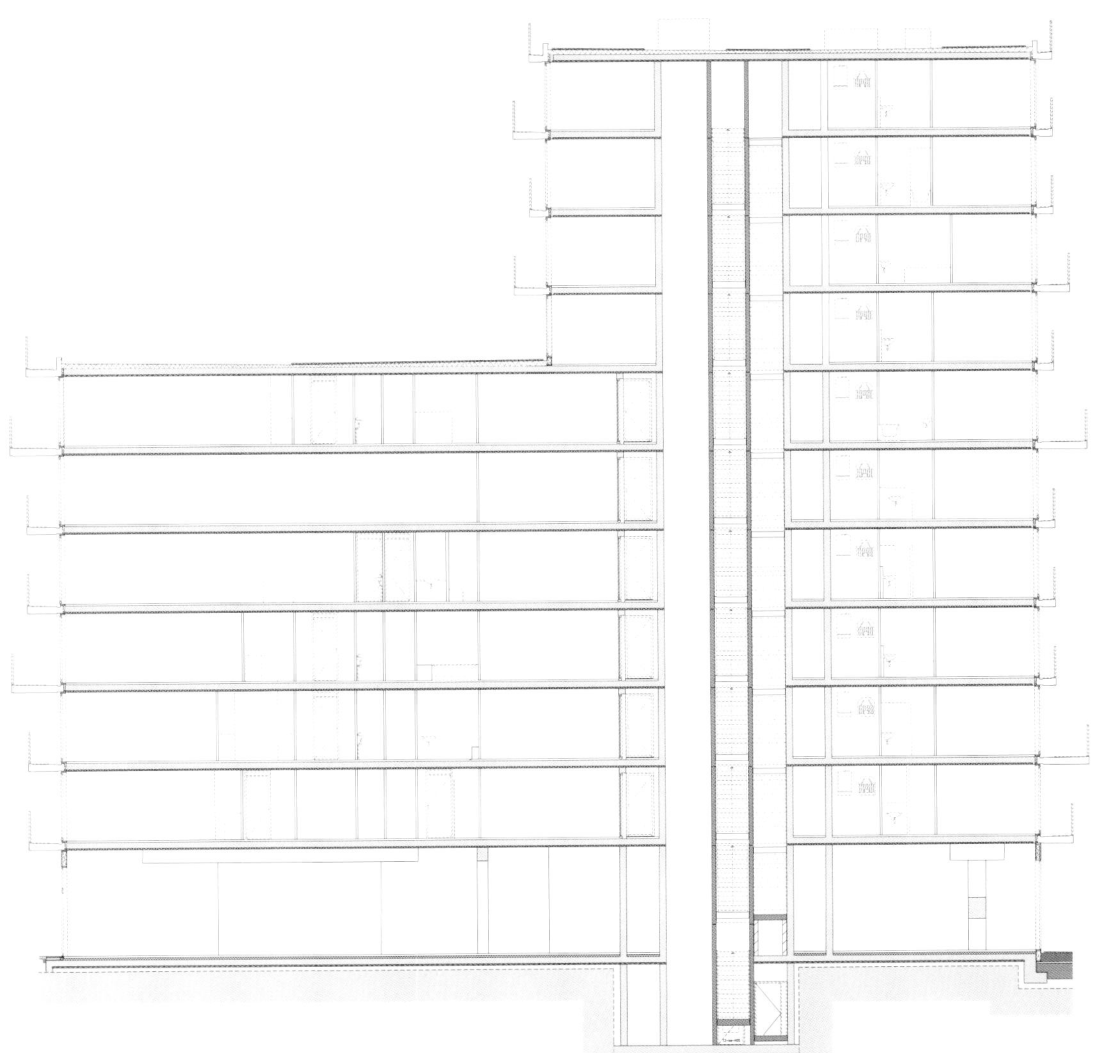

Doorsnede B-B

建筑

框架式结构让建筑体量在有限空间内显得更加轻盈，与周围厚重的砖瓦结构形成鲜明对比。每个公寓单元都有一个阳台，通过不同进深，形成整个正立面的纵度空间感，为住户提供了不同的景观视野，也为空气流通和自然采光提供了条件。落地式玻璃立面完整对外开放，与周围其他建筑形成呼应，同时衔接了主要使用砖瓦构建的“VOC Cour”港口改造项目内的建筑。

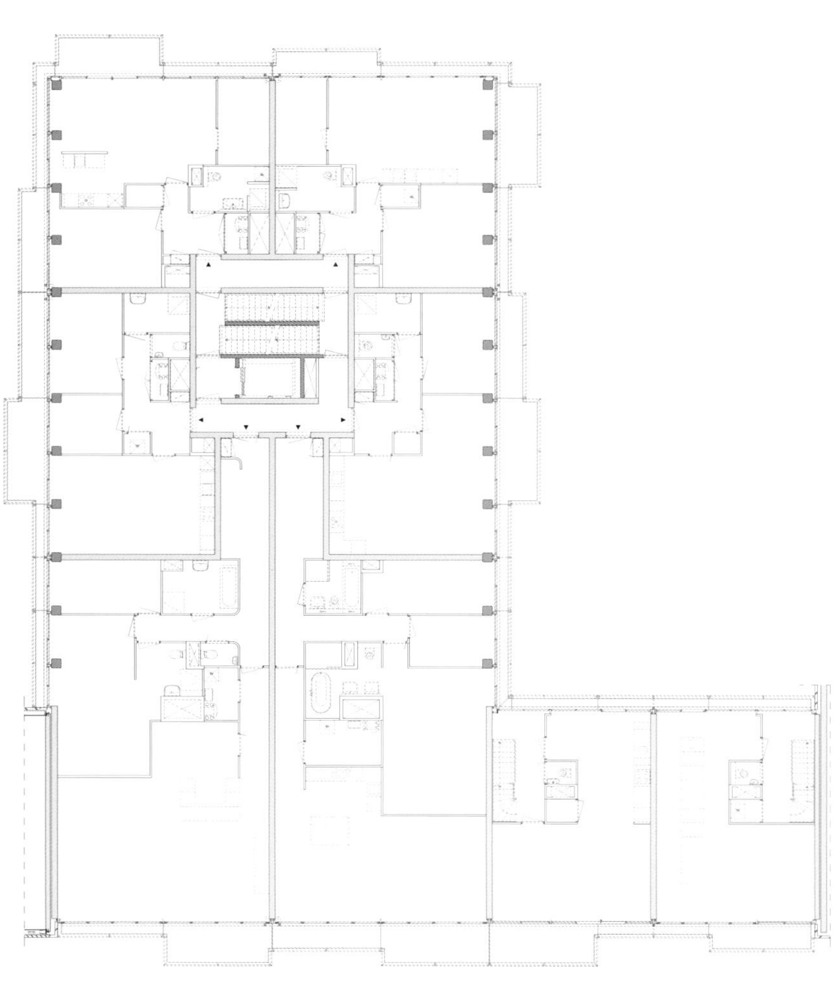

Plattegrond 1e

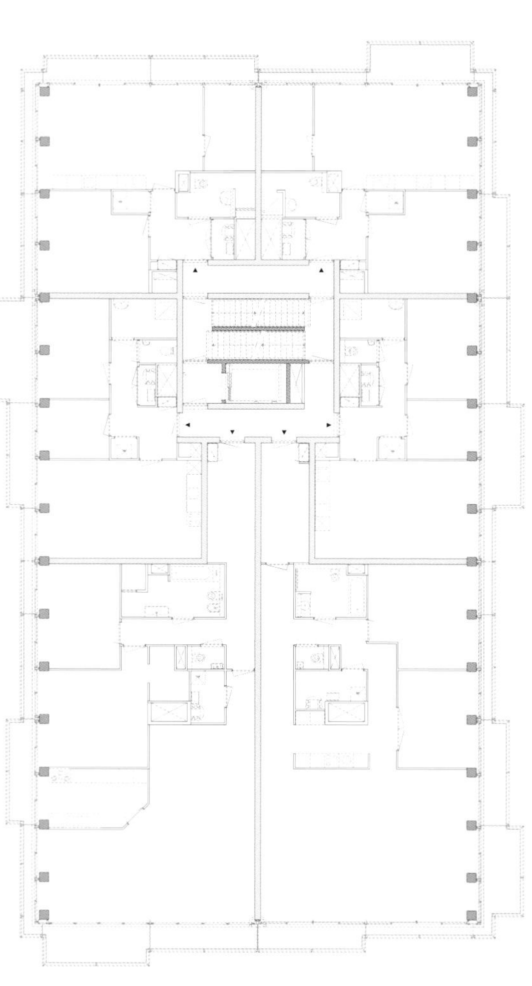

Plattegrond 5e

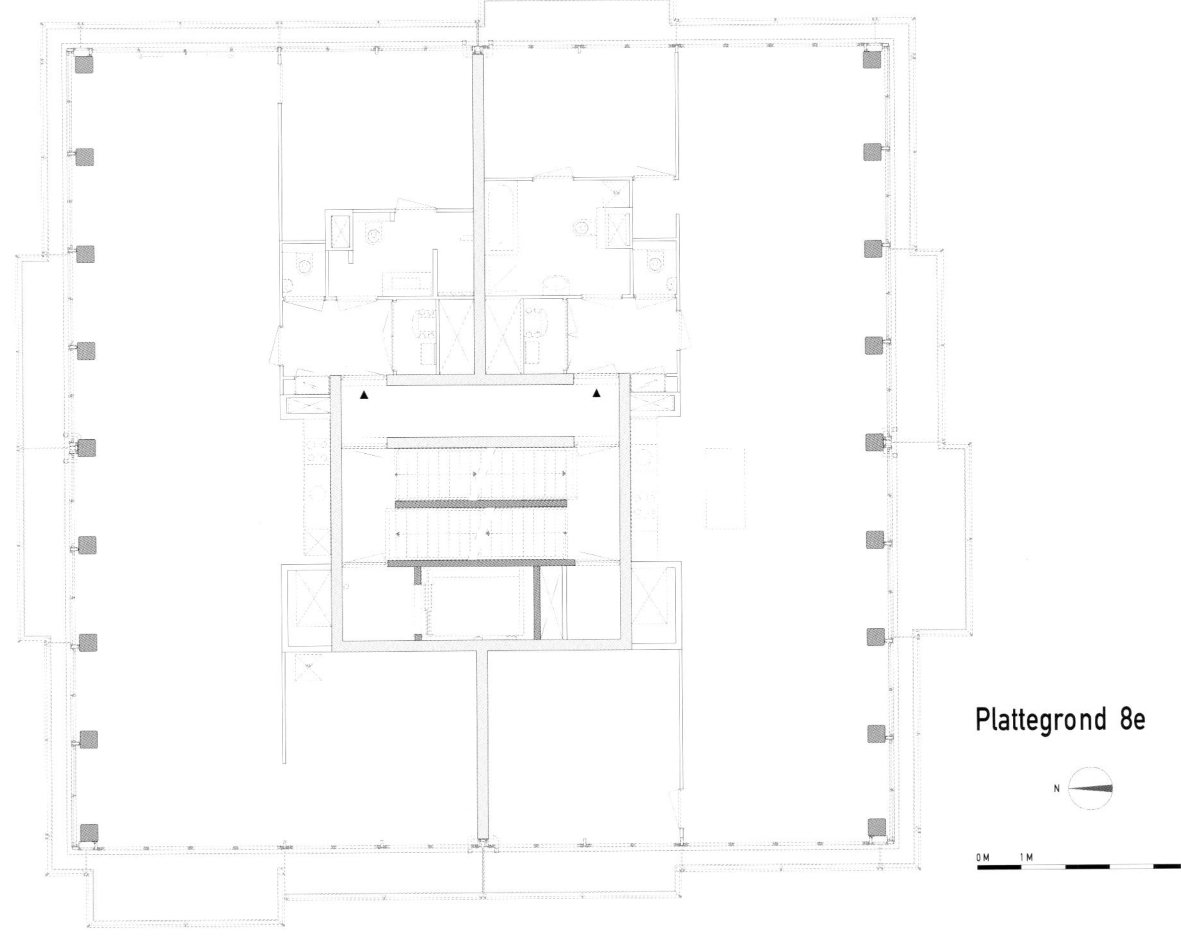

室内

不同的公寓单元内部，因为建筑的少柱结构，使其得以灵活划分，搭配出不同的组合后形成不同类型的室内空间，满足用户需求。巨大的落地窗，让阳光可以轻易从各个方向照射到公寓内部，达到极佳的采光效果。

设施

项目内还设有一个日托所。

公寓设计：Roberto Ercilla
竣工时间：2010 年

项目地址：西班牙维多利亚
场地规模：27 715 平方米

楼层数：9（另有地下 2 层）
开发商：Larcovi S.A.L

190 Housing Units Salburua：深浅魔方

这个拥有 242 个住户的公寓楼位于维多利亚的东部开发区，包括西南面的 20 层高的塔楼和一个在 4 到 7 层连接着塔楼的 U 形结构，并覆盖了地块的西、北、东三个方向。

设计突破

那些外墙中镶嵌于滑动元件上的窗页被移动到了靠内立面的那一方。基于这个模型，一个由灰色色块拼成的魔方图形成了，它成功地将内面像素化，效果如同一幅美丽的巨型壁画。而建筑外立面则呈淡蓝色，这与天空和周围环境都极为协调。面向天井的内立面皮，由白色和深灰色色块交织而成。本项目的建筑设计给人以极大的优雅和舒适感。

商业突破

该项目拥有两个地块，为建筑立面提供了更为宽松的发挥空间，使得体量之间可以拥有更多的连贯性。相对封闭的体块，共同构成了一个公共区域——中庭。这个开发式空间正是该项目的一大亮点。户外空间非常重要，可被看作建筑内部的外延。在这里，住户可以互相交流，孩童们可以一起运动嬉戏。

SECTOR - 9
SECTOR - 10

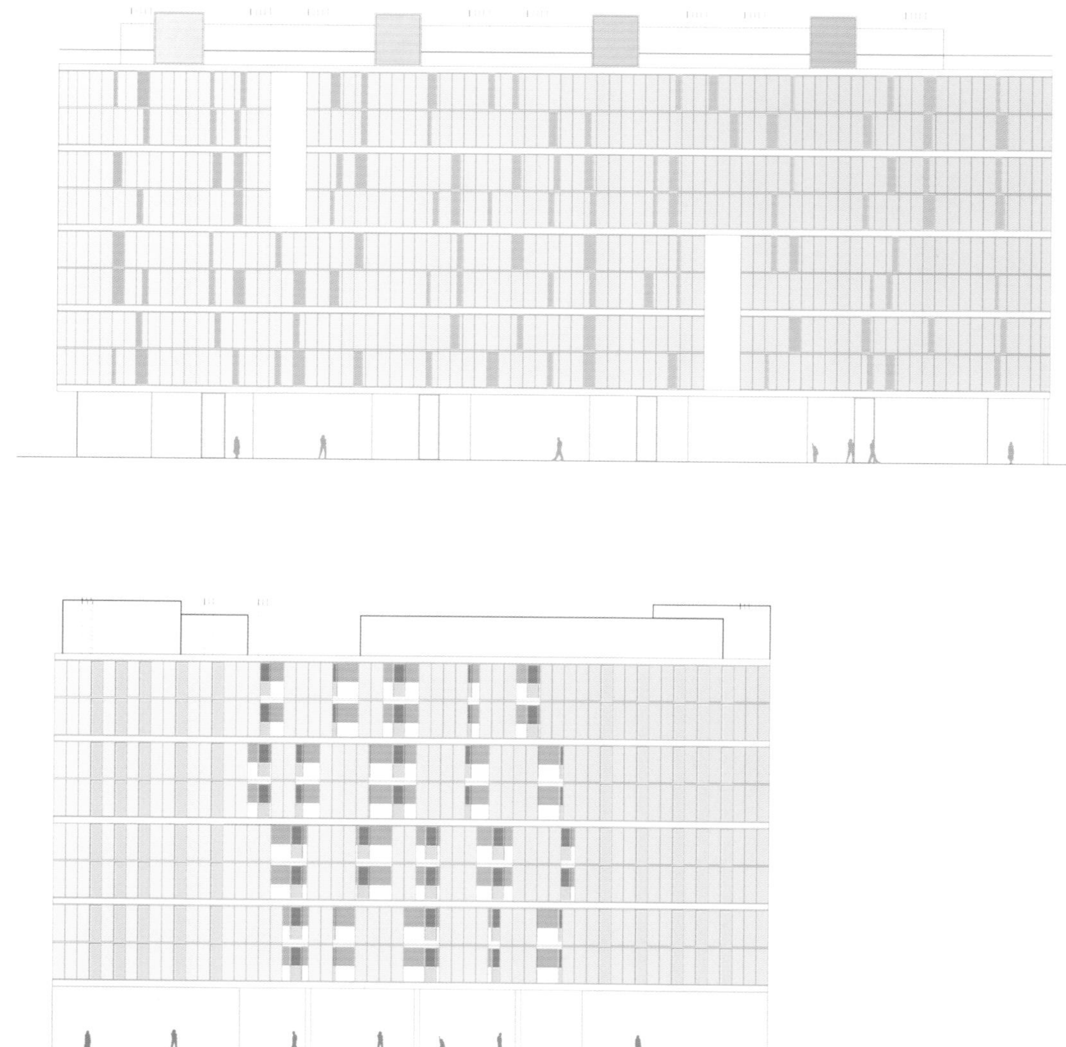

景观

建筑的内部空间与大树的整合，使得建筑表皮颜色较浅的部位与周围的环境相映成趣。在表皮上大开口的旁边，建筑较矮的北方与南方那一侧，设有天井。于是，站在汽车坡道处即能看见公共场所的景色。

建筑

整个项目看起来像一个巨大的立方体，与那些摩天大楼不同的是：它重视展现建筑的宽广度，以表达对大自然和大地的亲近。而玻璃表皮上的覆盖层，由连成一体的绝缘层为施工体系，消除了热桥的影响。

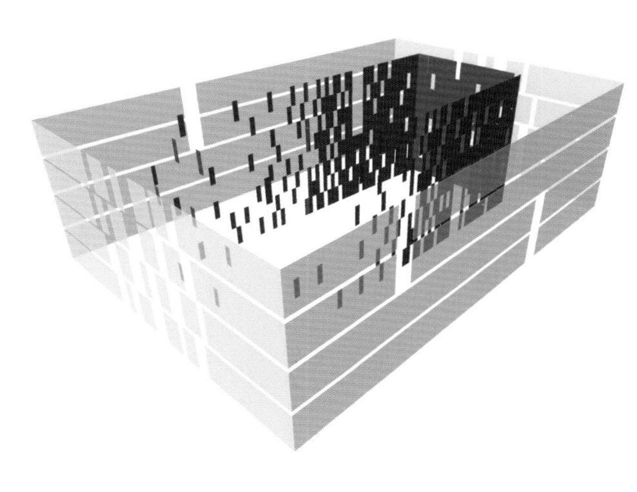

设施

建于地下的停车场与某些建于地表的停车场比较起来，能节省更多的公共空间，而且更便于存取车辆。

室内

大楼共由190个公寓单元组成。

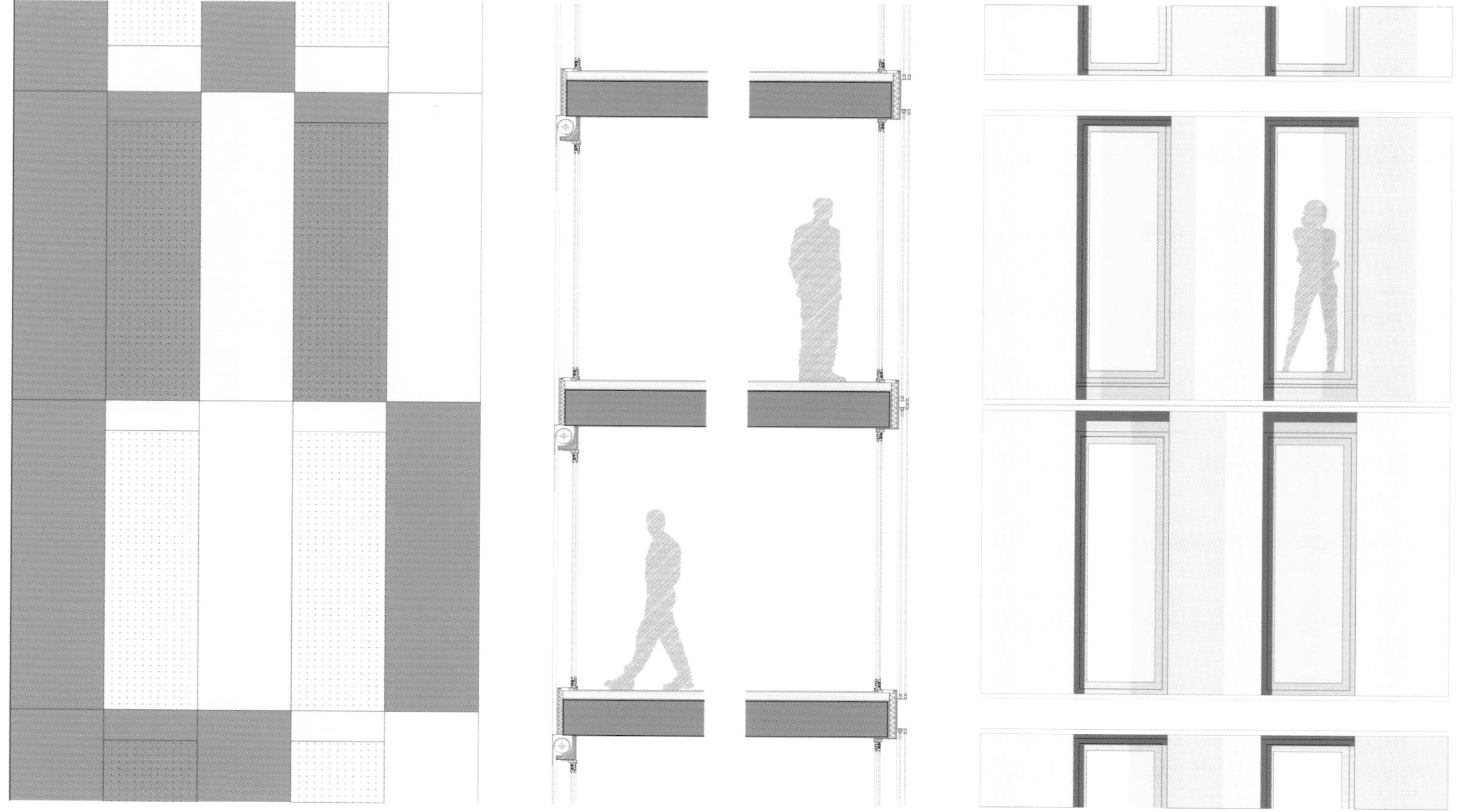

SISTEMA CONSTRUCTIVO

1. FACHADA INTERIOR

1.1. FACHADA TIPO COTETERM: A.PINTURA MINERAL AL SILICATO B.TEXSA COTETERM 2 CAPAS CON MALLA FIBRA DE VIDRIO C.AISLAMIENTO DE POREXPAN e: 7cm. D.IMPERMEABILIZACION ELASTICA E.ENFOSCADO Y MAESTREADO, e: 1.5cm. F.1/2 ASTA LADRILLO PERFORADO G.GUARNECIDO Y ENLUCIDO DE YESO, e: 1.5cm. 1.2. PERSIANA ENROLLABLE ALUMINIO 1.3. CARPINTERIA EXTERIOR DE ALUMINIO LACADO CON ROTURA DE PUENTE TERMICO Y VIDRIO 4/12/5 1.4. REMATE DE ALUMINIO LACADO, INCLUSO FRENTE DE FORJADOS SUP. E INF. PREVIO AISLAMIENTO e: 4cm.

2. FACHADA EXTERIOR

2.1. VIDRIO EXTERIOR LAMINARA 6+6 CON BUTIRAL TRASLUCIDO 2.2. PERFILERIA U ACERO GALVANIZADO LACADO, SUJECION DE VIDRIO EN FACHADA 2.3. PERFIL U ACERO GALVANIZADO LACADO 300.100.6 2.4. CONTRAVENTANA CORREDERA: VIDRIO LAMINAR 6+6 CON BUTIRAL TRASLUCIDO 2.5. CARPINTERIA EXTERIOR DE ALUMINIO LACADO CON ROTURA DE PUENTE TERMICO Y VIDRIO 4/12/5 2.6. PREMARCO DE ALUMINIO LACADO, INCLUSO REMATES DE FRENTE DE FORJADOS SUP. E INF. 2.7. FACHADA TIPO COTETERM: A.PINTURA MINERAL AL SILICATO B.TEXSA COTETERM 2 CAPAS CON MALLA FIBRA DE VIDRIO C.AISLAMIENTO DE POREXPAN e: 5cm. D.IMPERMEABILIZACION ELASTICA E.ENFOSCADO Y MAESTREADO, e: 1.5cm. F.1/2 ASTA LADRILLO PERFORADO G.GUARNECIDO Y ENLUCIDO DE YESO, e: 1.5cm.

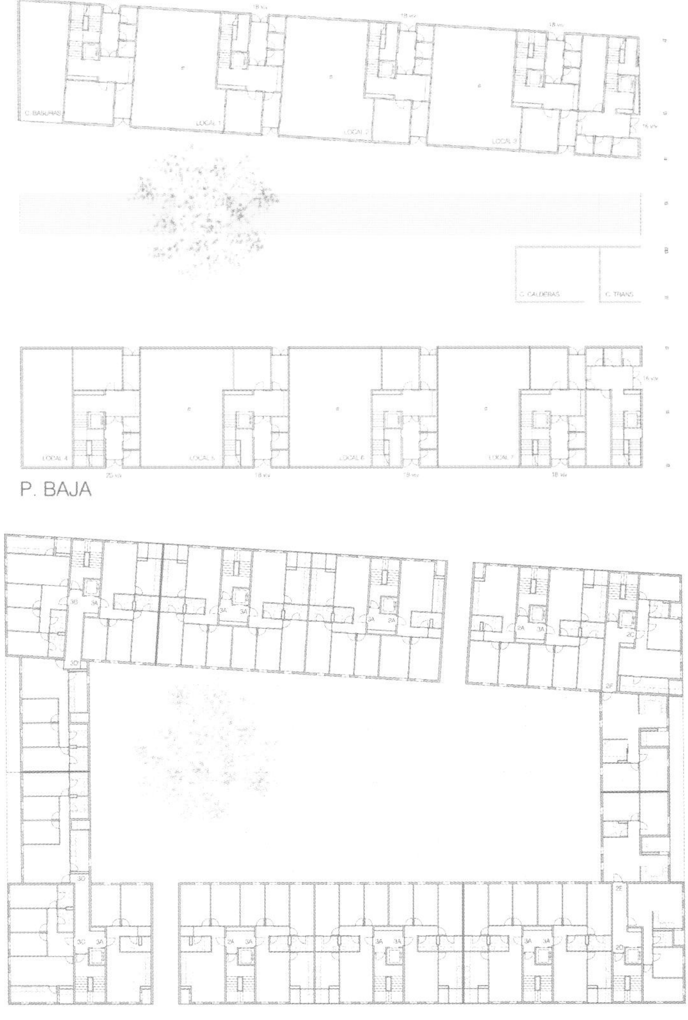

P. BAJA

P. TIPO

公寓设计： DPA
竣工时间： 2012 年

项目地址： 法国里尔
场地规模： 3 000 平方米

楼层数： 10（另有地下 2 层）
开发商： Icade Capri

ZAC Euralille 2：丝绸般的立面

该项目由三个体块组成，其中两个在第四层的位置相连，另一个通过平台与之相连。立面独特的肌理构造，吸引着人们的目光。

设计突破

如此生动的立面处理，是该项目最大的突破。空间功能上的夹杂，建筑技术上的糅合，都是对公寓旧时代的一种超越。独具创意的植物花纹，被利用在了建筑表皮之上，丝绸般的立面，与临街的树木融为一体。楼体虚实结合，彼此联系，个性舒展，在视觉上给人们带来冲击。在空间的组合上，合理的结构也满足了人们对交流的需要。

商业突破

开发商倾力打造出了一个极具特色的精品综合建筑。该项目的加入，补充了东南部居民区的缺失，也美化了城市环境。其综合性，也为区块的其他功能做了完善。地理位置优越，住户出行便利。配套设施齐备，可以满足业主的日常生活需求。环境舒适，居住氛围浓厚，有一定的发展潜力。

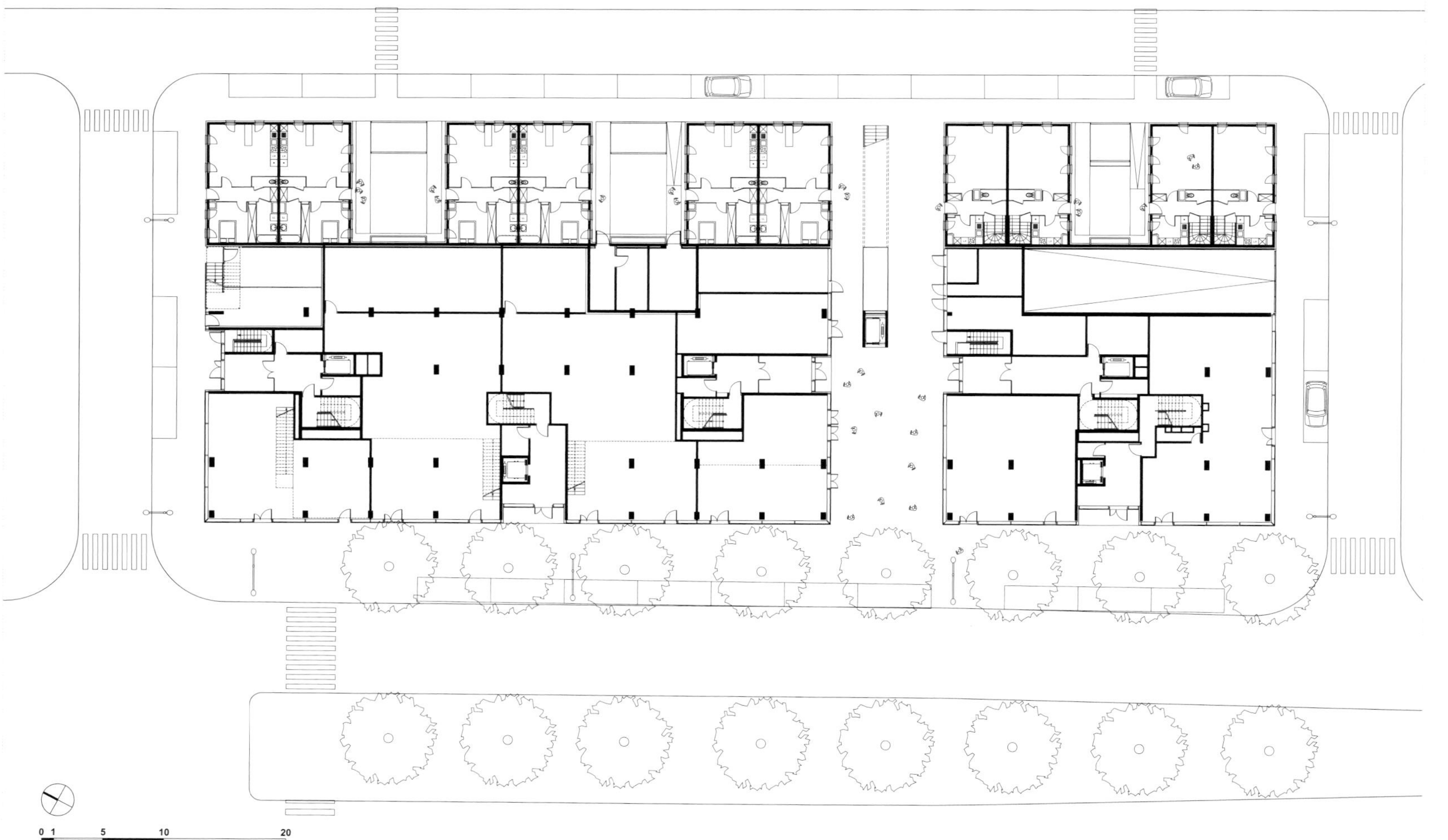

0 1 5 10 20

Plan du rez-de-chaussée logements et commerces

Housing and retail ground floor plan

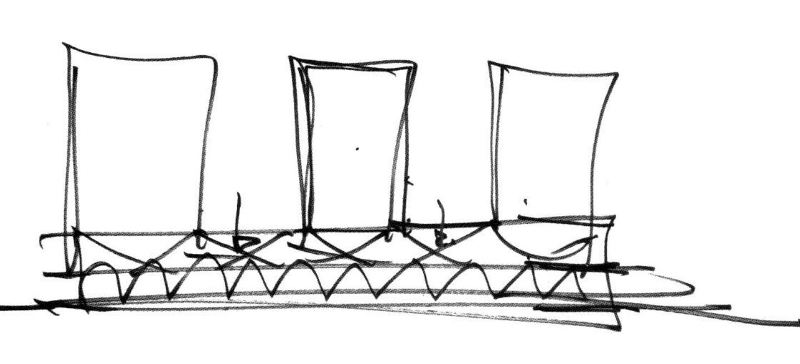

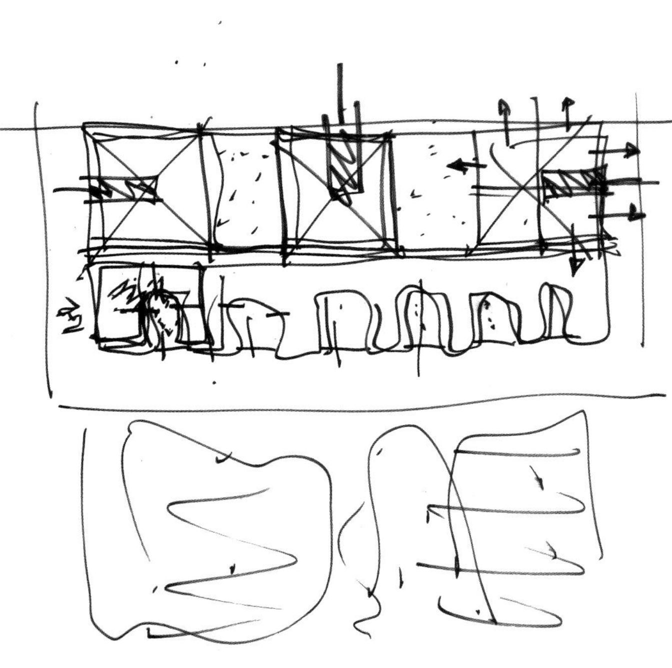

景观

建筑前方，整齐排布的植被，和丝绸般的立面相映成趣。

建筑

根据开发商的需求，设计团队为建筑与植被，找到了一种奇妙的和谐点。抬升的阳台和植被图纹，被设置在丝绸般的幕墙之上。这样独特的组合，让自然和人工之间的生硬界限，荡然无存。

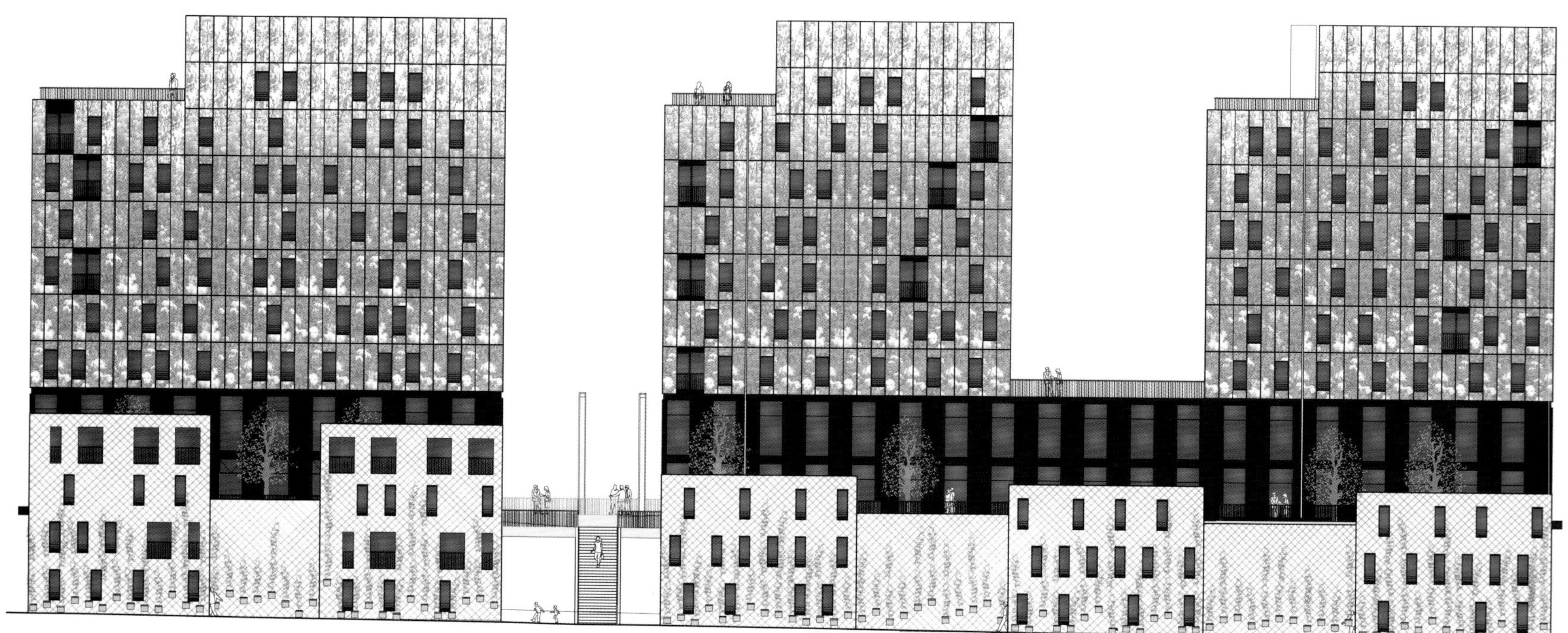

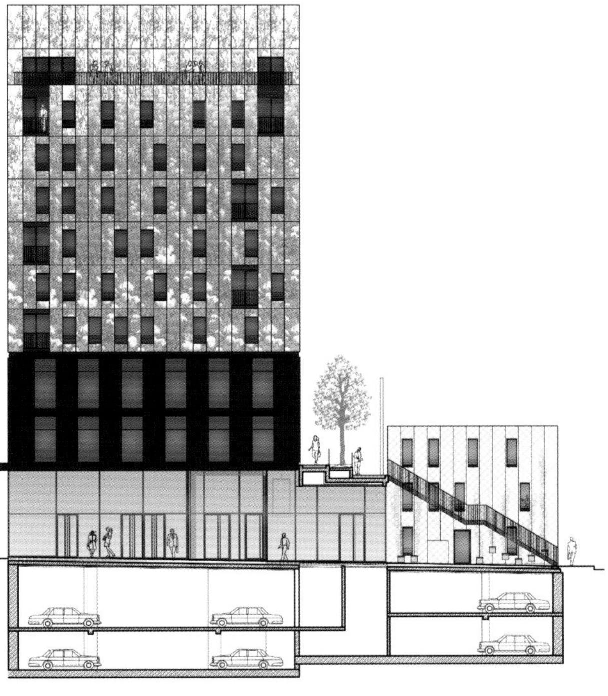

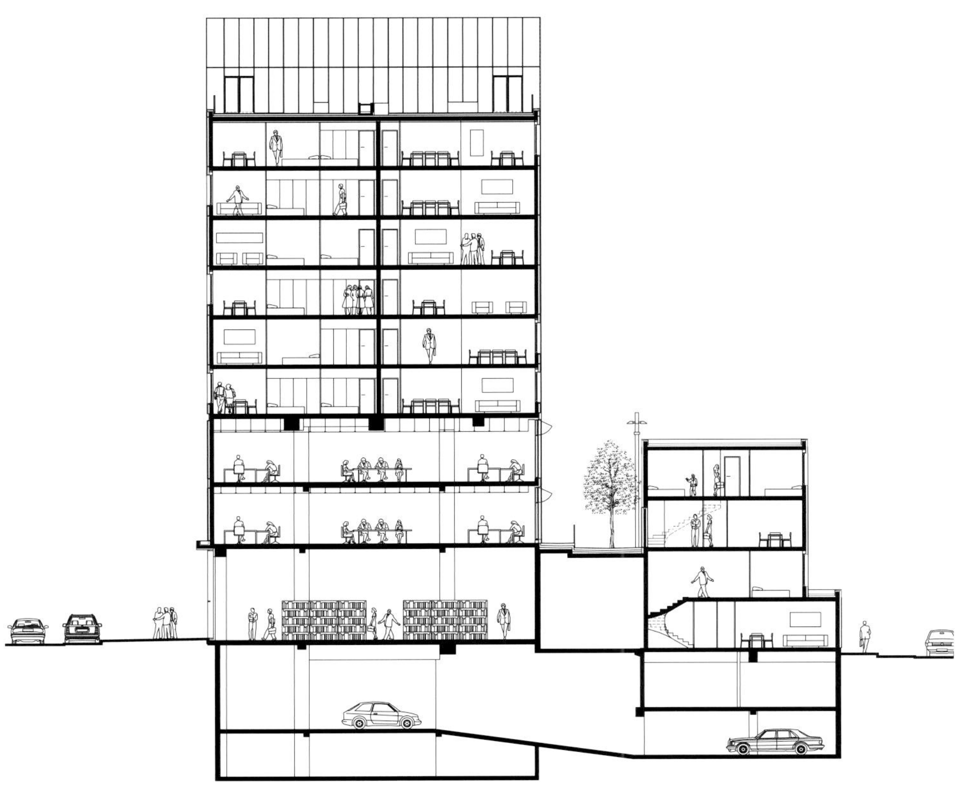

室内

内部空间结构合理，装饰现代。

设施

建筑的基层商铺临街而立，其上还有两层的办公空间。

SUBWAY
Sandwiches
Salades
SUBWAY
Sandwiches & Salades

公寓设计：水石国际
竣工时间：2012 年

项目地址：中国常州
场地规模：320 000 平方米

楼层数：33
开发商：绿地集团

常州绿地外滩壹号：海派装饰艺术

该项目位于常州市武进区，地处武进大桥东北角（原武进电大）区域，北侧步行去往中吴大道约 10 分钟的路程。其西侧武宜路是城市重点打造的主干道。设计团队采用合院式组团空间规划创意，重新追寻技术美与人情味的和谐统一，以纯粹的海派装饰艺术风格，构建具有文化品位的居住空间。

设计突破

高层采用围合院式组团空间规划创意设计，通过传统居住空间结合现代居住行为模式形成独特的居住文化品味。通过组团内部地坪整体抬高约 3 米，减少西侧武进大桥对居住环境的压迫影响，尽可能减少建设周期对前期入住业主的影响。多层次的立体绿化和组团内完全的人车分流，使运河景观房的天然资源得到最大化利用．

商业突破

纯粹的海派 Art-deco 建筑风格，结合独特的规划设计，使项目从周边众多楼盘中脱颖而出。北侧开放式次街概念的引入，不仅仅创造一个商业环境，更创造、引导一种全新的人文商业生活方式，引导人群的文化生活品味。舒适性体现到项目的各个角落，包括下沉庭院引入半地下车库，人行（包括儿童、老人、访客）、车行等各方面，尽可能做到安全舒适。

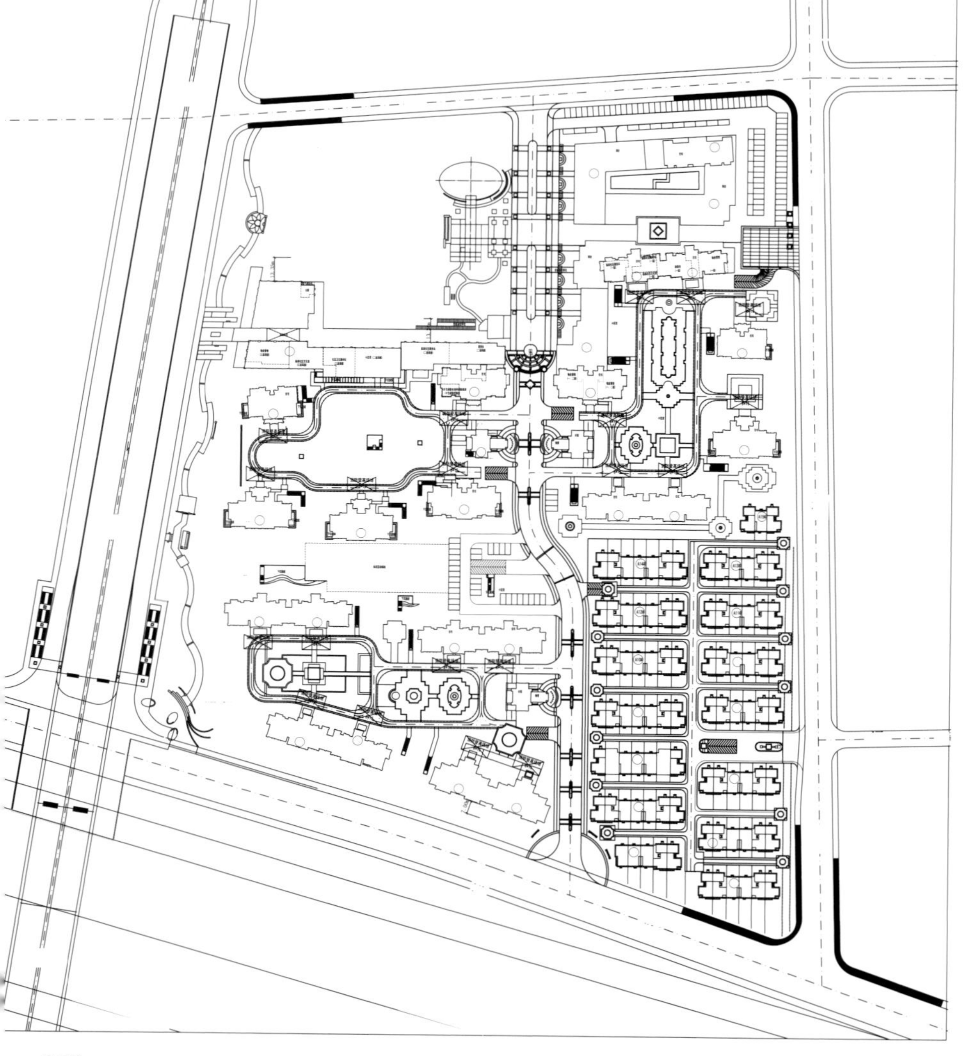

景观

项目景观采用“中心绿地 + 组团绿地”的结构布置，达到景观环境的均好。组团中心设置带状景观，锲入各个组团。组团绿地采用铺地结合康体设施的方式，提高组团中心的利用率，为居民提供交流空间。多层次的立体景观规划，以阳光、绿地、树林来营造舒适、和谐的生活环境。房前屋后的宅间绿化，小巧精致，并设有凉亭、棋台、廊道、石凳以供老人休憩，以及儿童游戏场和室外活动场地，满足不同的游玩需求。项目绿化设计与环境设计紧密结合，功能上净化与调节基地内的空气质量、降低外界噪音，改善小气候。大片的草坪、低矮灌木、高大乔木，合理搭配树种，形成了优美的办公及居住环境。

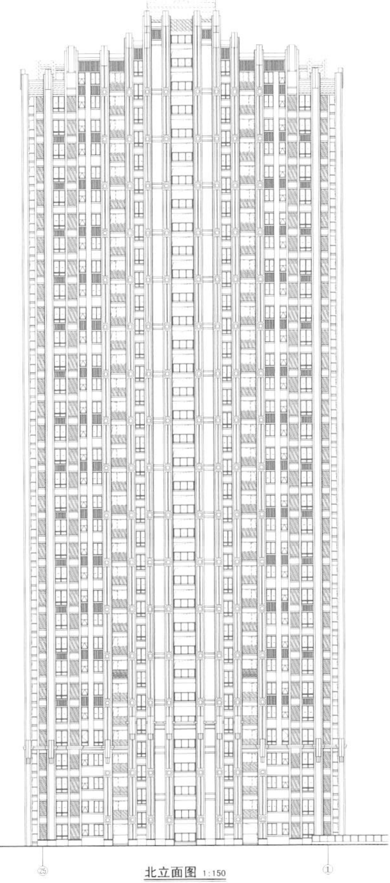

北立面图 1:150

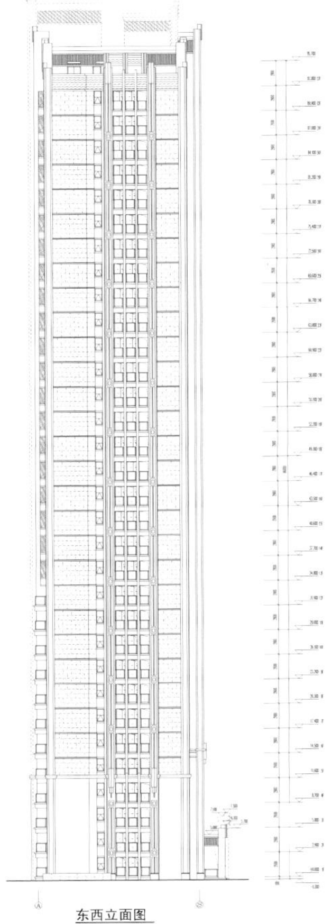

东西立面图

热烈祝贺上海绿地集
迤逦繁华 优
兰陵繁华板块 中吴大道

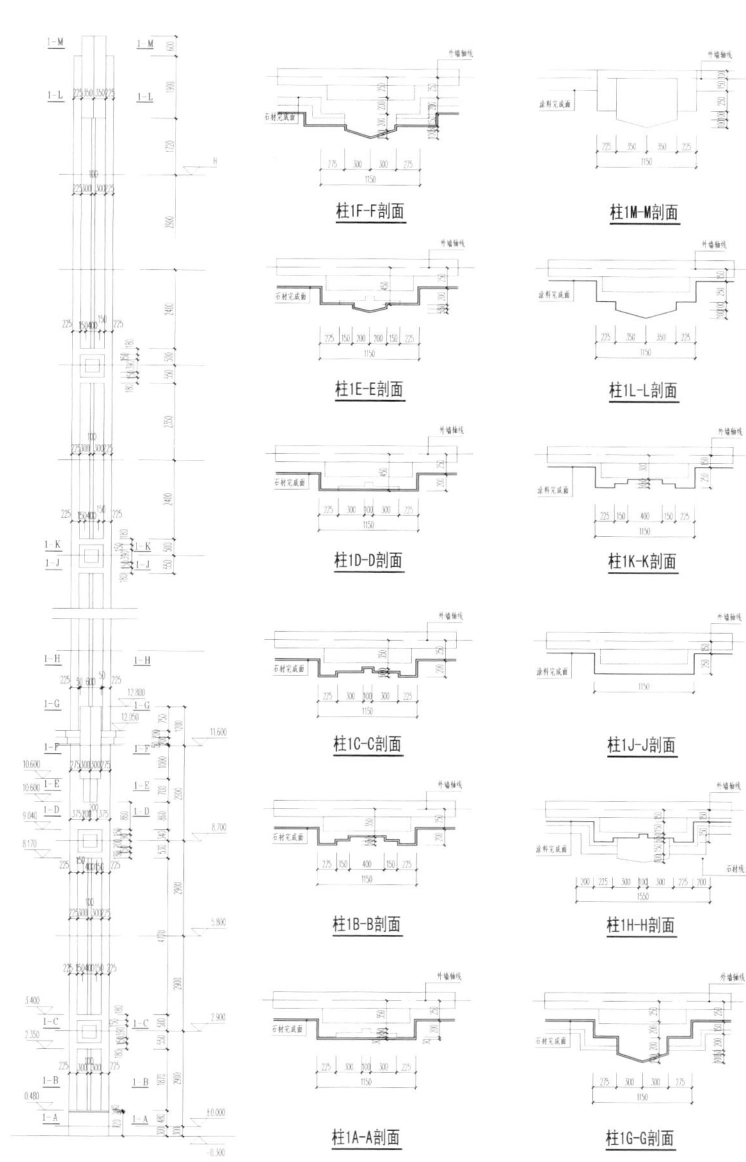
柱1F-F剖面
柱1M-M剖面
柱1E-E剖面
柱1L-L剖面
柱1D-D剖面
柱1K-K剖面
柱1C-C剖面
柱1J-J剖面
柱1B-B剖面
柱1H-H剖面
柱1A-A剖面
柱1G-G剖面

东立面图 1:100

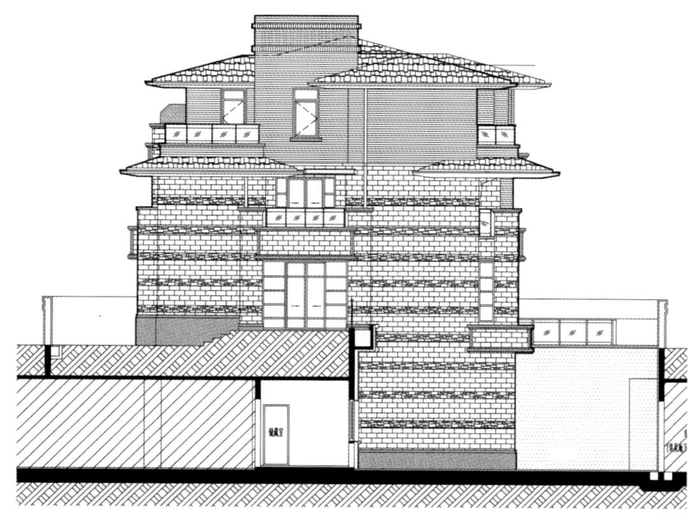

西立面图 1:100

北立面图 1:100

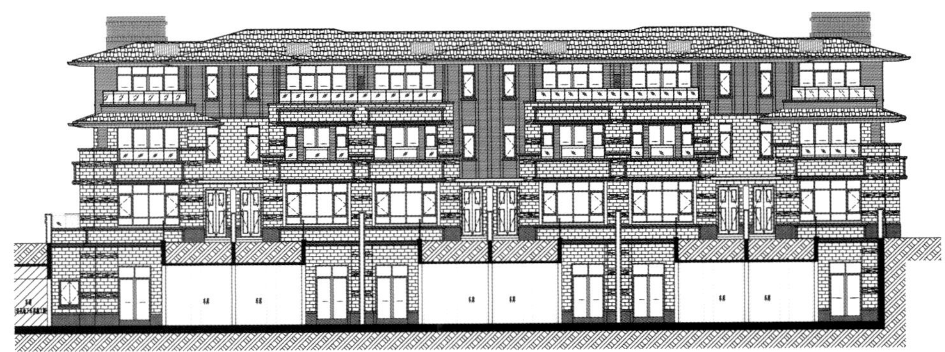

南立面图 1:100

建筑

项目充分考虑到基地与周边道路、建筑的关系，发挥本地块优势资源，减弱地块不利因素所带来的影响，将高低组团概念引入总体规划，把地块分为 3 个高层住宅组团、1 个商业组团、1 个低层住宅组团的模式，创造舒适的居住生活社区。建筑外形尽量减少曲折变化，减少多余的线脚和装饰，仅靠体块的变化和面砖的不同贴法来达到建筑效果，从而达到合理控制造价的目的。

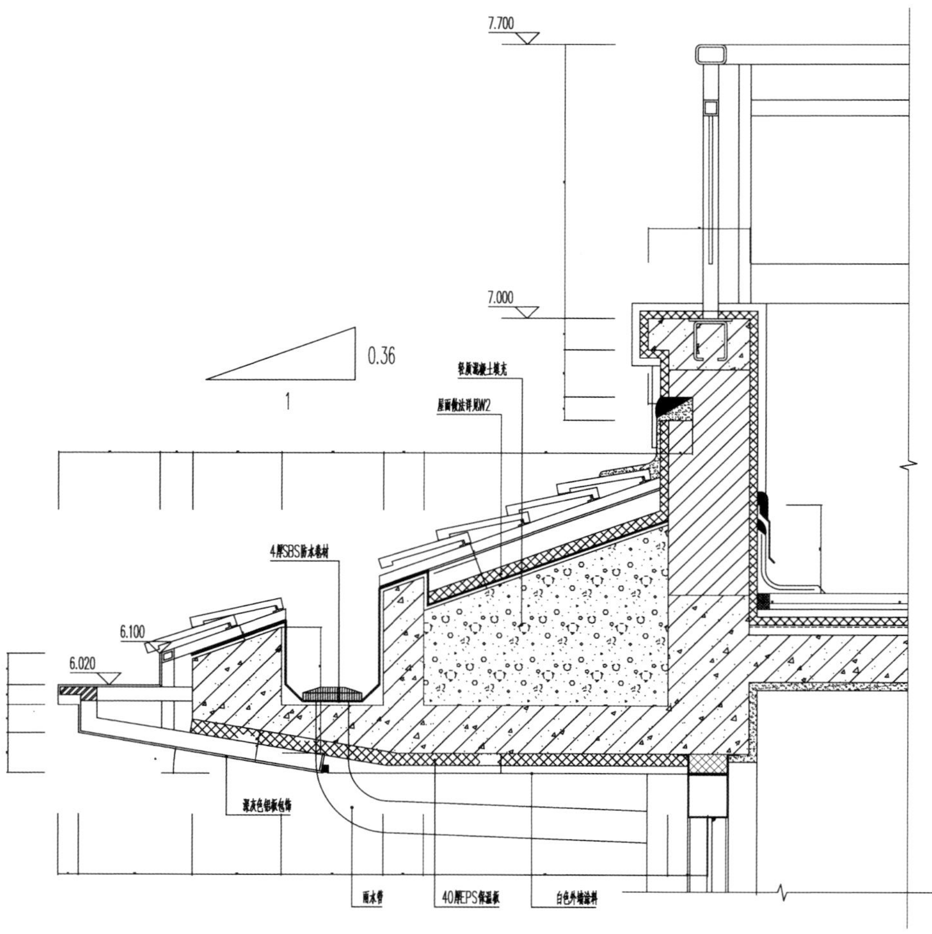

檐口大样（一）1:10

设施

设计团队对地形进行处理，采用半地下和地下二层车库的停车方式，半地下车库并非完全封闭式，下沉式庭院结合景观在不同位置巧妙地设计，将庭院设计引入地下，形成花园式半地下停车库。

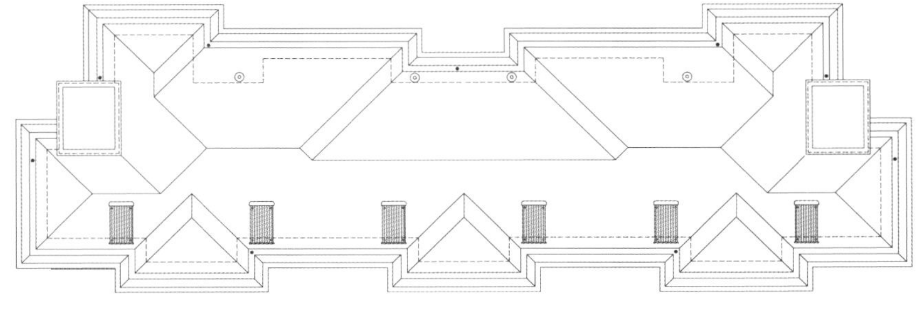

南入口6联排住宅 屋顶平面 1:200

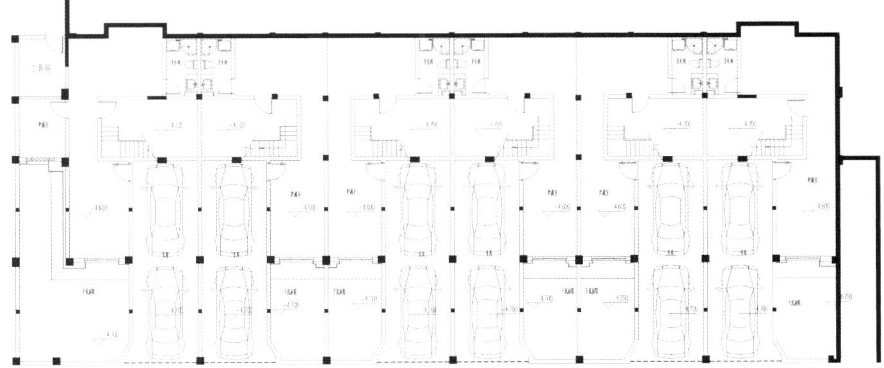

南入口6联排住宅 地下一层平面 1:200

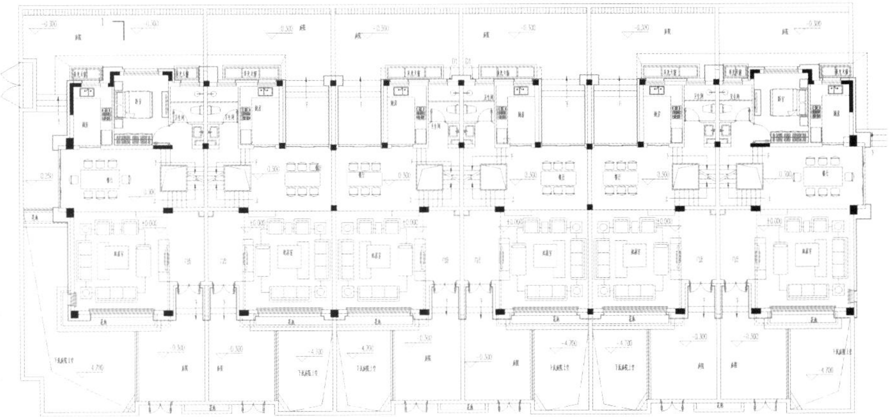

南入口6联排住宅 一层平面 1:200

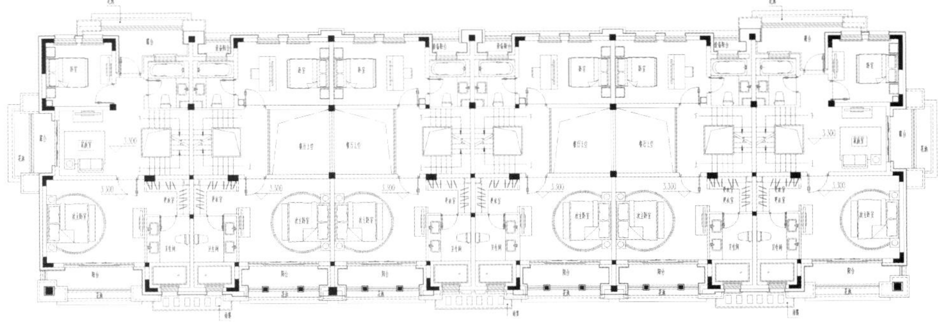

南入口6联排住宅 二层平面 1:200

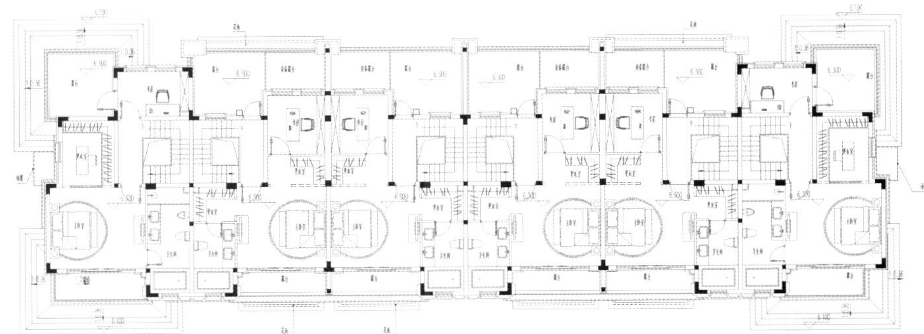

南入口6联排住宅 三层平面 1:200

室内

室内设计以市场为向导，合理规划平面布局、南北通风、明厅明卧明厨明厕，厅堂平面方正开敞，视野开阔。就餐与会客分区，并设有储藏空间。在户型设计时尽量做到户型横墙与纵墙对齐，便于结构梁柱拉通，在解决户型舒适性与经济性的同时，使结构体系更加简化，从而达到控制造价的目的。

公寓设计：P&T Group
竣工时间：2010 年

项目地址：香港牛池湾
场地规模：73 000 平方米

楼 层 数：38 层
开 发 商：新鸿基地产有限公司

峻弦：背山面海

峻弦远离尘嚣，背倚九龙半岛第一高峰飞鹅山，挟名山大宅地段优势，居高临下俯览着著名的维港美景。该项目是一个很好的案例—— 在较小的地块上搭建生活空间却没有牺牲住户的生活品质。宽敞的公寓视野通透、采光良好，同时拥有一系列位于大厦不同楼层的设施与服务。

设计突破

与“琉璃工房”合作打造的三层楼高的“琉璃水晶庭院”，摆放有 12 件精致琉璃工艺品，演绎大自然优美之态。“峻弦”的地下住宅入口大堂设有逾 18 米的特高层高，以玻璃盒为设计概念，与楼高两层、高达七米的水帘瀑布及喷泉水景互相辉映。在不同楼层放置多件由著名艺术家莫一新及文凤仪创作的雕塑作品，让住客感受非凡的歌剧艺术气息。

商业突破

该项目拥有耗资 5 亿精心创建的 6 层双子式尊贵双会所 CLUB ARIA 及 CLUB Mezzanine，以罕有建筑设计、用料选材及会所配套，缔造顶级豪宅新地标，为住户提供国际级生活享受。单位一字座向安排，私隐度极高，大部份设有特大环保露台、另设工作平台，配合特大观景窗，迎纳“绿园、启德、维港”盛景。

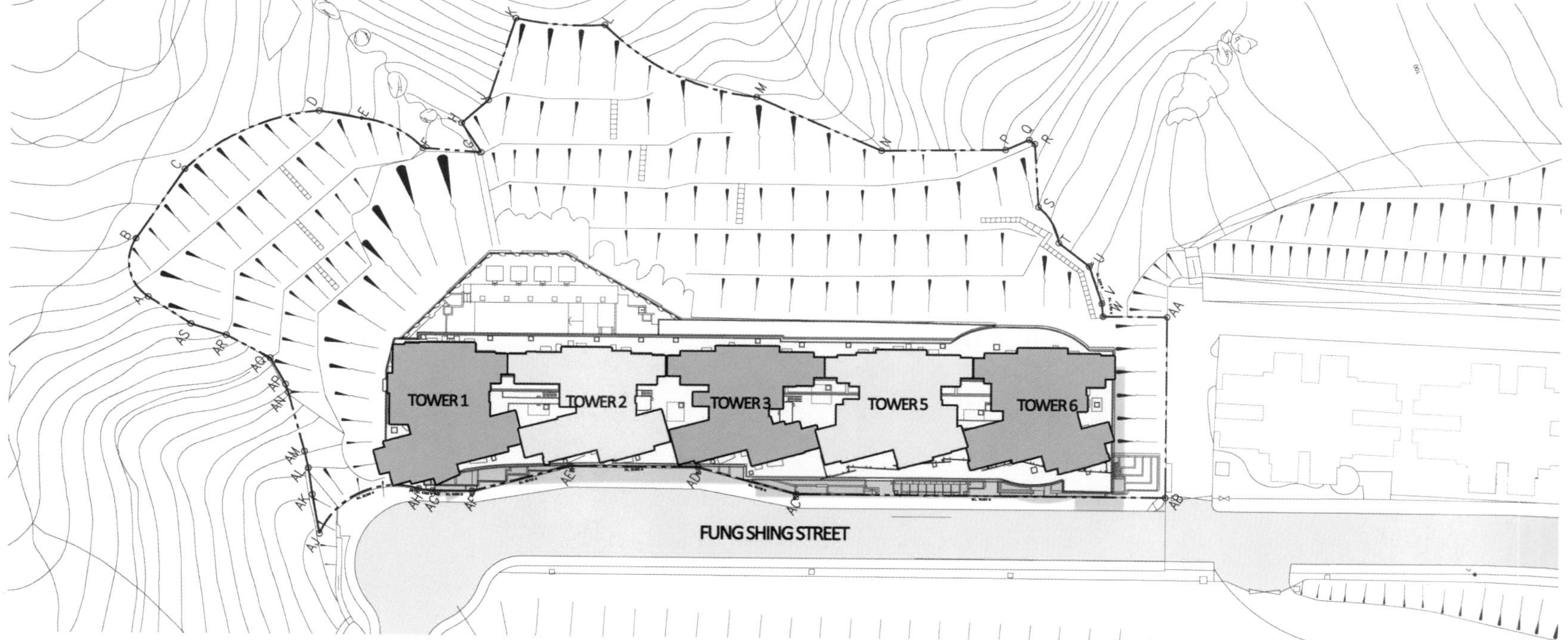

建筑

几乎每个位于香港山峦区域的物业，都必须受到地势和安全问题的约束。但是该项目的确是个意外。首先，为了维持结构稳定和 5 栋 150m 公寓大厦的完整性，水泥结构成为了最经济可靠的选择。每栋塔楼都以混凝土芯和简单的梁柱系统作为支撑。为了达到平面布局的灵活性、提供不同类型的公寓单位和平台，不同的楼层都设计了转换结构，用于分散垂直承重，为基座减压。

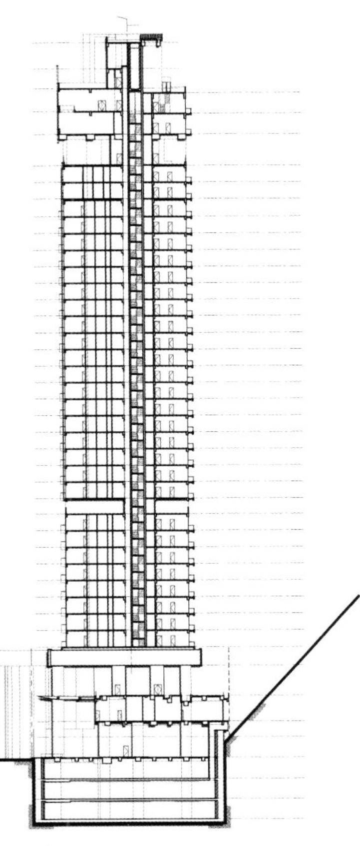

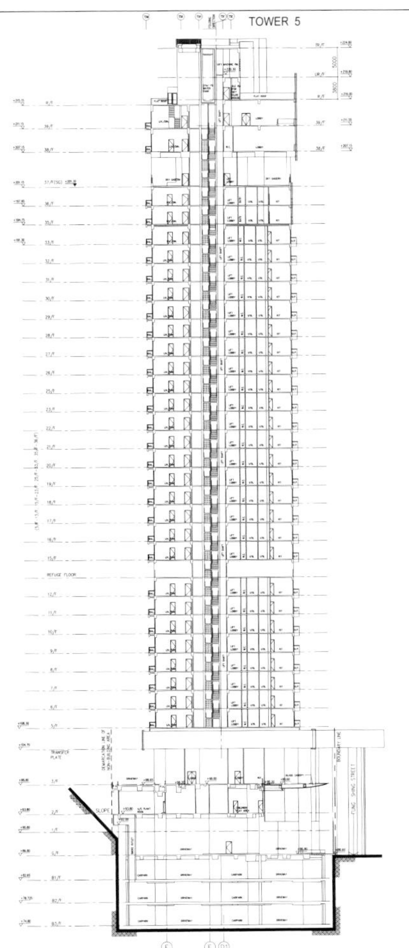
TOWER 5

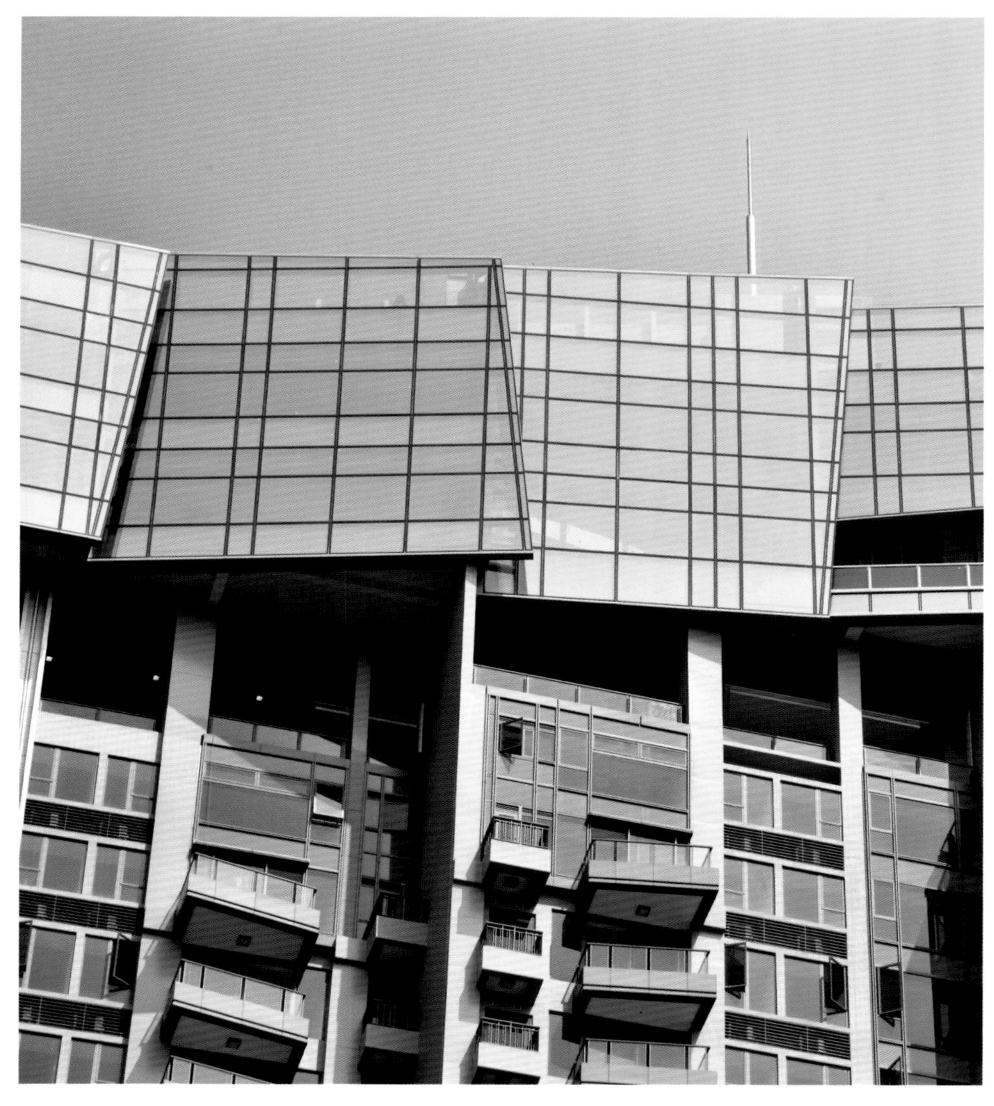

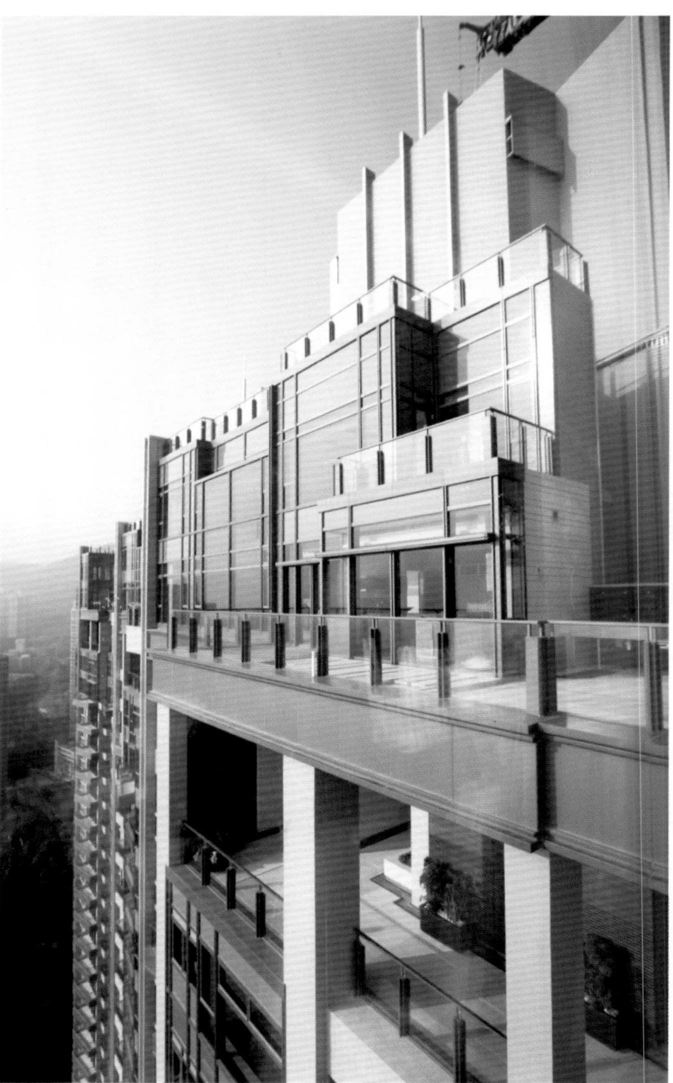

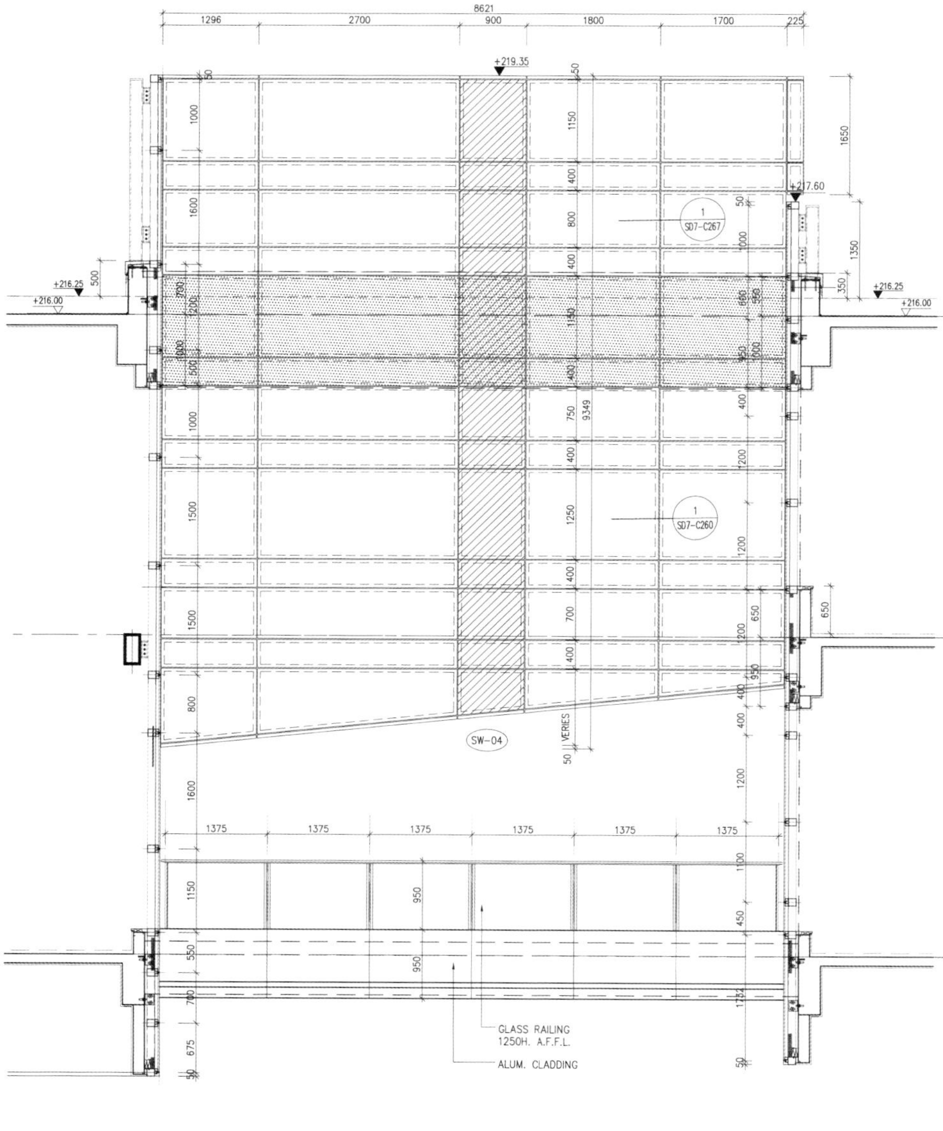
8621
1296
2700
900
1800
1700
225
+219.35
+217.60
+216.25
+216.00
R/F +216.00
39/F +211.55
38/F +207.15
SD7-C267
SD7-C260
SW-04
VERES
9349
4450
4400
GLASS RAILING
1250H. A.F.F.L.
ALUM. CLADDING

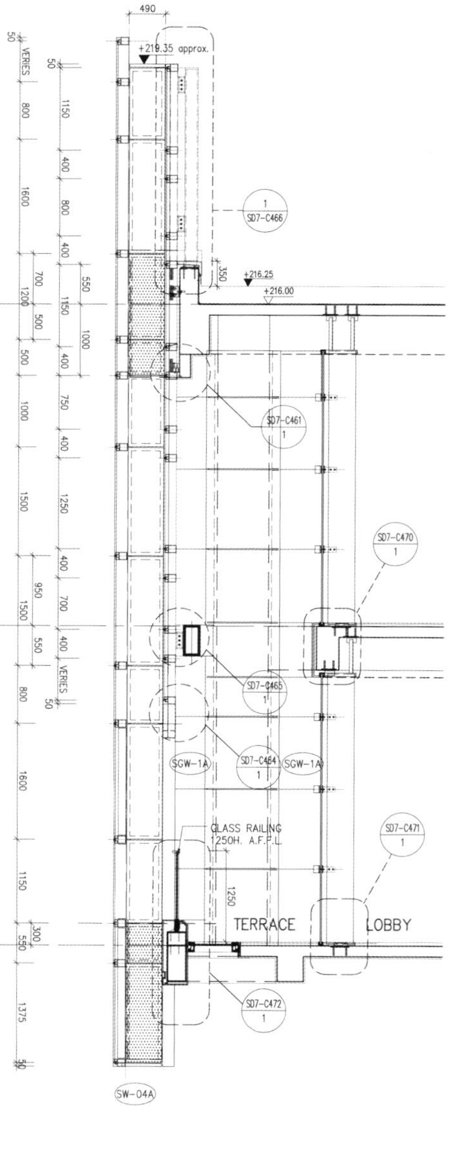
490
+219.35 approx.
VERES
SD7-C466
+216.25
+216.00
SD7-C461
SD7-C470
SD7-C465
SD7-C464
SGW-1A
GLASS RAILING
1250H. A.F.F.L.
SD7-C471
TERRACE
LOBBY
SD7-C472
SW-04A

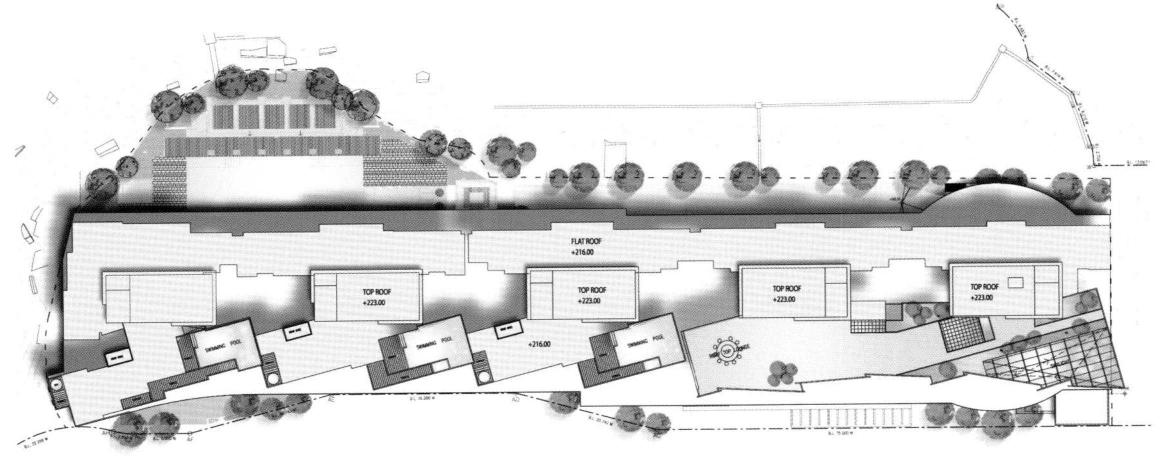

景观

从东北到西北，该公寓一直被绿色的坡地环绕。同时在它的西南侧，坐落着刚刚建成并荣获大奖的牛池湾公园。位于 37 层的公共空中花园，为住户提供了一个可以观赏维港美景的开放式绿地。而居住在花园平台层的住户，更是享有飞鹅山的迷人景致。

设施

作为现代化的住宅，不仅要提供住所，还需要完善服务设施，为住户带来幸福感。该项目设有两家不同功能的会所，以满足不同的住户需求。平台会所由户内\户外游泳池、活动室、儿童活动区、图书馆、水疗中心、美容院及自助餐厅组成。

室内

整个项目包括了基于平台的 5 座塔楼。每座塔楼都约 30 层，每层包括 5 个公寓单位。2 个面积较大的 3 室及 4 室公寓（A、B 座）距离街面约 14 米，面向西南方，享有维港美景；3 个面积较小的 2 室及 3 室公寓（C、D、E 座）面向北或东北，享有青翠山色。除了基本的公寓类型，35层和38层特设的复式公寓，提供了更宽敞的生活空间。整个项目共有 9 个复式单位，位于塔楼的顶层。

公寓设计：PTW Architects，IAO
竣工时间：2009 年

项目地址：日本九州
场地规模：1 709 平方米

楼层数：28
开发商：IDU

小仓大厦：紫川旁绽放的花朵

该项目毗邻日本北九州的中心——紫川。该地块原是酒店用地，现在用来开发高层公寓。占尽地理优越性的地块，面向著名观光景点小仓城，并被群山环绕，远处北角还可以看到海景。因为公寓大厦的地标性，它直接以地名命名。该项目原本为普通的棕色长方体，如今经过设计团队的改造，立刻增加了优雅的雕塑效果。

设计突破

该项目的建筑立面非常现代化，用陶土色和白色的瓷砖来强调建筑形式，顶部的花瓣状平台使其波浪形的建筑立面极具表现力。在设计开发过程中，花瓣形的平台被做了稍微调整，使得半径大小相同，进而减少施工成本。整个建筑立面由预制混凝土板构成。瓷砖具有自我清洁功能，能够利用雨水清洗表面，保持建筑立面的清洁。

商业突破

该项目充分体现了地域特征和文化特征，极具地标性，甚至以地名命名，是该区域最受瞩目的高端产品。建筑内部共设有 147 个居住单位，交通便利，徒步去往小仓站只需 10 分钟。明确的功能划分和景观设置，让入住客户切身感受到“在大自然里尽享生活便利”的舒适氛围，放眼即是宏伟的城堡和潺潺的河水。

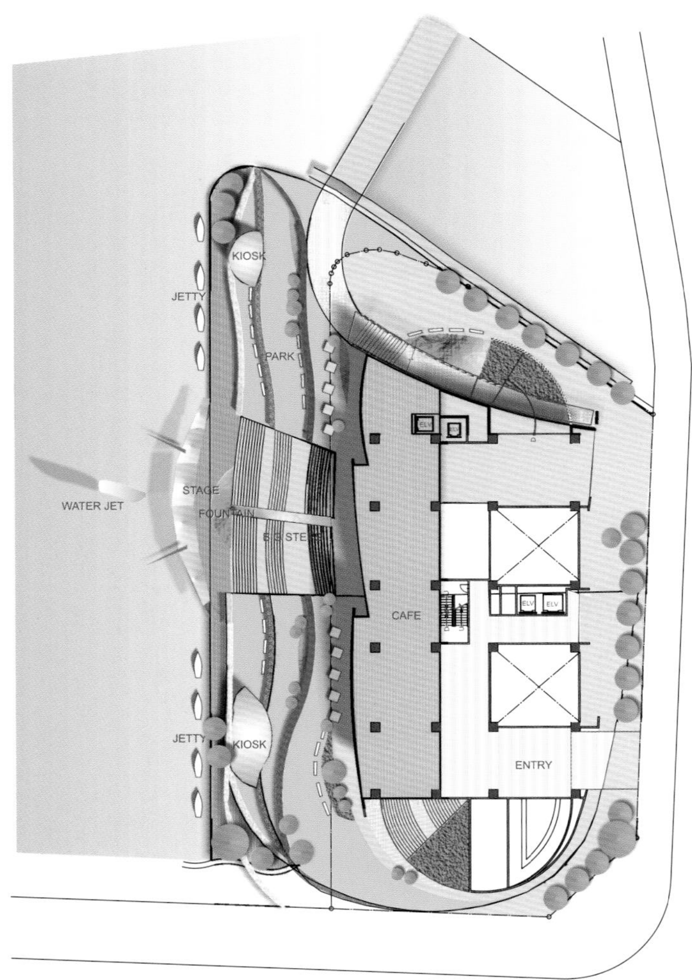

PTW Architects

景观

入口大堂的顶篷下，设置了水体和竹子，为休息区域增添了一份雅致。建筑级级攀升的形式，还为低层的公寓单位提供了露台区域，并成为了景观规划的一部分。

建筑

为了呼应城堡和河景，延续地域特色，设计团队为楼体增加了弧度，塑造成如同当地人喜闻乐见的花卉一般的外形。这样的设计，不但用“花瓣”柔化了原本死板的长方体，还为其内的公寓单位提供了更良好的视野和通风效果。有机形状的波纹板越往低层面积越大，最后几乎与地面溶于一体。赤陶土和白色瓷砖，用于强调顶端“花瓣”的弧度。这样的材料选用也是出于最小化立面成本的考虑。瓷砖具有自我清洁的功能，当雨水冲刷立面后，立面便又可恢复洁净。

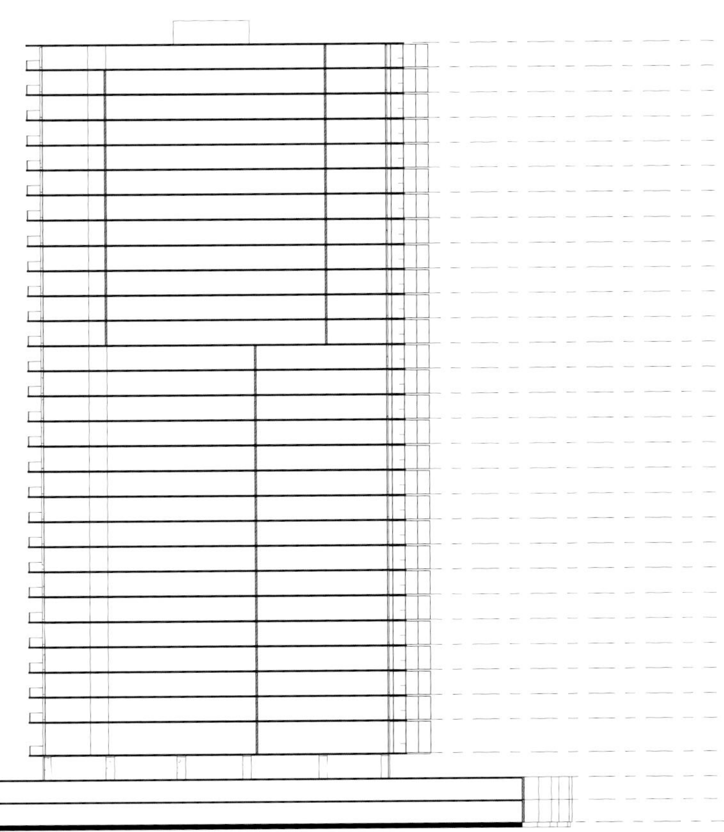

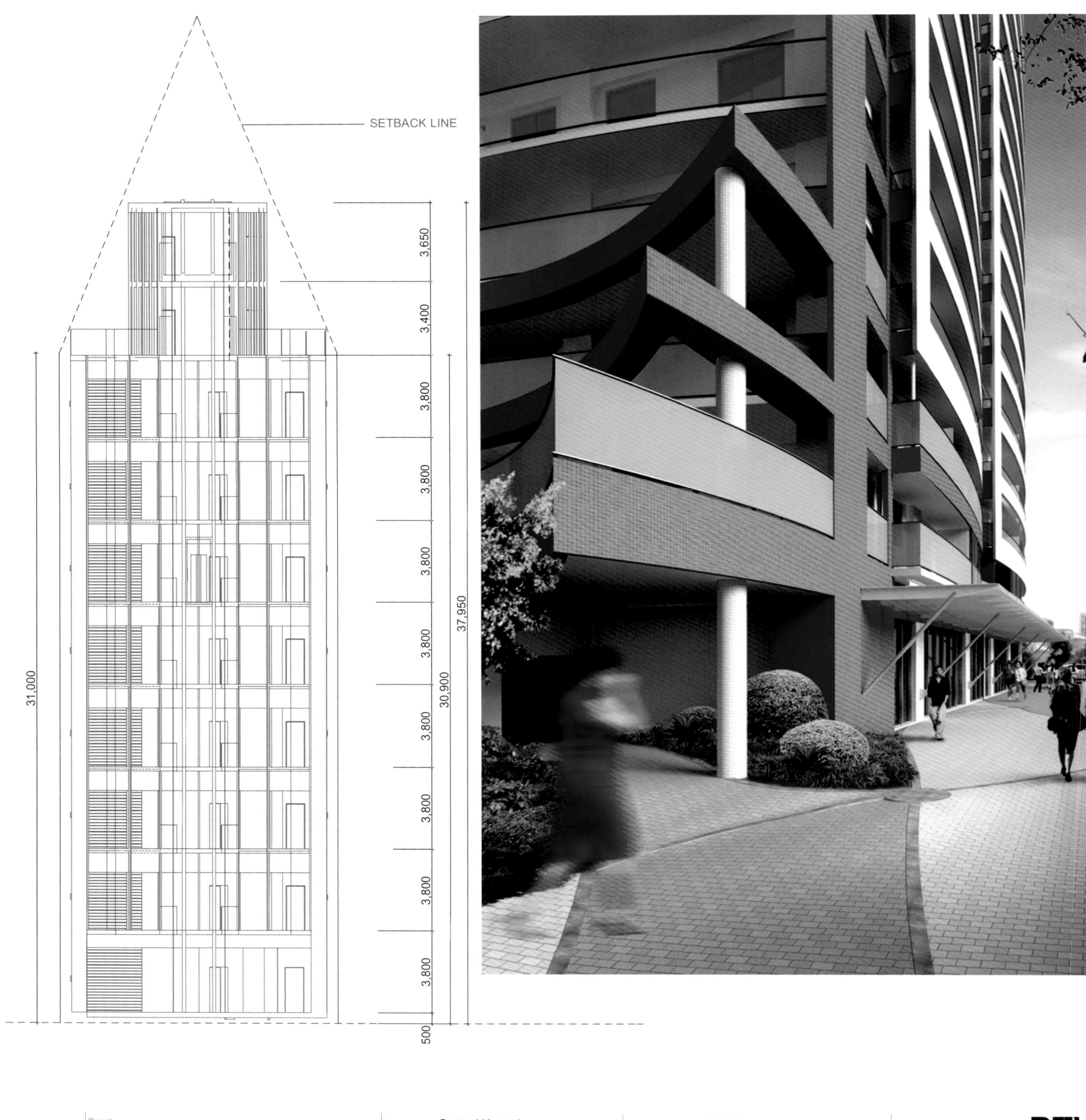

室内

28 层的大厦包括 147 个公寓单位。在建筑建成前，这些单位便已全部售出，成交价超过了平均值的三成。

设施

两层的会所区域，以抽象图案的装饰墙和华丽的吊灯，为初次踏入公寓大楼的人们带来视觉冲击。第二层还设有公共水疗室，享有小仓城迷人景致。住户可以在此放松神经，欣赏触手可及的紫川。

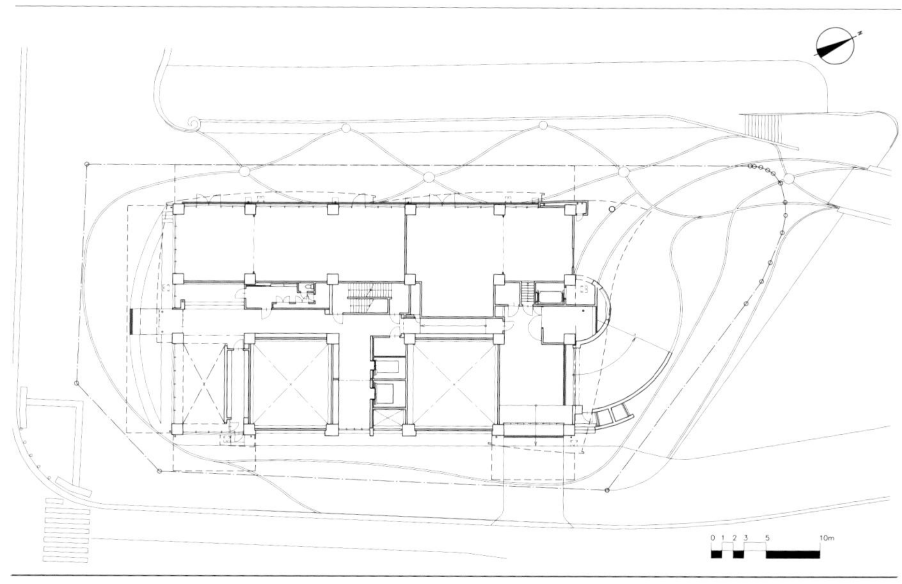
0 1 2 3 5 10m

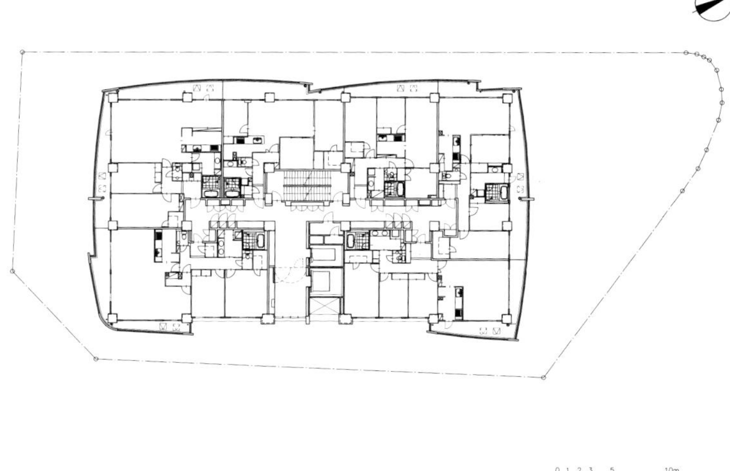
0 1 2 3 5 10m

公寓设计：AAI 国际建筑师事务所
竣工时间：2012 年

项目地址：中国重庆
场地规模：149 000 平方米

楼层数：14
开发商：重庆融创基业房地产开发有限公司

融创御锦：细节凸显品质

融创御锦位于重庆两江新区的核心位置，即整个奥园地块的西南侧，城市核心轨道——轻轨 3 号线从它的南侧经过，经城市主干道金渝大道，15 分钟即可到达江北国际机场，8 分钟就可到达江北区核心商圈观音桥，到市中心解放碑也仅 20 分钟。规划组将项目内南侧第一排建筑自东向西从高到低地组织，以呼应其周围第四、五、七期面向机场路的高层群的天际线，并强化点式高层沿周边的间隔式布局方式，营造沿机场路的视觉通透感，进而利用个体的跌落、进退、及顶部造型变化等方法，成功营造出了建筑天际线的韵律感。

设计突破

建筑采用鲜明的 ART DECO 形态。ART DECO 是上世纪二三十年代流行的一种建筑艺术，它从许多流派运动和文化中吸取灵感，以“大胆的轮廓，几何的形体，阶梯状的造型，新材料等的运用”为特征，迎合当时人们的需求，更受到了从贵族到中产阶级的社会中上层的欢迎。时隔百年的今天，ART DECO 建筑又迎来一个繁华的时段。随着生活水平的不断提高，房产业的中高端诉求日益增长，ART DECO 建筑由于其现代摩登的姿态再度为世人所瞩目。

商业突破

重庆城市空间结构为“一城五片，多中心组团”，城市中心向江北拓展，而奥园所属的鸳鸯标准分区是两江新区中的重要居住组团区域，与金渝大道仅隔一个街区，是机场高速路、金开大道、金渝大道、金童路等城市道路视觉通廊的重要组成部分。其西侧和北侧均为城市公园绿地，东侧紧邻区级行政中心和商业中心。整个奥园作为一个成熟的生活区，除了几百万平方米的高层住宅和别墅群之外，还包括数十万平方米的集零售、餐饮、娱乐、影院、办公、SOHO 等众多业态为一体的综合性商业体。融创御锦住宅区作为奥园收官之作，开发的项目具极大的标杆作用及巨大的升值空间。

车行道布置在最外围，增加坡道长度，减缓坡度，以创造舒适的行车条件。

面对主景花园处设置仪式性单元入口门厅，且住宅近花园侧均设户前广场，与主花园适当分离，同时以景观道联系各前侧的小广场，并引导人群汇集向湖岸边。

景观

建筑用地呈不规则长方形，东西长约 550 m，南北宽约 300 m，呈两侧高、中间低的地貌。设计基本顺应原有地势走向，将建筑沿两边布置，并在中间低平台处围合出近万平方米的人工湖，结合蜿蜒跌宕的湖岸打造出丰富的水岸风情，形成一个极美的景观中心，并围合出一个 400 多米宽、100 多米进深、拥有约 5 公顷面积的中心大花园。

SUNAC · EUGENE

建筑

融创御锦采用高耸垂直的线条，搭配凸显建筑的自身比例同时相互协调。设计追求有层次的体积感、搭配摩登雕塑及饰带。关键部位反复运用放射线和几何图案，试图在近人尺度中以石材、铜等材料营造“贵重”感。每栋建筑采用向上渐进收分设计，顶部具有强烈的标志性，加之垂直挺拔的线条、金黄的色彩和细长的比例，用细节展现出 ART DECO 艺术风格。并对窗间墙、阳台、空调百页、栏杆等细部采取一系列精细的设计，使每栋单体建筑本身成为一个艺术品。建筑外墙以米黄色仿石涂料为主，下部基座采用深暖灰色石材装饰，达成整体建筑群的鲜明形象。

每栋楼设有 2 个门厅，分别面向小区内车行环道及中心庭院，形成一前一后、内部贯通的组合门厅。设计中结合山城意识，巧妙创造内外地势高差，使得面向庭院的门厅空间两层挑高，营造出仪仗感。

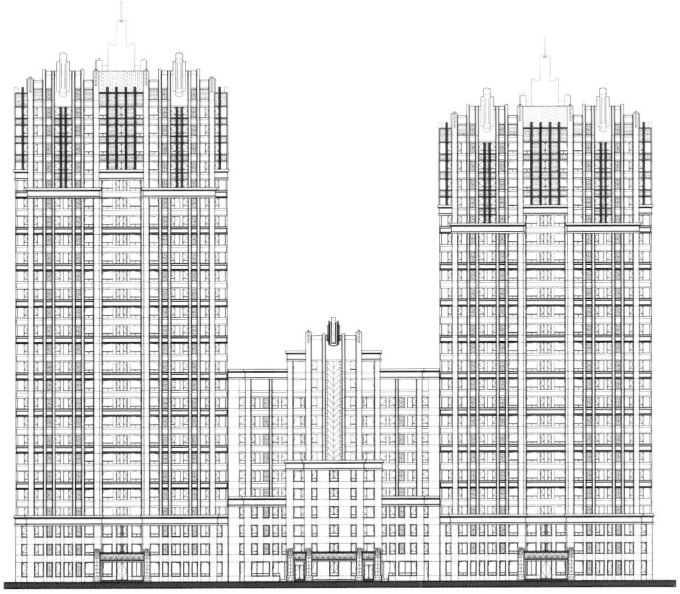

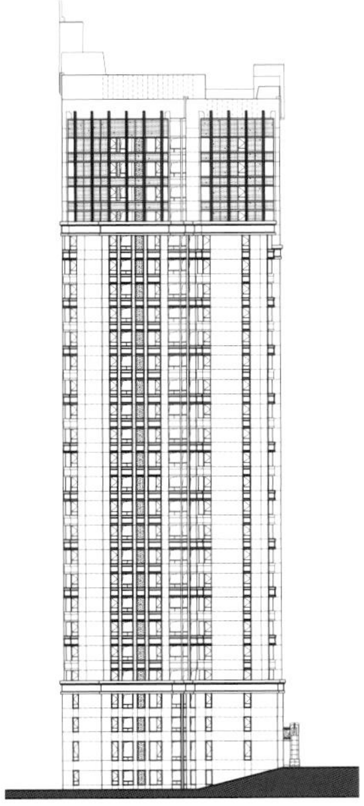

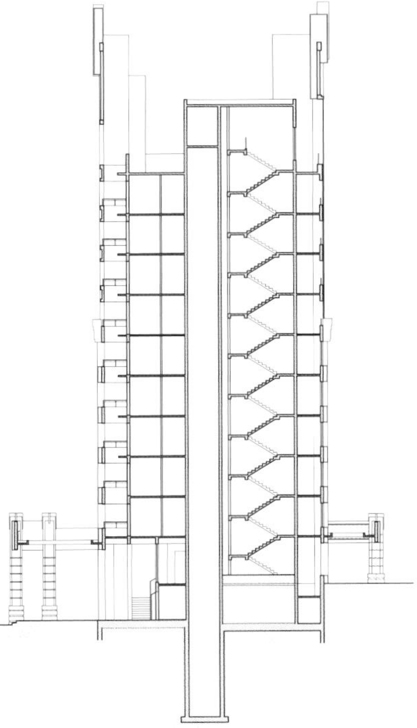

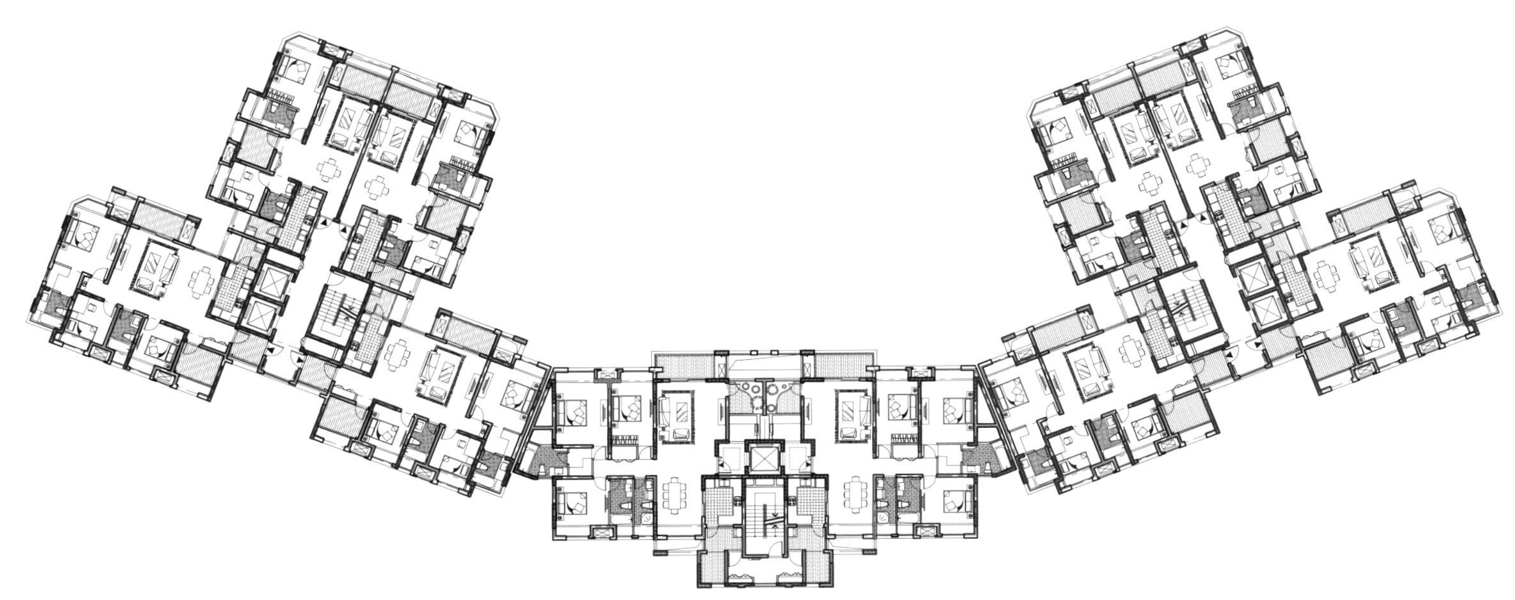

室内

融创御锦定位为周边围合式布局、拥有超大中央景观的高层精品住宅。本着“多元产品、全面服务”的原则，项目以 110~150 平方米户型为主，兼具 90 平方米以下与 150 平方米以上户型产品。采用一梯四户以下的户型，使住户能拥有更好的采光通风和更加自然生态的生活。同时，将户型的主朝向面向花园，且使更多的单元有更广阔的视野。并高效采用“灰空间”，提高得房率。

设施

会所掩映于林荫道下，入口处华美精致的雨棚是为重庆多雨的天气而准备，同时又布置得犹如玄关处，让人感受迎接回家的心情。会所设计以华丽为基调，设有前后 2 个厅，中间以一条长廊式的庭院相连，分上下 2 层，中心有一个圆形的挑高空间，与屋顶的采光天井相呼应。大厅面向奥园的中心湖景，将湖景尽收眼底。会所内的泳池设计强调开放性，与湖水有相连的视觉效果。

图书在版编目（CIP）数据

现状突破稀释与稀释：住宅公寓 / 香港理工国际出版社 主编 . -- 北京 : 中国林业出版社，2013.9

ISBN 978-7-5038-7131-3

Ⅰ . ①现… Ⅱ . ①香… Ⅲ . ①建筑设计 - 中国 - 现代 - 图集 Ⅳ . ① TU206

中国版本图书馆 CIP 数据核字（2013）第 080726 号

中国林业出版社 · 建筑与家居图书出版中心

出　　版：中国林业出版社（100009 北京西城区德内大街刘海胡同 7 号）
网　　站：http://lycb.forestry.gov.cn/
发　　行：新华书店北京发行所
电　　话：(010)83224477
出 版 人：Krilly
策　　划：香港理工国际出版社
责任编辑：李　顺　　唐　杨
编　　辑：崔　馨　　陈　明
美术指导：Krilly
印　　刷：利丰雅高印刷（深圳）有限公司
版　　次：2013 年 9 月第 1 版
印　　次：2013 年 9 月第 1 次
开　　本：240X325　　1/16
印　　张：19
字　　数：300 千字
定　　价：322.00 元

电　　话：(0755)83330955　（0755）83063983
经 销 商：深圳市博德飞登文化发展有限公司